DAS GEOGRAPHISCHE SEMINAR

HERAUSGEGEBEN VON PROF. DR. EDWIN FELS, PROF. DR. ERNST WEIGT UND
PROF. DR. HERBERT WILHELMY

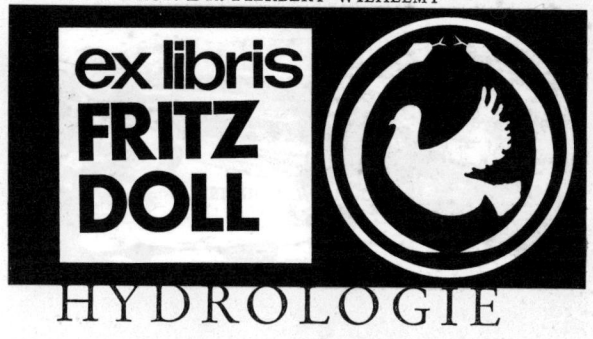

HYDROLOGIE

GLAZIOLOGIE

GEORG WESTERMANN VERLAG

ISBN 3 - 14 - 16 0279 - 4

2. verbesserte Auflage 1972

© Georg Westermann Verlag, Braunschweig 1966

Gesamtherstellung: Georg Westermann, Braunschweig 1972

Inhalt

Abbildungen

Tabellen

Vorwort zur 2. verbesserten Auflage

Wasser ist im Naturhaushalt der Erde ein wichtiger Bestandteil, und es spielt für die Gestaltung der Kulturlandschaften eine entscheidende Rolle. Studierende der Geographie müssen sich daher mit den elementaren Erscheinungsformen des Wassers und seiner Wirkungsweise vertraut machen. Das Buch soll eine Einführung dazu bieten.

Für die Gliederung des Stoffes gab es die Wahl zwischen einer systematischen oder exemplarischen Darstellung. Ich habe mich für erstere entschieden. Dabei war mir bewußt, daß im Rahmen der knappen Fassung nicht alle Teilgebiete hinreichend behandelt werden können. Verweise auf ausführliche Handbücher, vor allem aber auf Spezialliteratur in Fachzeitschriften, mit der sich die Studierenden schon frühzeitig im Verlauf ihres Studiums beschäftigen sollen, mögen diese Lücke schließen. Auch in der 2. Auflage ist das Konzept des Buches beibehalten worden. Der Text wurde großteils unverändert übernommen. Aufgrund der Anregungen der Rezensenten der 1. Auflage, denen ich an dieser Stelle danken möchte, wurden vor allem das Kapitel über die Gletscher und die Hinweise zu praktischen Arbeitsverfahren ergänzt. Dem Verlag schulde ich Dank für das großzügige Entgegenkommen bei der Ausstattung des Buches und für die Zustimmung zur Erweiterung. Den Herausgebern bin ich für viele wertvolle Ratschläge sehr verpflichtet.

München, im Frühjahr 1972   FRIEDRICH WILHELM

Einleitung

Gliederung und Aufgaben einer Geographie der Gewässer des Festlandes

Eine Gliederung der Geographie der Gewässer ergibt sich aus den Erscheinungsformen des Wassers auf der Erde. Flüsse, Seen und Gletscher sind bestimmende Bestandteile einzelner Landschaften. Über die ihnen eigenen formbildenden Kräfte und den Wasserhaushalt gestalten sie das Aussehen der Erdoberfläche. Oberflächen-, Boden- und Grundwasser steuern die Denudations- und Erosionsvorgänge. Dem unterirdischen Wasser, das zunächst verborgen ist, kommt besondere Bedeutung zu. Siedlungsmöglichkeiten, die wirtschaftliche Nutzung eines Gebietes werden ebenso wie die Standorte der Vegetation ausschlaggebend durch das Angebot an unterirdischem Wasser bedingt. Ebenfalls unsichtbar ist der Wasserdampf der Atmosphäre. Er ist ein besonders wichtiger Abschnitt im Wasserkreislauf; denn alle Niederschläge, die die Binnenwässer und die Gletscher der Erde speisen, haben einmal die gasförmige Phase des Wassers durchlaufen. Die Lehre von den Erscheinungsformen des Wassers über, auf und unter der Erdoberfläche wird *Hydrologie* genannt. Sie gliedert sich in mehrere Teildisziplinen.

Das unterirdische Wasser wird in der *Grundwasser-* und *Quellenkunde* behandelt. Es findet sich dafür auch die Bezeichnung *Hydrogeologie*. Unter Berücksichtigung einer lokalen Anreicherung und des Abbaus kann das Grundwasser als eine spezifische Ausbildung einer Lagerstätte angesprochen werden.

Die *Flußkunde (Potamologie)* beschäftigt sich mit den Flüssen. Es werden behandelt: Wasser-, Schwebstoff- und Geröllführung, Temperatur- und Eisverhältnisse, Gliederung der Einzugsgebiete, Entwicklung der Flußläufe im Längs- und Querprofil, Wasserhaushalt, Abflußregime und chemische Eigenschaften des Flußwassers.

Gegenstand der *Seenkunde (Limnologie)* sind die stehenden Gewässer des Festlandes unbeschadet ihrer Flächenausdehnung und Tiefe. Die Forschung erfaßt sowohl die geomorphologischen Gegebenheiten der Seebeckenformen als auch die physikalischen und chemischen Eigenschaften des Seewassers.

Die Lehre von den *Gletschern* wird in der *Gletscherkunde (Glaziologie)* geboten. Auch auf diesem Gebiet sind die Forschungen überaus vielseitig. Neben den Bemühungen um eine Typologie nach formalen Gesichtspunkten gelten die Untersuchungen vor allem dem Bewegungsmechanismus und damit der Physik des Eises, dem Wärme- und Massenhaushalt sowie den Gletscherschwankungen.

Über der festen Erdoberfläche liegt das Wasser in gasförmigem Zustand (Wasserdampf), in flüssiger (Wolken und flüssiger Niederschlag) und in fester Form (Eiswolken und fester Niederschlag) vor. Da die gesamte Speisung der Gewässer über die Niederschläge aus der Atmosphäre erfolgt, ist die Kenntnis der Gesetzmäßigkeiten der *Hydrometeore* (Regen, Schnee usw.) für viele quantitative hydrologische Arbeiten eine unerläßliche Voraussetzung.

An der hydrologischen Forschung sind zahlreiche Fachdisziplinen beteiligt. Es wäre hier müßig, sie einzeln aufzuzählen und jedem Wissenschaftszweig ein bestimmtes Teilgebiet zuzuordnen, wie es E. BRUNS (1958) in seinem Schema anstrebt. Gegen diese Aufspaltung hat R. KELLER (1961) mit Recht Stellung genommen, wenn er schreibt, daß damit die Gewässer nicht mehr als Ganzheit, als ein Teil der Landschaft gesehen werden. Gerade in der Gesamtschau der Gewässer als integrierender Bestandteil aller Umweltgegebenheiten liegt das *geographische Wesen* der gewässerkundlichen Betrachtung. Es ist nicht Ziel der Geographen, Strömungsgesetze abzuleiten; dies ist Aufgabe der Hydrauliker. Wer sich aber mit dem Abflußvorgang beschäftigt — sei es bei der Behandlung von Hochwässern, der Bodenerosion oder der Umschichtung in Seen —, muß sich mit den Ergebnissen hydraulischer Forschung vertraut machen. Auch die gelegentlich schwierigen Analysen chemischer Verunreinigungen — wie der Phenole, Sulfitlaugen u. a. — sollten dem zuständigen Fachwissenschaftler überlassen werden. Aber gerade die Abwässer bieten ein weites Feld für geographische Forschungen. Nicht das Schmutzpartikel im Wasser ist Gegenstand unserer Betrachtung, sondern die Verschmutzung der Gewässer als ökologische Veränderung im Einzugsgebiet von Seen und Flüssen im weitesten Sinne. Die Gesamtschau darf aber niemals Hinderungsgrund sein, Spezialuntersuchungen, z. B. über die Schmutzbelastung, den Temperaturgang in Seen usw., anzustellen. Sie sind eine notwendige Voraussetzung für die Lösung der gestellten Aufgaben. Alle gewässerkundlichen Forschungen mit dem Ziel, einen Beitrag zur Ökologie einer Landschaft zu liefern, sind ureigene geographische Arbeiten. Vor allem die Untersuchungen über den Wasserhaushalt der Erde oder kleinerer Teilgebiete — die ersten Arbeiten darüber stammen von Geographen (A. PENCK, 1896; E. BRÜCKNER, 1905) — gehören deshalb mit zu den wichtigsten geographischen Anliegen.

Physikalische und chemische Eigenschaften des Wassers

Die Beschäftigung mit den Gewässern des Festlandes und den Gletschern setzt die Kenntnis der wichtigsten physikalischen und chemischen Eigenschaften des Wassers voraus. Reines Wasser ist bei gewöhnlicher Temperatur eine geruch- und geschmacklose, durchsichtige, in dünner Schicht farblose, in dicker Schicht bläulich schimmernde Flüssigkeit. Sie erstarrt bei 0 °C und 760 mm Hg zu Eis — *Gefrier-* oder *Schmelzpunkt* — und siedet bei 100 °C — *Siede-* oder *Taupunkt* des Dampfes — unter Bildung von *Wasserdampf*. Von großer Bedeutung ist die hohe Festigkeit der chemischen Bindung zwischen Sauerstoff und Wasserstoff, die nur durch Zufuhr erheblicher Energiemengen gesprengt werden kann.

Wasser kommt auf der Erde in drei Aggregatzuständen vor: gasförmig, flüssig und fest. Der Übergang von Wasserdampf zur Flüssigkeit und weiter zu Eis erfolgt in Abhängigkeit vom Druck bei jeweils bestimmten Temperaturen unter sprunghaftem Verlust von kinetischer Energie der Moleküle. Es wird *Kondensations-* bzw. *Erstarrungswärme* frei. Die gleichen Energiemengen müssen im umgekehrten Falle als *Schmelzwärme* (79,4 cal/g bei 0 °C) und als *Verdampfungswärme* (539,1 cal/g bei 100 °C) zugeführt werden. Für die Verdunstung von Wasser unter dem Siedepunkt sind höhere Energiemengen erforderlich. Sie betragen bei 0 °C 597,3 cal/g. Wasserdampf enthält danach eine latente Wärme von ca. 600 cal/g, Wasser von ca. 80 cal/g, die beim Übergang in den folgenden, dichteren Aggregatzustand frei und damit temperaturwirksam werden. Der Transport von latenter Wärme spielt in der Atmosphäre und in Gletschern eine bedeutende Rolle.

Über einer Eis- bzw. Wasserfläche ist stets auch Wasserdampf vorhanden. Das dynamische Gleichgewicht zwischen den aus einer Oberfläche der flüssigen oder festen Phase austretenden „heißeren" Molekülen und den kondensierenden bzw. sublimierenden „kälteren" nennt man *Sättigungsdampfdruck*. Er nimmt mit steigender Temperatur zu (R. SCHERHAG, 1969, S. 12).

Eine Besonderheit bildet die nicht linear temperaturabhängige Dichte des Wassers. Sie steigt mit sinkender Temperatur, erreicht unter einem Druck von 760 mm Hg bei 4 °C den Maximalwert von 1,000 g/cm³ und verringert sich bis 0 °C wieder auf 0,9999 g/cm³. Dieses Verhalten wird als *Anomalie* des Wassers bezeichnet. Die Ursachen dafür sind im Molekülbau zu suchen. Infolge der Dipoleigenschaft des Wassermoleküls fügen sich vor allem bei Abkühlung mehrere Einzelmoleküle zu einem Komplex zusammen. Diese Polymerisation bedingt eine Volumenvergrößerung. Ihr entgegen wirkt mit abnehmendem Wärmeinhalt die temperaturbedingte Kontraktion. Aus der Überlagerung beider Vorgänge ist die Temperaturanomalie zu erklären. Beim Übergang von Wasser zu Eis steigt der Anteil der höherrangigen Polymerisationsprodukte stark an, und die Dichte ändert sich sprunghaft von 0,9999 (Wasser von 0 °C) auf 0,9168 (Eis von 0 °C). Daraus errechnet sich eine Volumenzunahme von 1/11 oder 9 %. Innerhalb der Eisphase nimmt die Dichte mit sinkender Temperatur wieder zu. Die Anomalie des Wassers wird vor allem bei der Eisbildung in Seen wirksam.

Die Dipoleigenschaft der Wassermoleküle ist ferner für die Hydratation von Bedeutung. Man versteht darunter die Anlagerung von Wassermolekülen an die Grenzflächenkationen der Kristallgitter gesteinsbildender Mineralien. Sie führt zu einer Gefügelockerung (Hydratationsverwitterung).

Die Eigenschaft des Wassers, zahlreiche Stoffe mehr oder weniger leicht zu lösen, ist allgemein bekannt. Neben den Wassermolekülen finden sich im Wasser freie Wasserstoff- (H^+-) und Hydroxyl-(OH^--)Ionen. Die Wasserstoffionenkonzentration wird durch den *pH-Wert* angegeben. Mit den freien Wasserstoffionen vermag Wasser selbst „unlösliche" Mineralien anzugreifen. Sie werden über den Vorgang der *Hydrolyse* — dem Ersatz der einwertigen Alkali- und zweiwertigen Erdalkali-Elemente in den Kristallgittern der Mineralien durch H^+-Ionen — teilweise in Lösung übergeführt.

Für die Stratifizierung von Schnee- und Eisablagerung sowie für die Altersbestimmung von Grund- und Karstwasser gewannen in den letzten Jahren kernphysikalische Untersuchungen an Bedeutung. Das *Wassermolekül* H_2O setzt sich zusammen aus den *Sauerstoffisotopen* O^{16} und O^{18} sowie aus den *Wasserstoffisotopen* H^1, H^2 oder D *(Deuterium)* und H^3 *(Tritium)*. Das Sauerstoffisotopenverhältnis im Meerwasser $r_0 = O^{18}/O^{16}$ ist mit $1991 \cdot 10^{-6}$ konstant. Bei Verdunstung verringert sich aber der Anteil an schwerem Wasser mit O^{18} gegenüber O^{16}, so daß in Abhängigkeit von der Temperatur bei der Niederschlagsbildung Unterschiede im Isotopenverhältnis auftreten. Grundlegende Untersuchungen zu diesen Fragen wurden von W. DANSGAARD (1961) veröffentlicht. Danach wird der Anreicherungskoeffizient $\delta ^0/_{00} = (r - r_0) : r_0$ — r ist das Isotopenverhältnis im Niederschlag — um so stärker negativ, je tiefer die Temperaturen liegen. W. DANSGAARD (1969) konnte aus Bohrkernen vom grönländischen Inlandeis die Klimageschichte der vergangenen 100 000

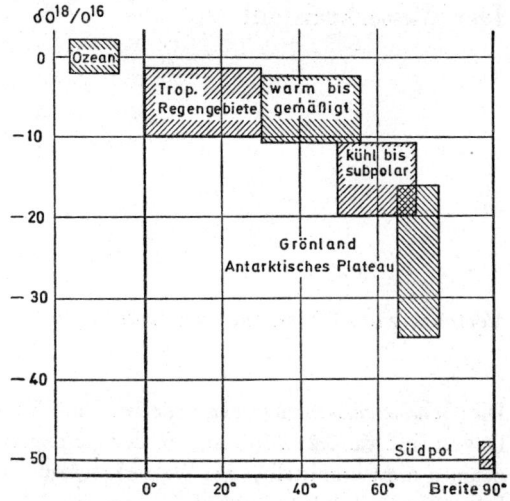

Abb. 1: Abhängigkeit des Iso-topenverhältnisses O^{18}/O^{16} im Niederschlag im Meeresniveau von der Geographischen Breite (nach L. LLIBOUTRY, 1964)

Jahre im Hinblick auf die Temperaturänderungen ableiten. Nach H. MOSER und W. STICHLER (1970) ändert sich auch der Deuteriumgehalt im Schnee mit der Temperatur.

Über die Änderung des Tritiumgehaltes mit der Zeit (Halbwertszeit 12 Jahre) ist auch eine absolute Altersbestimmung von gespeichertem Wasser im Untergrund oder im Gletschereis möglich.

Diese wenigen Angaben mögen genügen, um anzudeuten, in welch vielfältiger Weise das Wasser auf Grund seiner physikalischen und chemischen Eigenschaften auf der Erde wirksam wird.

13

Der Wasserkreislauf

Verteilung des Wassers auf der Erde

Die *Gesamtwassermenge* der Erde wird auf rund 1,65 Mrd. km³ geschätzt. Davon sind ca. 0,25 Mrd. km³ in der Gesteinsrinde chemisch gebunden und nehmen nicht unmittelbar am Wasserkreislauf teil. Es bleiben als frei bewegliches Wasser 1,4 Mrd. km³ übrig. Um eine Vorstellung vom Ausmaß dieser Wassermenge zu bekommen, wollen wir sie gedanklich gleichmäßig auf einen Erdkörper von mittlerem Krustenniveau, dessen Lage E. KOSSINNA (1933) zu 2430 m unter dem gegenwärtigen Meeresspiegel errechnet hat, verteilen. Sie würde den so definierten Erdkörper mit einer 2715 m mächtigen Wasserhülle umgeben. Die wirkliche Verteilung ist aber viel unregelmäßiger. Von den 510,1 Mill. km² der Erdoberfläche nehmen die Meere 361,2 Mill. km² ein. Das sind 70,8 %. Nur 148,9 Mill. km² oder 29,2 % machen die Landflächen aus. Die Konzentrierung der Wassermassen in den zusammenhängenden Hohlformen der Meere wird noch deutlicher, wenn man statt der flächenhaften Verteilung die Volumina vergleicht.

Tab. 1: Verteilung des Wassers auf der Erde (nach K. KALLE, 1941)

Vorkommen	Menge in Mill. km³	% des gesamten Wassers	% des beweglichen Wassers
in der Lithosphäre gebunden	253,902	15,45	—
im Meer	1371,819	83,51	98,77
als Eis der Polargebiete und Hochgebirge	16,502	1,007	1,19
als Oberflächenwasser des Festlandes	0,250	0,015	0,018
als unterirdisches Wasser des Festlandes ..	0,250	0,015	0,018
in der Atmosphäre	0,012	0,0008	0,0009
Gesamtwasser	1642,735	99,9978	99,9969

Die Meere beinhalten 83,51 % des gesamten und sogar 98,77 % des beweglichen Wassers. Die Wassermengen des Festlandes, Boden- und Grundwasser, Flüsse, Seen und Gletscher, machen nur 1,23 % aus. Dabei ist zu berücksichtigen, daß 1,19 % des Wassers als Gletschereis gebunden ist, das in seiner Gesamtheit bei einer ausgeglichenen Massenbilanz nicht unmittelbar am Umsatz des Wasserhaushaltes beteiligt ist. Der Anteil des im üblichen Sinne flüssigen Wassers an der Oberfläche und im Untergrund beträgt sogar nur 0,036 %. Nicht mit in die Kalkulation aufgenommen ist die in organischer Substanz gebundene Wassermenge. Sie verhält sich in bezug auf den Wasserkreislauf ähnlich wie der Wassergehalt der Gletscher.

Die Prozentzahlen mit mehreren Stellen hinter dem Komma sollen nicht darüber hinwegtäuschen, daß die Mengenangaben auf rohen Schätzungen beruhen. Als Beispiel für die Unsicherheit der Kalkulationen seien einige Angaben über das Volumen des Gletschereises angeführt. W. MEINARDUS (1928) nennt für die Schnee- und Eismassen der Polargebiete und Hochgebirge 23 Mill. km³, H. HESS (1933) kommt zu 18 Mill. km³ und H. HOINKES (1961) errechnet 28 Mill. km³. Die maximale Abweichung der einzelnen Schätzungen erreicht im vorliegenden Beispiel ca. 35 %. Die Angaben in Tab. 1 haben keinen Anspruch auf absolute Genauigkeit. Sie geben lediglich die Relationen der Mengen der einzelnen Vorkommen wieder.

Die geringste Wassermenge mit ca. 13 000 km³ ist in der Atmosphäre gespeichert. Da jedoch das gesamte Wasser der Erdoberfläche über die Atmosphäre erneuert wird, kommt dieser an sich sehr geringen Wassermenge der Lufthülle für den Wasserhaushalt besondere Bedeutung zu.

Herkunft des Wassers

„Den Lauf des Wassers von den Bergen zu den Tälern, von dem Lande zum Meere sehen wir unaufhörlich vor unseren Augen sich vollziehen, und dennoch wird das Meer nicht voller und die Quellen und Ströme versiegen nicht" (F. PFAFF, 1870, S. 34).

Dieser Erkenntnis liegt die Tatsache zugrunde, daß infolge der Zusammensetzung der Erde hinsichtlich ihrer chemischen Elemente die Wassermenge mit 1,64 Mrd. km³ konstant und ein Teil davon in einen ständigen Kreislauf einbezogen ist. Das Vorhandensein von Wasser auf unserem Planeten ist als Entwicklungszustand des Alls aufzufassen. Die ältesten Sterne bestanden fast ausschließlich aus Wasserstoff, ja selbst die Masse der Sonne ist je etwa zur Hälfte aus Wasserstoff sowie Helium und nur zu 1 % aus schweren Elementen zusammengesetzt. Durch die Verbrennung von Wasserstoff und ihr nachfolgende Kernreaktionen entstehen schwerere Elemente (He, Be, C, O_2, Mg, Si, Ca u. a.). Die heißen Sterne verlieren noch vor Ende ihrer kurzen Lebensdauer an schwereren Elementen angereichertes Material in den Weltraum, wo sich mit dem Wasserstoff neue Sterne (Novae und Supernovae) bilden, die ihrerseits wieder explodieren. So entstand auch unser Sonnensystem mit dem Planeten Erde in seiner spezifischen Materialzusammensetzung. Bei der Abkühlung sonderte sich ein innerer schmelzflüssiger Teil von einer äußeren Dampfhülle. Die Kruste erstarrte vor rund 4 Mrd. Jahren. In dieser Uratmosphäre entstand aus der Verbindung von Wasserstoff und Sauerstoff Wasser. Nachdem sich die Temperatur weiter erniedrigte, kondensierte der Wasserdampf, und es fiel der erste Regen, der von der noch heißen Kruste schnell wieder verdampfte. In diese Frühzeit der Erde muß die Herkunft des Wassers verlegt werden. E. Süss (1903) nennt das aus der Atmosphäre stammende Wasser *vados*. Daneben unterscheidet er noch *juveniles* aus magmatischen Differenzierungsprozessen im Erdinnern, das beim Aufsteigen erstmals in den Wasserkreislauf eingegliedert wird. Nach A. M. KING (1962) beträgt gegenwärtig die Zufuhr von juvenilem Wasser 0,1 km³/Jahr oder etwas weniger. Extrapoliert man diesen Wert, was selbstverständlich eine große Unsicherheit in sich birgt, so ergibt sich seit dem Beginn des Kambriums vor ca. 600 Mill. Jahren eine Zunahme des Wassers in den Weltmeeren von ca. 60 Mill. km³. Die ständige Erneuerung des Wassers auf dem Festland war bereits Gegenstand von Spekulationen in der Antike (THALES VON MILET um 600 v. Chr., ANAXAGORAS 500—428 v. Chr., ARISTOTELES 384—322 v. Chr.). In den Ansätzen wurden die Grundelemente des *Wasserkreislaufes* Verdunstung, Niederschlag, Abfluß, Rücklage und Aufbrauch richtig erkannt. Die genannten Vorgänge sind auf vielfache Art miteinander verknüpft. Die Aufhellung ihres funktionellen Zusammenhangs sowie das Erfassen des regionalen Verteilungsmusters gehören heute zu den vorrangigen Arbeiten hydrogeographischer Forschung.

Niederschlag

Niederschlagsarten

Der Wasserdampf der Lufthülle fällt in verschiedenen Formen aus und wird an die Erdoberfläche als Niederschlag abgegeben. Am häufigsten sind die Erscheinungen *Regen* (flüssig) und *Schnee* (fest). Die flüssigen Niederschläge werden nach ihrer Intensität weiter gegliedert. Bei Fallgeschwindigkeiten unter 3 cm/sec und Tropfengrößen unter 0,5 mm spricht man von *Nieseln*. Unter Regen versteht man einen gleichmäßigen Niederschlag mit Tropfendurchmessern über 0,5 mm. *Schauertätigkeit* unterscheidet sich vom Regen durch stark wechselnde Intensität, das plötzliche Einsetzen und das abrupte Aufhören der Niederschlagstätigkeit *(Platzregen)*. Sehr ergiebige *Starkregen* werden *Wolkenbrüche* genannt; sie entstehen bei labiler Luftschichtung und gleichzeitig hoch reichender Bewölkung. Der Wasserdampfgehalt der Luft kann an kühleren Oberflächen auch unmittelbar kondensieren. Erfolgt die Kondensation an Horizontalen, spricht man von *Tau*, an Vertikalen von *Beschlag*. Die Ergiebigkeit der Taubildung ist durchweg sehr gering und erreicht maximal pro Taunacht nur Bruchteile eines Millimeters Niederschlagshöhe. Sehr viel ergiebiger ist der bodennahe *Nebel*. S. MARLOTH (1906) fing am Tafelberg in Südafrika von über den Boden streichendem Nebel Wassermengen auf, die einem Niederschlag von mehreren Millimetern entsprachen. Nach F. E. EIDMANN (1959) wurden bei Hilchenbach (Sauerland) durch Nebel am 16. 3. 1957 in Fichtenbeständen 8,3 mm, im Buchenwald 5 mm zusätzlicher Niederschlag gespendet. Die Auswirkung dieses Wasserangebotes auf die Vegetation ist z. B. in den Nebelwäldern der tropischen Hochregionen gut zu erkennen.

Bei den festen Niederschlägen sei an erster Stelle der Schneefall genannt. Aus der Akkumulation der einzelnen *Schneekristalle*, die sich bei Temperaturen um den Gefrierpunkt zu Flocken zusammenfügen, entsteht eine *Neuschneedecke*. Mit Alterung nimmt die Dichte der Schneedecke infolge einsetzender Metamorphose zu. Vom Schneefall zu unterscheiden ist das *Schneetreiben*, bei dem bereits gefallener Schnee durch Wind horizontal verfrachtet wird. Dieser Vorgang ist hydrologisch sehr bedeutsam. Der von ebenen Flächen abgewehte Schnee wird vor oder hinter Hindernissen (Schneezäunen) oder an leeseitigen Hängen abgelagert. An diesen Stellen wird mehr Schnee akkumuliert, als es der wirklichen Niederschlagsverteilung entspricht. Bei der *Schneeschmelze* kommt es dann zu einem lokal stark differenzierten Feuchteangebot. Das Schneetreiben kann letztlich auch zu einer Depression der orographischen Schneegrenze führen, wie sich aus der tiefen Lage der Kare an den Ostabdachungen des Schwarzwaldes und der Sierra de Guadarrama in Spanien ergibt. Auch die Entstehung der wall-sided-glaciers in Spitzbergen ist auf diese Erscheinung zurückzuführen. Wirken dagegen Schneefall und Schneetreiben zusammen, dann spricht man von *Schneegestöber*.

Zu den festen Niederschlägen gehören auch *Reifgraupel*, Körner mit schneeiger Struktur, und *Griesel*, deren Bestandteile abgeplattet bis länglich ausgebildet sind. *Frostgraupel* bestehen dagegen aus durchsichtigen bis halbdurchsichtigen Körnern gefrorenen Wassers. Sie stimmen damit in der Struktur mit dem *Hagel* überein, dessen Eisklümpchen bis zu 50 mm Durchmesser wachsen können. Sublimiert der Wasserdampf der Luft an unterkühlten Oberflächen, so entsteht *Reif*. Bei Anlagerung von Nebeltropfen, die beim Auftreffen gefrieren, spricht man von *Rauhreif*.

Es konnten hier nur die wichtigsten Erscheinungsformen des Niederschlages genannt werden. Im einzelnen sei auf die Zusammenfassungen bei HANN/SÜRING (1939), KÖPPEN/GEIGER (1936) und J. BLÜTHGEN (1965) hingewiesen.

Für den Wasserhaushalt ist von Bedeutung, ob der Niederschlag in flüssiger oder fester Form fällt. Der Regen steht für den Abfluß, die Einsickerung und den Wasserbedarf der Pflanzen unmittelbar zur Verfügung. Schneefall dagegen bildet eine mehr oder weniger lange temporäre Rücklage von Wasser, das erst bei der Schneeschmelze für den Abfluß frei wird. Die Verteilung des Schmelzwassers auf oberirdischen und unterirdischen Abfluß sowie die zu erwartende Menge ist von edaphischen Voraussetzungen und den Witterungsbedingungen zur Zeit der Schneeschmelze abhängig. So läßt sich im allgemeinen die zu erwartende Schmelzwassermenge aus der vorhandenen Schneedecke nur schwer oder gar nicht vorausberechnen. Bei Föhnwetterlagen zur Zeit der Tauperiode steigt der Verdunstungsanteil. Warme Frühjahrsregen in Verbindung mit der Schneeschmelze können dagegen zu katastrophalen *Hochwässern* führen. Auch verschiedenes *Retentionsvermögen (Speicherfähigkeit)* der Schneedecken wirkt sich auf Beschleunigung oder Verzögerung des Abflusses aus.

Intensität der Niederschläge

Die Gestaltung des Verhältnisses Abfluß, Versickerung und Verdunstung wird u. a. durch die Intensität der Niederschläge beeinflußt. Unter *Niederschlagsintensität* wird die in der Zeiteinheit (Minute) gefallene Niederschlagsmenge, gemessen in mm Wasser, verstanden. Die Dimension l/sec km² wird *Niederschlagsspende* genannt.

Im vorangegangenen Abschnitt wurden die Niederschläge nach ihrer Intensität gegliedert (Niesel — Regen — Schauer). Hydrologisch ist ferner die Unterscheidung zwischen *Dauer-* oder *Landregen* und *Starkregen* zweckmäßig. Landregen sind Niederschläge von mindestens sechs Stunden Dauer mit einer stündlichen Ergiebigkeit von über 0,5 mm. Zur Abgrenzung der Starkregen sind mehrere Methoden vorgeschlagen worden. G. WUSSOW (1922, zitiert nach R. KELLER, 1961) hat für eine Definition die Beziehung zwischen Regenhöhe h (mm) und Regendauer t (min) herangezogen. Als Starkregen werden danach Niederschläge bezeichnet, deren Mindestergiebigkeit (h) durch die zeitabhängige Beziehung $h = \sqrt{5\,t} - (t/24)^2$ bestimmt wird. Für kurzfristige Starkregen bis zu zwei Stunden Dauer reicht die einfache Parabelgleichung $h = \sqrt{5\,t}$ völlig aus. Die Mindestforderung für Starkregen wird nach Beobachtungen zum Teil weit überschritten. Auf den Philippinen fielen vom 14. zum 15. Juli 1911 bei Baguio 1168 mm, bei einem mittleren Jahresniederschlag von 3600 mm. Die Station Cherapunji in den Khasiabergen von Assam verzeichnete bei 10 680 mm Jahresmittel am 14. Juni 1876 einen Regen mit 1037 mm. Mehr als ein Drittel des Jahresniederschlages fiel vom 15. zum 16. Juni 1886 in Alexandria (Louisiana) mit 544 mm. Auch in Mitteleuropa sind kräftige Regen keine Seltenheit. H. KERN (1961) nennt für 1940—1954 mehrere Stationen am Alpennordrand mit Tagessummen von über 200 mm. Sie treten in den mittleren Breiten nur etwa einmal im Jahrzehnt oder noch seltener auf. In den deutschen Alpen und im unmittelbaren Vorland ist aber mindestens einmal im Jahr mit einer Tagesregenmenge zwischen 50 und 90 mm zu rechnen. Bei der Betrachtung ganz kurzer Zeitspannen finden sich noch höhere Intensitäten. In Campo (Kalifornien) fielen am 12. 8. 1891 innerhalb einer Stunde 216 mm, und in Schaftlach bei Bad Tölz (Oberbayern) wurde am 3. 5. 1920 ein einstündiger Regen mit 104 mm registriert. Weltweite Beobachtungen lehren, daß derartige Starkregen in den Subtropen und Tropen häufiger sind als in mittleren und nördlichen Breiten. Zudem treten diese exzessiven Niederschläge in kontinentalen Klimabereichen öfter auf als in den ozeanisch bestimmten Randgebieten.

Im Wasserhaushalt einer Landschaft werden die unterschiedlichen Niederschlagsintensitäten besonders im Hinblick auf die einzelnen Kreislaufelemente wirksam. Landregen von mäßiger Intensität liefern für die Versickerung in der Regel einen höheren Anteil als Schauerniederschläge und Starkregen. Diese fließen vor allem oberflächlich ab. Ein Beispiel hierfür bieten hydrologische Werte vom Rappen- und Sperbelgraben im Emmental (Schweiz). Ein Unwetter am 2. Juni 1915 erbrachte bei einem Gesamtniederschlag von 27,2 mm in 55 Minuten eine maximale Abflußspende von 1351 l/sec km². Bei einem 36stündigen Landregen mit 72,6 mm am 14./15. Juni 1910 erreichte die höchste Abflußspende dagegen nur 854 l/sec km². Nachdem beim Landregen 27,2 mm gefallen waren — das entspricht dem Gesamtniederschlag des Schauers — lag die Abflußspende erst bei 273 l/sec km². Gleiche Regenmengen, in verschiedenen Intensitäten abgegeben, bewirkten im vorliegenden Fall Unterschiede der Abflußspende in der Größenordnung des Faktors fünf. Daß mit zunehmendem Oberflächenabfluß auch eine verstärkte Erosion und Denudation eintritt, ist selbstverständlich.

Die unterschiedlichen Regenintensitäten wirken aber noch in anderer Weise auf die Bodenabtragung. Unter Niederschlagsintensität wurde bisher die in der Zeiteinheit gefallene Wassermenge verstanden. Man kann die Regen aber auch nach ihrer kinetischen Energie gliedern. Mit zunehmender Intensität erhöht sich der Anteil der größeren Tropfen mit höherer Fallgeschwindigkeit.

Tab. 2: Regentropfen (nach HANN/SÜRING, *1939)*

Durchmesser in mm ...	0,02	0,2	2,0	5,0	7,8
Gewicht in g	$4 \cdot 10^{-9}$	$4 \cdot 10^{-6}$	$4 \cdot 10^{-3}$	$6,5 \cdot 10^{-2}$	$1,8 \cdot 10^{-1}$
Endfallgeschwindigkeit in m/sec	0,013	0,78	5,8	7,9	~ 7,8

Für Regentropfen vom Durchmesser 0,2 mm, 2,0 mm, 5,0 mm und 7,8 mm errechnen sich nach den Werten in Tab. 2 folgende kinetische Energien: $1,24 \cdot 10^{-10}$ mkp; $6,86 \cdot 10^{-6}$ mkp $2,07 \cdot 10^{-3}$ mkp und $5,5 \cdot 10^{-4}$ mkp. Daraus ist zu folgern, daß vom geomorphologisch unmittelbar kaum wirksamen Nieseln der Impuls, den ein fallender Regentropfen auf ein Bodenpartikel ausübt, mit steigender Niederschlagsintensität rasch zunimmt. W. H. WISCHMEIER und D. D. SMITH (1958) haben aus der Tropfenverteilung, die für jeweils bestimmte Niederschlagsintensitäten als hinreichend konstant angesehen werden kann, die kinetische Energie für einzelne Intensitätsstufen berechnet. Die Werte betragen, um eine Vorstellung von der Größenordnung zu geben, für einen Regen von der Intensität 0,01 mm/min 10,1 mt/ha und mm Niederschlagsmenge, für 0,1 mm/min 19,1 mt/ha/mm und für 1 mm/min 28,0 mt/ha/mm. Die Niederschlagsenergie ist für die Erfassung der Bodenerosion oder der Denudationsleistung im allgemeinen von großer Bedeutung. Sie bildet einen wichtigen Faktor in der universellen Gleichung für die Vorhersage der Bodenerosion durch Starkregen. Daraus ergibt sich, daß eine Unterscheidung der Niederschläge nach ihrer Intensität nicht nur vom wasserwirtschaftlichen Standpunkt aus, sondern auch unter Berücksichtigung der geomorphologischen Wirksamkeit zweckdienlich ist.

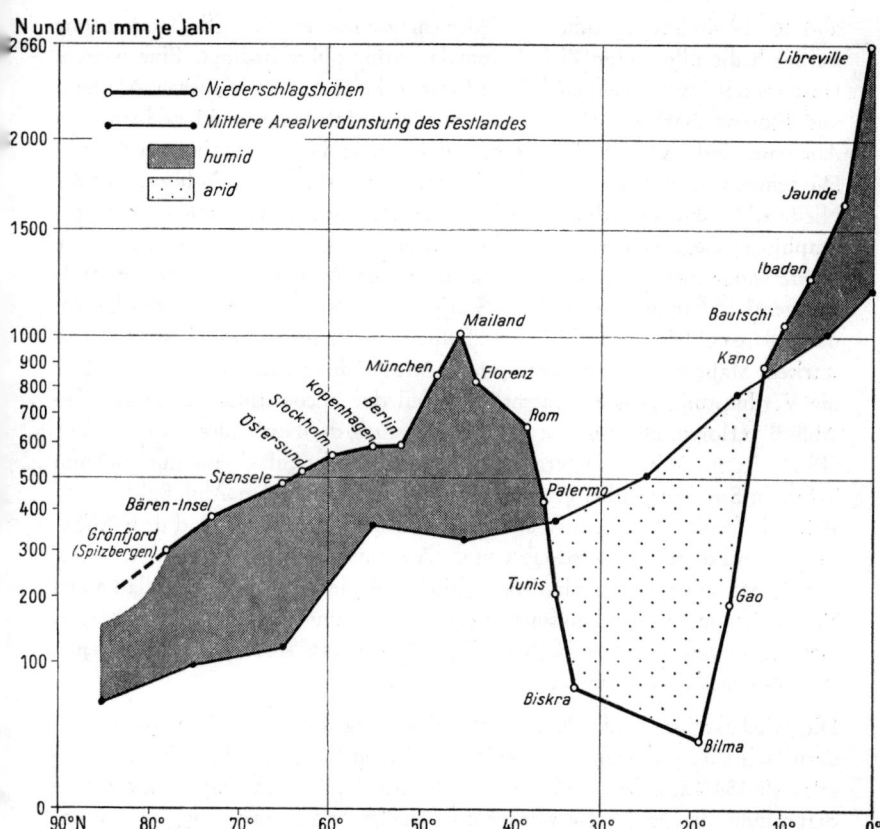

N und V in mm je Jahr

○──○ Niederschlagshöhen
●──● Mittlere Arealverdunstung des Festlandes

▨ humid
▧ arid

Abb. 2: Niederschlagshöhen (ausgewählte Stationen) und mittlere Arealverdunstung (nach G. Wüst, 1922) auf einem Typprofil durch Europa und Afrika

Niederschlagsregime

Für hydrologische Fragestellungen ist die Kenntnis der räumlich-zeitlichen Niederschlagsverteilung wichtig. Entsprechend der temperaturabhängigen Wasserdampfverteilung in der Atmosphäre ist eine Zunahme der Niederschlagsmenge von den Polen gegen den Äquator zu erwarten. Sie ist auch tatsächlich vorhanden, doch ist der Anstieg keineswegs gleichmäßig (Abb. 2). Vielmehr tritt, wie das Profil durch Europa und Afrika zeigt, zwischen 12° N und 36° N ein ausgesprochenes Niederschlagsminimum auf. Die Trockenzone ist durch die allgemeine Zirkulation der Atmosphäre bedingt. Eine weitere Unstetigkeit im Kurvenverlauf wird durch die Stationen München, Mailand und Florenz markiert. Die höheren mittleren Jahresniederschläge in diesem Abschnitt sind als Staueffekt des Alpenkörpers und des Apennins zu erklären. Die temperaturbedingte Feuchtigkeitsverteilung erfährt also in bezug auf die Niederschlagshöhe durch dynamische Vorgänge in der Atmosphäre und orographische Gegebenheiten eine Abwandlung. Die an einem Ort gemessene Niederschlagsmenge ist in ihrer hydrologischen Wirksamkeit nicht unmittelbar vergleichbar mit der anderer Stationen. Topographische Gegebenheiten, das Pflanzenkleid und die Beschaffenheit des Untergrundes bestimmen in starkem Maße das weitere Schicksal des Niederschlagswassers. Vor allem über die Verdunstung geht ein beachtlicher Teil der Niederschlagsmenge für den Abfluß verloren. Die mittlere Arealverdunstung des Festlandes nach G. Wüst (1922) ist in Abb. 2 eingetragen. Ein Jahresniederschlag von nur 300 mm liefert in Spitzbergen bei geringer Verdunstung noch einen Abflußüberschuß. Fällt die gleiche Regenmenge aber irgendwo zwischen 55° N und dem Äquator, so wird dieser Niederschlag von der Verdunstung aufgebraucht. A. Penck (1910) hat daher für eine hydrographische Gliederung der Erdoberfläche den Vergleich von Niederschlagsmenge (N) und Verdunstung (V) herangezogen. Gebiete, in denen N > V ist, bezeichnet er als *humid* (feucht), solche in denen V > N wird, als *arid* (trocken).

Die Niederschläge sind häufig nicht gleichmäßig über das Jahr verteilt, sondern weisen einen mehr oder weniger typischen Gang auf. Im Diercke Weltatlas (S. 154/155) sind mehrere charakteristische Niederschlags-Temperaturdiagramme abgedruckt. Sie werden dort wie leider auch meist sonst als Klimadiagramme bezeichnet. Selbst bei den Stationen mit Niederschlag zu allen Jahreszeiten (Berlin, Chicago, New York) ist noch ein Jahresgang mit einem sommerlichen Maximum zu erkennen. In den kontinentalen Bereichen der mittleren und höheren Breiten überwiegen bei kalten, schneearmen Wintern die Sommerniederschläge. In den Subtropen kehren sich die Verhältnisse um. Als Folge der Verlagerung der subtropischen Hochdruckzonen im Winterhalbjahr der jeweiligen Halbkugel gegen den Äquator kommen diese Gebiete zur Zeit des Sonnentiefstandes in den Bereich wandernder Minima. In Anlehnung an die Kälteperiode der mittleren Breiten spricht man von Winterregen. Man sollte sich jedoch dabei stets bewußt sein, daß in den Subtropen keine eigentlichen Winter auftreten. Als Beispiele für diesen Niederschlagstyp seien Santiago (Chile) und Rom genannt. In den Tropen fallen die Regen wieder vorwiegend zur Zeit des Sonnenhochstandes. In den randlichen Tropen ist eine

Regenzeit und eine Trockenzeit vorhanden (Elisabethville/Kongo). In den immerfeuchten, zentralen Tropen treten zwei Maxima stets kurz nach dem Sonnenhöchststand auf (Entebbe/Uganda). Auch die Monsunniederschläge Süd- und Ostasiens (Madras/Indien) gehören diesem Typ an. Letztlich sind die *nivalen* Bereiche der Polar- und Hochgebirgsregionen zu nennen, in denen das ganze Jahr vorwiegend Schneefall auftritt.

Das jahreszeitlich unterschiedliche Wasserangebot bleibt nicht ohne Folgen für die hydrologischen Vorgänge. Für die Verteilung der Niederschlagsmengen auf Abfluß, Verdunstung und Pflanzenverbrauch ist zunächst entscheidend, ob die Regen in der kalten oder in der warmen Jahreszeit fallen. Je nachdem wird der Abflußanteil höher oder niedriger sein. In den mittleren und höheren Breiten ist ferner der als Schnee akkumulierte Niederschlag, der erst bei der Schmelze für den Abfluß frei wird (Frühjahrshochwasser), als temporäre Rücklage zu beachten. In allen Gebieten mit ausgesprochenen Regen- und Trockenzeiten wird das Jahr entsprechend der Penckschen Beziehung ($V < N < V$) in humide und aride Abschnitte gegliedert. In den humiden Monaten liefern die meist heftigen Schauerniederschläge reichlich Wasser für die Durchfeuchtung des Bodens, die Grundwasserbildung und den Oberflächenabfluß. In den trockenen Jahreszeiten kommt es gelegentlich zur völligen Austrocknung des Bodens. Fehlen größere Grundwasservorräte, so fallen die Flüsse in dieser Zeit trocken. Sehr starke Wasserstandsschwankungen sind typisch für die wechselfeuchten Gebiete. Sie verhindern häufig die Binnenschiffahrt, erschweren die wasserwirtschaftliche Nutzung der Gewässer, stellen hohe Anforderungen an den Brückenbau und beeinflussen die Lage der Siedlungen und die Wirtschaft der Menschen.

Die *Pencksche Trockengrenze*, die aride von humiden Gebieten scheidet, ist durch die Gleichung $N = V$ eindeutig definiert. Sie läßt sich aber nur schwer berechnen, da bis heute die wirkliche Gebietsverdunstung nur annäherungsweise erfaßt ist. Schon frühzeitig suchte man deshalb nach einfacheren Verfahren, um anhand leicht meßbarer meteorologischer Daten die Trockengrenze zu fixieren. Als solche bieten sich zunächst der Niederschlag (N in mm Regenhöhe) und die Lufttemperatur (Monats- oder Jahresmittel T in °C) an. Die Temperatur wurde als ein die Verdunstung mitbestimmender Faktor in die Kalkulation der *Trockenheitsindizes* (i) aufgenommen. Als erster führte der Bodenkundler R. LANG (1915) den nach ihm benannten *Regenfaktor* (f) $f = N : T$ ein. Die Überprüfung ergab, daß bei dieser Form der Temperaturdivisor zu stark wirksam wird. E. DE MARTONNE glich in seinem *Ariditätsindex* (i) diesen Nachteil aus, indem er den Nenner um den Summanden 10 vergrößerte. Seine Formel lautet $i = N : (T + 10)$. In ihr verringert sich nicht nur der Temperatureinfluß, sie hat auch den Vorteil, daß sie bis zu Temperaturen von − 10 °C anwendbar ist. Da die Werte der Ariditätsindizes mit wachsender Regenmenge und sinkender Temperatur zunehmen, würde man sinnvoll besser von *Feuchteindizes* sprechen.

Untersuchungen haben ergeben, daß der Trockenheitsindex vom Wert 20 = N : (T + 10) nach DE MARTONNE etwa der Penckschen Trockengrenze entspricht. Völlig vermochte auch diese Formel nicht zu befriedigen. Es wurden mehrere Korrekturen angefügt. Ihre Anwendung in der Praxis scheitert aber häufig an fehlenden Beobachtungen. Deshalb wird noch heute vielfach der Martonnesche Trockenheitsindex für die Berechnung von ariden und humiden Jahreszeiten und zur Festlegung der Trockengrenze verwendet. Für die Berechnung der jahreszeitlichen Ariditätsunterschiede wird die zwölffache Menge des Monatsniederschlages (n) in Beziehung zur Monatsmitteltemperatur (t) gesetzt, i = 12 n : (t + 10).

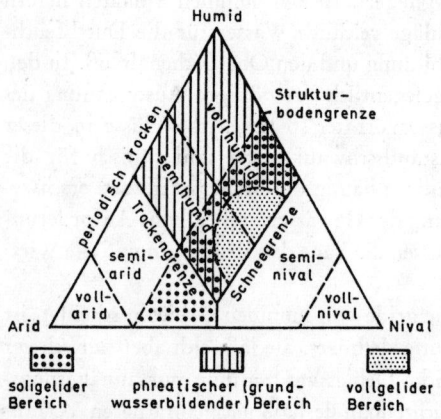

Abb. 3: Die klimatischen Bereiche der Erde (nach C. TROLL, 1948, aus J. H. BLÜTHGEN, 1966)

C. W. THORNTHWAITE (1948) hat neue Feuchteindizes entwickelt. Er geht dabei vom Wasserbedarf (n) der klimatisch überhaupt möglichen Verdunstung *(Evapotranspiration)* aus. Wird die Differenz N − n = s positiv, ist ein Wasserüberschuß vorhanden, wird dagegen N − n = d negativ, so entsteht ein Wasserdefizit. Der Humiditätsindex (I_h) und der Ariditätsindex (I_a) lauten: $I_h = 100 s/n$; $I_a = 100 d/n$. Für wechselfeuchte Gebiete hat THORNTHWAITE beide Indizes zu einem allgemeinen Ausdruck (I_m) der Form $I_m = (100 s − 60 d) : n$ verbunden. Die Reduktion von I_a mit dem Faktor 0,6 (60 d) begründet er durch die Milderung der Trockenperiode infolge eines

Feuchteüberschusses aus der vorangegangenen Regenzeit. Berechnungen haben in allen Teilen der Erde mit dem Thornthwaiteschen Humiditäts- und Ariditätsindex sehr befriedigende Ergebnisse erzielt. Hier konnte nur prinzipiell auf die Möglichkeiten der Abgrenzungen arider und humider Gebiete hingewiesen werden. Weitere Angaben und zusammenfassende Darstellungen über Trockenheits- und Klimaindizes finden sich bei H. WILHELMY (1944), W. LAUER (1952, 1953), E. MAYER (1960), R. KELLER (1961) und J. BLÜTHGEN (1966).

Niederschlagsmessung und Auswertung

Die Niederschläge werden durch Messung der Niederschlagshöhe in mm und durch Angabe der Niederschlagsdauer (Minuten, Stunden oder Tage) erfaßt. Der Niederschlagshöhe $h_N = 1$ mm entspricht eine Niederschlagsmenge von 1 l/m² oder 10^6 l/km².

Als gebräuchliche Instrumente für die Erfassung der Niederschlagsmenge dienen der Niederschlagsmesser nach HELLMANN mit einer Auffangfläche von 200 cm² und der Gebirgsniederschlagsmesser mit einer solchen von 500 cm². Hierbei handelt es sich um zylindrische Gefäße mit einem eingelöteten Sammeltrichter, die 1 m über Bodenoberfläche aufgestellt werden. An schwer zugänglichen Stellen werden Niederschlagssammler (Totalisatoren) eingesetzt. Um die Verdunstung und das Gefrieren des Niederschlags bei etwa halbjährlicher Wartung zu verhindern, werden in das Sammelgefäß eine Vaselinölschicht und $CaCl_2$ eingebracht. Die Intensität der Niederschläge wird mit *Regenschreibern* gemessen, bei denen die angesammelte Wassermenge auf einer mittels Uhrwerk sich drehenden Trommel mit einem Umlauf von 8 oder 30 Tagen — es gibt auch Bandschreiber, die ein stärkeres Auflösevermögen besitzen — laufend registriert wird. Schnee wird z. T. ebenfalls in Niederschlagsmessern aufgefangen, anschließend geschmolzen und das Wasseräquivalent bestimmt. Um das Herausblasen von lockerem Neuschnee aus dem Auffanggefäß zu vermeiden, werden in den Sammeltrichter Schneekreuze eingesetzt. Genauere Ergebnisse erhält man über die Bestimmung der Schneedichte an der Neuschneedecke mittels geeichter Schneestechzylinder oder durch Messung der Absorption radioaktiver Strahlung.

So einfach die Niederschlagsmessung aussieht, so ergeben sich doch zahlreiche Unsicherheiten. Besonders die in Totalisatoren gesammelten Schneemengen weichen z. T. 50 % und mehr negativ vom wahren Gebietsniederschlag ab. Eine weitere Schwierigkeit liegt in der Umrechnung der punktförmigen Messung auf die Fläche, da insbesondere Starkregen als Folge der Zellenstruktur der Niederschlagsgebiete erhebliche Intensitätsschwankungen aufweisen.

Für die Ermittlung der Niederschlagsmenge bezogen auf die Fläche stehen mehrere Verfahren zur Verfügung. Das einfache arithmetische Mittel aus allen Stationen führt in der Regel zu falschen Werten. Bessere Ergebnisse erzielt man aus dem gewogenen Mittel nach der Vieleckmethode. Dabei wird jeder Niederschlagsstation eine Fläche zugeordnet, die über die Mittelsenkrechten zu den Verbindungsstrecken der Niederschlagsstationen graphisch erfaßt wird (Abb. 4). Ist an Station 1 der Niederschlag N_1 und die Fläche F_1, für Station 2 entsprechend N_2 und F_2, so errechnet sich der *Gebietsniederschlag* N zu

$$N = \frac{N_1 \cdot F_1 + N_2 \cdot F_2 + \ldots + N_{n-1} \cdot F_{n-1} + N_n \cdot F_n}{\Sigma F_i}$$

Abb. 4: Vieleckverfahren zur Bestimmung des Gebietsniederschlages am Beispiel von 13 Stationen

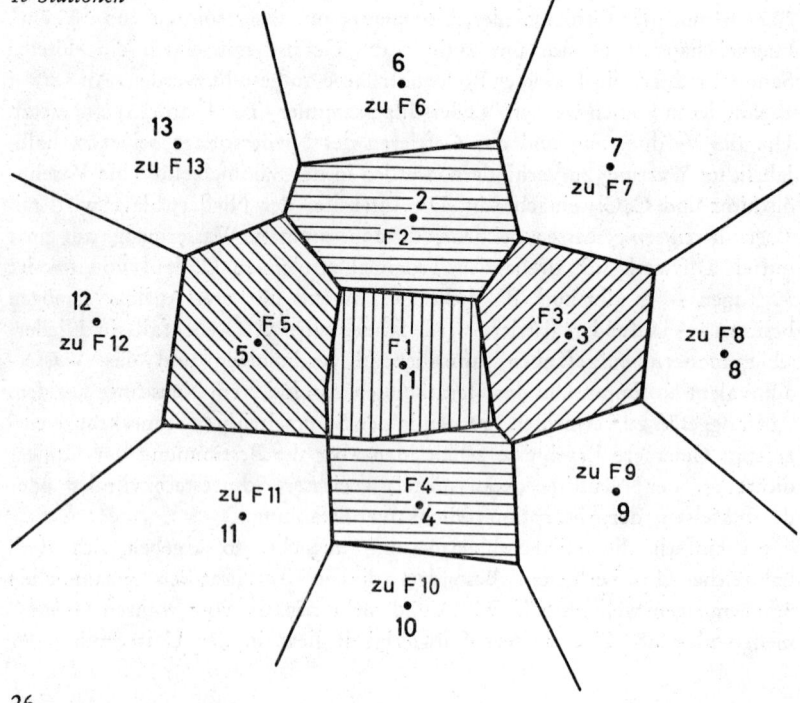

Die besten Ergebnisse erzielt man sicherlich durch Planimetrieren von Niederschlagskarten, da man die Isohyeten (Linien gleichen Niederschlags) gut den Reliefverhältnissen, die die Regenmengen in starkem Maße beeinflussen, anpassen kann.

Verdunstung

Physikalische Grundlagen der Verdunstung

Wie im vorletzten Kapitel gezeigt wurde, wird das Wasser des Festlandes ständig durch die Niederschläge erneuert. Das heißt, daß sich der gesamte Wasserkreislauf über die gasförmige Phase *(Wasserdampf)* vollzieht. Die der Atmosphäre durch Niederschläge entzogene Feuchtigkeitsmenge wird über die Verdunstung des Wassers von Meeres-, See- und Landflächen wieder ersetzt.

Die Verdunstung ist von mehreren meteorologischen Grundelementen — Temperatur, Luftdruck, Sättigungsdefizit, Ventilation — abhängig. Sie nimmt mit steigender Temperatur und fallendem Luftdruck zu. Die Aufnahmefähigkeit der Luft an Wasserdampf ist durch den *Sättigungsdampfdruck* begrenzt. Je größer die Differenz zwischen *Sättigungsspannung* und dem vorhandenen *Partialdruck* des Wasserdampfes ist, desto mehr Wasser kann verdunsten. Es ist hier zu erwähnen, daß die über einer Wasserfläche stagnierende Lufthülle stets als mit Wasserdampf gesättigt anzusehen ist. Eine weitere Verdunstung findet nur dann statt, wenn diese Luftmasse durch Ventilation von einer ungesättigten ersetzt wird. Die Windstärke unmittelbar über der verdunstenden Fläche beeinflußt die Evaporation sehr. Die Wechselwirkungen der genannten Faktoren sind vielfältig. Deshalb ist die Messung der Verdunstungshöhe auch sehr schwierig.

Eine Reihe von einfachen Verdunstungsmeßgeräten, *Evaporimetern*, beruhen in der Grundkonstruktion auf der Verdunstung freier Wasserflächen. Beim Piche-Evaporimeter wird das in einem Bürettenrohr vorhandene Wasser über eine Fließpapierscheibe von 3—5 cm Durchmesser verdunstet. Die Wildsche Waage mißt den durch Verdunstung eingetretenen Gewichtsverlust einer mit Wasser gefüllten Schale von 250 cm^2 Oberfläche. In den USA werden genormte, kreisrunde, wassergefüllte Behälter in die Bodenoberfläche versenkt und der Wasserverlust pro Tag in mm (bzw. inches) gemessen. Die Ergebnisse der Beobachtungen sind z. T. sehr unterschiedlich. Die Ursachen dafür sind in den Meßanordnungen zu suchen (Wärmehaushalt der Meßgeräte, Größe der Verdunstungsoberfläche, Ventilationsbedingungen usw.). Trotz der auftretenden Mängel können recht brauchbare Vergleichswerte erzielt werden. Die gefundenen Verdunstungshöhen stimmen aber nicht mit der wirklichen Gebietsverdunstung überein. Sie sind lediglich ein Index für die Verdunstungskraft eines Klimagebietes.

Aktuelle Gebietsverdunstung

Gegenüber der Verdunstung von einer freien Wasserfläche komplizieren sich die Verhältnisse bei der aktuellen oder wirklichen *Gebietsverdunstung* eines Festlandareals wesentlich. Diese setzt sich aus zwei Komponenten zusammen: aus der *Oberflächenverdunstung, Evaporation,* und der Wasserabgabe von Pflanzen, *Transpiration.* Der von den Pflanzenoberflächen aufgefangene und dort verdunstende Anteil des Niederschlages wird der Evaporation zugerechnet. Die Gesamtverdunstung bezeichnet man als *Evapotranspiration.* Sie wird außer von den meteorologischen Bedingungen durch Relief, Klima, geologische Verhältnisse, Bodenart, Vegetation und Eingriffe des Menschen bestimmt.

Allein die reliefbedingten Faktoren sind zahlreich. Bei der Verdunstung wird die wahre Oberfläche des Geländes wirksam, nicht nur die Fläche der Projektion in eine Kartenebene. Zudem vergrößert sich das Areal um die Flächen der Blätter, Zweige und Äste, von denen ja ebenfalls verdunstet wird. Durch den Abfluß ergibt sich bei zunächst gleichmäßigem Feuchteangebot eine unterschiedliche Wasserverteilung. Höhere Gebiete trocknen deshalb unter sonst gleichen Bedingungen rascher als tief gelegene. Damit ändert sich das für die Verdunstung bereitstehende Wasserangebot einzelner Teilflächen. Verstärkt wird der Effekt noch durch Expositionsunterschiede. Besonderen Einfluß nehmen die hygrischen Jahreszeiten. In längeren Trockenperioden wird die Verdunstung wegen zunehmenden Wassermangels trotz hoher klimatischer Verdunstungskraft sinken. Auch die verschiedenen Bodenarten prägen den Wasserhaushalt. Nach den Untersuchungen von SCHUBACH (1952) bei Versuchen in Hessen betrug der Verdunstungsverlust des Niederschlages in Sand 30 %, bei humosem Boden 37 % und bei Löß sogar 45 %. Mit steigendem Wasserhaltevermögen nimmt danach die Verdunstung zu. Ihre Werte werden ferner beeinflußt durch Lage des Grundwassers zur Oberfläche.

Vor allem die Evapotranspiration des Pflanzenkleides ist hydrologisch wirksam. Nach Angaben von HASTIG und BURGER (aus R. KELLER, 1961) schwankt die tägliche Bestandstranspiration bei einem Pflanzenalter von 40 bis 50 Jahren von 2,35 mm bei Kiefer bis 4,7 mm bei Lärche und Birke. Auch der wirtschaftende Mensch hat die ökologischen Verhältnisse der Erdoberfläche maßgeblich verändert. Durch Kahlschläge, Bepflanzung, Bodenbearbeitung (dry farming, Bewässerung usw.), die Anlage von Stauseen sowie die vollständige Überbauung weiter Flächen greift er grundlegend in den Wasserhaushalt ein.

Das Zusammenspiel verschiedenartiger, wechselseitiger Einflüsse auf die Verdunstungshöhe erschwert ihre Messung. Lysimeterbeobachtungen kommen den natürlichen Bedingungen noch am nächsten. *Lysimeter* sind wägbare Kästen mit einer Oberfläche von 1 m² bis zu über 100 m². Sie werden mit dem jeweils gewünschten Boden- und Gesteinsmaterial gefüllt, mit einem entsprechenden Bewuchs versehen und bis zu ihrer Oberkante im Boden versenkt, damit eine möglichst gute Angleichung an die natürlichen Bedingungen der Umgebung erreicht wird. Die Berechnung der Verdunstung erfolgt über die Messung von Niederschlag, Versickerung und Wasseranreicherung im Boden (Gewichtszunahme). Lysimeterbeobachtungen erbrachten sehr befriedigende Ergebnisse für die Klärung des Wasserhaushaltes kleinerer, gleichartiger Areale. Durch spezielle Versuchsanordnungen läßt sich auch der Transpirationsverlust messen. Wie die Beobachtungen lehren, ist die Transpiration einer Einzelpflanze stets größer als die eines artengleichen Bestandes. Der Unterschied erklärt sich aus dem Bestandsklima, das z. B. innerhalb einer geschlossenen Waldfläche für die Verdunstung und Transpiration andere Voraussetzungen schafft als für einen einzelstehenden Baum.

Anhand einiger Lysimeterwerte sollen Grundzüge der aktuellen Verdunstung angedeutet werden. Wie Tab. 3 zeigt, liefert der bewachsene Boden durchweg eine höhere Verdunstung als der nackte. Auch das Anwachsen der aktuellen Evapotranspiration mit abnehmender Breite und ansteigender Temperatur zwischen Groningen und Toulouse ist gut zu erkennen. Gegen die Trockengebiete Nordafrikas (Tunis) sinken die Verdunstungswerte als Folge eines zeitweiligen Wassermangels wieder ab. In der sehr feuchten Gangesebene ist die Evapotranspiration bei den hohen Temperaturen zwar absolut groß. Sie erreicht aber nur 60—70 % des Niederschlages. Durch die hohe Luftfeuchtigkeit des Gebietes werden der Abfluß erhöht und die Verdunstung reduziert. Wie sehr das Wasserangebot die Höhe der aktuellen Evapotranspiration beeinflußt, zeigt ein Vergleich von Oberägypten und dem Deltabereich des Nil. Während bei Assuan infolge Wassermangels nur 55 % der potentiellen Evapotranspiration erreicht werden, beträgt sie im Deltabereich mit ausgeprägter Bewässerung 80 %. Auf dieser Strecke verringert sich der Abfluß des Nil von 86 km³/Jahr auf 48 km³, es verdunsten also 38 km³/Jahr.

Tab. 3: Ergebnisse von Lysimetermessungen (nach R. KELLER, 1961)

Station	mittlerer Jahres- niederschlag in mm	mittlerer Jahres- abfluß in mm	mittlere jährliche Verdunstung in mm	Verdunstung des Niederschlages in %	Jahres- mittel- temperatur in °C
Groningen (53° N)					
unbewachsener Boden	743	430	313	42	9,6
bewachsener Boden	709	185	524	74	
Versailles (49° N)					
unbewachsener Boden	594	230	364	61	10,3
bewachsener Boden	594	143	451	76	
Toulouse (44° N)					
unbewachsener Boden	513	95	418	81	13,8
bewachsener Boden	540	86	454	84	
Tunis (36° N)					
unbewachsener Boden	547	233	314	57	17,5
bewachsener Boden	551	123	428	78	
Pusa (Gangesebene, 23° N)					
unbewachsener Boden	1223	485	738	63	24,6
bewachsener Boden	1180	360	810	69	

Lysimetermessungen geben keine Auskunft über den Wasserhaushalt eines größeren Gebietes. Sie vermögen nicht die Vielfalt der topographischen, pedologischen, geologischen und pflanzengeographischen Variationen eines weiteren Bereiches zu erfassen. Einen Überblick über die Verdunstung ganzer Flußgebiete gewinnt man durch die allgemeine *Wasserhaushaltsgleichung* in der Form Niederschlag minus Abfluß = Verdunstung (N — A = V). Will man auch die temporären Rücklagen (R), z. B. von festem Niederschlag beim Anwachsen von Gletschern und zusätzliche Schmelzwasserlieferung (Aufbrauch = B), berücksichtigen, so kann die Gleichung auch in der erweiterten Form V = N — A — (R — B) geschrieben werden. Niederschlag, Abfluß, Rücklagen und Aufbrauch sind meßbare Größen, aus denen die Verdunstung auch ausgedehnterer Einzugsgebiete z. B. für ein oder mehrere Jahre berechnet werden kann. Unter Beiziehung der Ergebnisse von Lysimeteruntersuchungen können auch für die einzelnen Monate die anteiligen Werte der Verdunstung gewonnen werden. Nach Tab. 4 verdunsten im hydrologischen

Winterhalbjahr nur rund 20 %, gegenüber etwa 80 % in den Monaten Mai bis Oktober.

Tab. 4: Verteilung der mittleren jährlichen Verdunstungshöhe auf einzelne Monate in % der Gesamtverdunstung (nach K. KELLER, 1961)

Autor bzw. Beobachtungsort	Winterhalbjahr						Sommerhalbjahr					
	XI	XII	I	II	III	IV	V	VI	VII	VIII	IX	X
BAUMANN	1	0	1	2	6	8	14	19	22	14	7	6
FRIEDRICH	2	1	1	2	5	8	16	17	17	15	11	5
TROSSBACH	1	1	1	2	5	10	16	18	17	16	8	5
Nord- und Mitteldeutschland	2	1	1	2	4	10	16	17	18	15	9	5
München	1	1	1	2	4	8	20	15	18	18	9	3

Potentielle Verdunstung

Neben der wirklichen, aktuellen Evapotranspiration ist für viele wasserwirtschaftliche und agrikulturtechnische Planungen sowie für theoretische Problemstellungen die Kenntnis der überhaupt möglichen Verdunstung eines Gebietes von Bedeutung. Sie wird potentielle *Evapotranspiration* genannt. Nach THORNTHWAITE (1945) soll darunter die von einer völlig mit Vegetation bedeckten Oberfläche unter Voraussetzung einer stets ausreichenden Wassernachfuhr mögliche Verdunstungsmenge verstanden werden. J. GENTILLI (1953) macht eine Einschränkung und führt aus, daß die potentielle Evapotranspiration auch definiert werden könne als die zu gegebener Zeit und an einem gegebenen Ort mit der vorhandenen Pflanzendecke auftretende Verdunstung. Anhand dieser Prämissen ist die potentielle Evapotranspiration weitgehend Ausdruck des Gesamtklimas, und ihre Werte können die Niederschlagshöhen übersteigen.

Für die Berechnung der potentiellen Verdunstung sind eine Reihe von Formeln abgeleitet worden (R. KELLER, 1961, S. 54—67). Alle Versuche basieren im allgemeinen auf den gleichen physikalischen Grundvorstellungen, daß die Verdunstung abhängig ist von der Größe der Wasserdampfdiffusion in ruhender Luft, von der Ventilation bei bewegter Luft und der vertikalen Verteilung des Gradienten der Wasserdampfdichte. Unter hinreichend genauer Kenntnis des Bodenwasserhaushaltes während der Evapotranspirationsdauer kann aus der potentiellen auf die aktuelle Verdunstung geschlossen werden.

31

Interception

Nicht der gesamte in einer frei aufgestellten Meßanlage aufgefangene Niederschlag erreicht unter natürlichen Bedingungen die Bodenoberfläche. Ein Teil der Hydrometeore wird vom Pflanzenkleid aufgefangen und geht dem Abfluß verloren. Dieser Vorgang wird Interception genannt. Sie ist immer zu beobachten, besonders schön aber im Winter, wenn die Bäume und Sträucher von einer dicken Schnee-Rauhreifhülle ummantelt sind. Die durch die Interception dem Abfluß vorenthaltenen Wassermengen sind beachtlich.

Tab. 5: Interceptionsverdunstung im Stadtwald Frankfurt vom 27. 12. 1968 bis 2. 1. 1969 bei einem Freilandniederschlag von 14,5 mm (nach H. M. BRECHTEL, 1969)

| Baumart | Laubwald | | | Baumart | Nadelwald | | |
| | | Interception | | | | Interception | |
	Alter (Jahre)	mm	% vom Freilandniederschlag		Alter (Jahre)	mm	% vom Freilandniederschlag
Eiche	17	3,5	24	Kiefer	18	5,5	38
	54	0,5	3		46	3,5	24
	165	0,0	0		109	6,5	45
Roteiche	17	0,5	3	Fichte	25	7,3	50
	46	0,5	3				
	64	3,5	24				
Buche	30	0,5	3	Lärche	18	7,5	52
	61	2,5	17		41	4,5	31
	111	2,5	17				
Hainbuche	20	3,5	24				

Ganz allgemein kann aus zahlreichen Untersuchungen gefolgert werden, daß Nadelbäume höhere Interceptionswerte aufweisen als Laubbäume und daß ferner im Sommer mehr Niederschlag als im Winter zurückgehalten wird. Jungholz weist wegen der biegsameren Äste und Zweige, von denen der auflastende Niederschlag schon früher abrinnt bzw. abgleitet, eine geringere Interception als Altholz auf. Interceptionswerte von mehr als 50 % der Niederschlagsmenge sind bekannt geworden. Auch Gräser vermögen, wenngleich in geringerem Umfange als Bäume und Sträucher, den fallenden Regen auf ihren Oberflächen zu speichern. Das Verhalten von Winter- zu Sommerinterception beträgt nach F. E. EIDMANN (1959) bei Fichte 118 : 196, bei Buche 25 : 68. Nach den Untersuchungen von H. M. Brechtel (1969) treten nicht nur Unterschiede zwischen Laub- und Nadelwald auf, die einzelnen Baumarten zeigen auch altersbedingte Variationen. Bei Eiche und Hainbuche, die auch im Winter noch einen Teil der abgestorbenen Blätter tragen, ist der Interceptionsverlust wesentlich höher als bei den wirklich winterkahlen Baumarten Roteiche und Buche. Durch eine geschickte Wahl der Baumarten in Forsten kann so erheblicher Einfluß auf den Wasserhaushalt genommen werden.

Bei gleichen Niederschlagsmengen steht demnach im Wald für den Abfluß weniger Wasser zur Verfügung als auf einer Freilandfläche. Doch nicht das ganze zunächst von Ästen, Zweigen und Blättern aufgefangene Wasser geht über die Evaporation verloren. Ein Teil davon tropft über die Blattspitzen zum Boden oder fließt entlang der Stämme ab (stemflow).

Abfluß

Oberflächenabfluß

Für das Zustandekommen des Oberflächenabflusses ist entscheidend, daß auf der Erde wirklich horizontale Flächen — Äquipotentialflächen — kaum vorhanden sind. Das Niederschlagswasser fließt, soweit es nicht durch Versickerung und Verdunstung aufgebraucht ist, dem Gradienten des *Gefälles* folgend ab. Der Abfluß erfolgt zunächst flächenhaft, als Schichtflut oder in zahlreichen kleinen Rillen und Furchen. Erst wenn genügend Wasser angereichert ist, sammelt es sich in Tiefenlinien (Tälern) und fließt von nun an mit gleichsinnigem Gefälle in einem Gerinnebett entweder zu den Meeren oder in die ariden Binnengebiete.

Der Anteil des Oberflächenabflusses ist abhängig von der Intensität der Niederschläge, der Geländeneigung, der Oberflächenbeschaffenheit — nackter oder bewachsener Boden —, der Durchlässigkeit des Untergrundes usw. In Abb. 5 ist die Wirkung von Niederschlagsintensität, Regenmenge und Bewuchs auf den Abfluß dargestellt.

Die von P. B. Rowe (1947) veröffentlichten Werte einer zehnjährigen Versuchsreihe in Kalifornien zeigen für ein jährlich gebranntes, also nur spärlich mit Vegetation bedecktes Versuchsfeld sehr kräftigen Oberflächenabfluß. Er ist sehr viel geringer auf einem flächengleichen Areal, das innerhalb der zehn

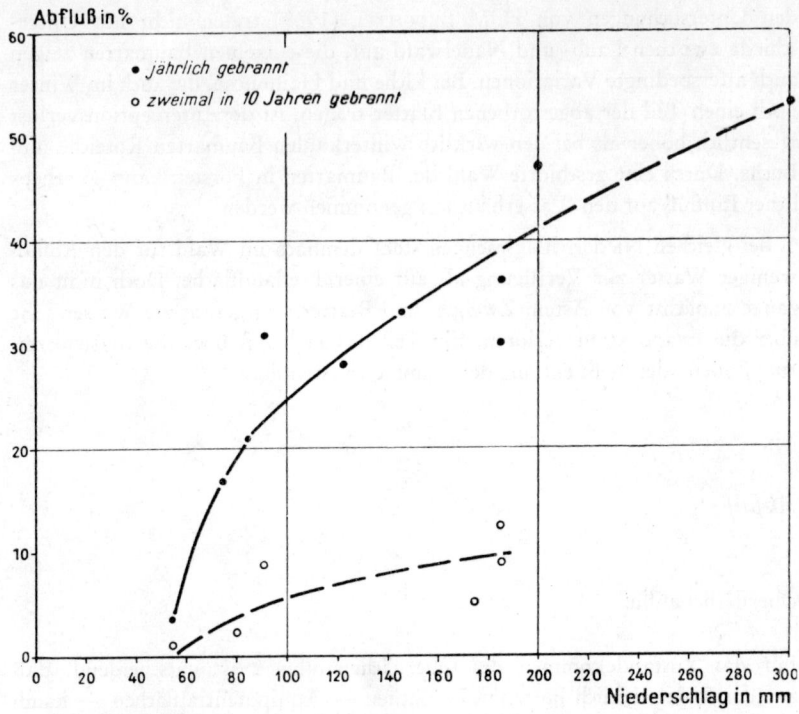

Abb. 5: Oberflächenabfluß in Abhängigkeit von Niederschlag und Vegetationsbestand (nach Aufnahmen von P. B. ROWE, 1947, in California)

Jahre nur zweimal gebrannt wurde und somit dichtere Bestockung aufwies. Unter natürlichen Bedingungen (Wald-Chaparral-Bewuchs) floß an der Oberfläche kaum Wasser ab, zumindest überschritt seine Menge einige Zehntel Prozent des Niederschlags nicht. Dieses Ergebnis hat trotz der Streuung der Werte im Diagramm allgemeine Gültigkeit und wird durch zahlreiche Beobachtungen aus aller Welt bestätigt.

Für Erosion und Denudation ist beim flächenhaften Abfluß entscheidend, daß über jeden tieferen Punkt eines gleichsinnig geböschten Hanges mehr Wasser fließt als über einen höheren; nämlich der an diesem Punkt gefallene Niederschlag plus dem Abflußwasser der oberen Hangteile. Mit zunehmender Wassermenge wächst hangab selbst bei gleichbleibender Geschwindigkeit die *Erosionskraft*.

Tab. 6: Abfluß und Bodenerosion in Abhängigkeit von der Hanglänge bei 3 %
Gefälle (nach B. H. HENDRICKSON, A. P. BARNET u. a., 1963)

	Niederschlag in mm	Abfluß in %	Denudation in t/ha
Hanglänge 21,4 m			
Winter	391	16,9	0,8
Frühling	249	9,2	0,8
Sommer	239	23,4	3,3
Herbst	165	12,3	0,2
Jahr	1044	15,9	5,1
Hanglänge 32 m			
Winter	350	13,8	0,8
Frühling	353	15,1	2,4
Sommer	315	20,1	3,8
Herbst	231	12,2	0,4
Jahr	1249	15,8	7,4

Der in Tab. 6 zunächst auftretende Widerspruch, daß bei geringeren Niederschlägen im Sommer der Abflußfaktor höher ist als im Winter, erklärt sich aus dem größeren Anteil von Starkregen in der wärmeren Jahreszeit.

Trotz der geringen Längenunterschiede der Beobachtungsfelder zeigt sich bei nahezu gleichem Oberflächenabfluß (15,9 bzw. 15,8 %) eine kräftige Zunahme der Abtragsleistung. Der Oberflächenabfluß vergrößert sich zudem mit Versteilung der Böschung, da die hangparallel wirksame Komponente der Schwerebeschleunigung mit dem Sinus des Gefälles zunimmt (Tab. 7). Bei Hangneigungen von 3 % und 7 % betrug der unterschiedliche Oberflächenabfluß 15,9 bzw. 22,1 % im Jahresmittel. Die Abtragsleistung hat sich sogar verzehnfacht. Ein Bodenverlust von 53,3 t/ha im Jahr entspricht einer Abtragung von ca. 3—4 mm. Vergleicht man damit die in den Lehrbüchern der Geomorphologie genannten *Denudationswerte*, z. B. bei H. LOUIS (1961, S. 63), so liegen sie im Mittel um zwei Zehnerpotenzen niedriger als der oben genannte Betrag.

Daraus ergibt sich, daß der auf kleinen Flächen umgelagerte Anteil von Lockermassen sehr viel größer ist, als von den Flüssen endgültig abtransportiert wird. Aber gerade diese Umlagerungen wirken formbildend.

Tab. 7: Abhängigkeit des Oberflächenabflusses und der Bodenerosion von der Hang-neigung in einem Baumwollfeld auf sandig-lehmigem Untergrund (nach B. H. HEND-RICKSON, A. P. BARNET u. a., 1963)

	Niederschlag in mm	Abfluß in %	Denudation in t/ha
Hangneigung 3 %			
Winter	391	16,9	0,8
Frühling	249	9,2	0,8
Sommer	239	23,4	3,3
Herbst	165	12,3	0,2
Jahr	1044	15,9	5,1
Hangneigung 7 %			
Winter	406	29,4	12,5
Frühling	259	13,7	7,5
Sommer	252	23,2	28,4
Herbst	173	22,1	4,8
Jahr	1090	22,1	53,3

Unterirdischer Abfluß

Der noch verbleibende Rest des Niederschlagswassers sickert je nach Boden-und Gesteinsbeschaffenheit mehr oder weniger rasch in den Untergrund ein. Ein Teil davon wird von den Pflanzen aufgenommen, ein anderer bleibt an den Boden- und Gesteinspartikeln haften, und der Überschuß fließt in den Untergrund ab. Entsprechend den engeren Wasserwegen — Porenvolumen der Gesteine — und den dadurch bedingten höheren Reibungswerten erfolgt der Abfluß im Untergrund langsamer als an der Oberfläche. In *Quellen* tritt das *Grundwasser* wieder zutage. Die ganzjährige Wasserführung der Flüsse kann selbst in humiden Gebieten nur durch Speisung aus den unterirdischen Wasservorräten erklärt werden. Durch Speicherung und Verzögerung des Abflusses regelt das Wasser im Untergrund maßgeblich den Wasserhaushalt einer Landschaft. Daneben hat es für die Versorgung der Pflanzen und die Deckung des Wasserbedarfes der Menschen eine besonders große Bedeutung.

Bilanz des Wasserkreislaufs

Tab. 8: *Niederschlag, Abfluß und Verdunstung über Land- und Meerflächen (in cm)*
(aus R. KELLER, *1961, ergänzt)*

Landflächen (149 Mill. km² = 29 %)   Meerflächen (361 Mill. km² = 71 %)

	WUNDT/ MEINARDUS 1938	WÜST 1922	REICHEL 1951	PENMAN 1970	WUNDT/ MOSBY 1938	WÜST 1937	WÜST 1954	PENMAN 1970
Niederschlag	67	75	67	71	96	83	89,75	107—114
Abfluß	25	25	20	24	—	—	—	—
Verdunstung	42	50	47	47	106	93	97,3	116—124

Die *Wasserbilanz* der Erde wurde wiederholt berechnet. Bei allen Kalkulationen wurde vorausgesetzt, daß sich Rücklagen (Akkumulation von Schnee, Grundwasservorratsbildung) und Aufbrauch (Abschmelzbeträge) über eine längere Zeitspanne hin ausgleichen. Nach W. WUNDT verdunsten jährlich von den Meeresoberflächen 106 cm (383 000 km³) Wasser. Die Niederschlagsmenge auf den Ozeanen beträgt aber nur 96 cm (346 000 km³). Daraus errechnet sich ein jährlicher Wasserverlust der Weltmeere von 10 cm oder 37 000 km³. Dieses Defizit wird durch den Abfluß vom Festland wieder gedeckt.

Nach Abb. 6 fallen über dem Meer von den verdunsteten 106 cm unmittelbar 79 cm. 27 cm treten in Form von Wasserdampf auf das Festland über und ergeben dort infolge der Relation zwischen Meeres- und Festlandflächen einen Niederschlag von 67 cm. Von dem Wasserangebot verdunsten auf den Landflächen 42 cm, die beim Abregnen über den Meeren 17 cm Niederschlag liefern. Der Rest, 25 cm, fließt ab und bewirkt ein Steigen der Ozeane um 10 cm. Damit ist der Haushalt ausgeglichen.

Unter Berücksichtigung des in der Atmosphäre vorhandenen Wassers von 12 300 km³ ergibt sich, daß der Wasserkreislauf nicht durch eine einmalige Umsetzung möglich ist. Der Wasserdampfgehalt der Luft macht nur wenig mehr als 3 % der am Gesamtumsatz beteiligten Wassermenge von 383 000 km³ aus. Da alle Niederschläge die Gasphase durchlaufen, muß der Wasserdampfgehalt der Luft im Jahr etwa dreißigmal völlig erneuert werden. In Wirklichkeit findet die Umsetzung noch viel häufiger statt, da nur ein Teil des atmosphärischen Wassers als Niederschlag fällt. Das vereinfachte Schema kann auch nicht den vielfältigen Wechsel von Verdunstung und Niederschlag innerhalb der Meeres- und Landflächen, wie er tatsächlich abläuft, wiedergeben. Die Skizze zeigt nur das Ergebnis eines vielgliedrigen Umsetzungsprozesses.

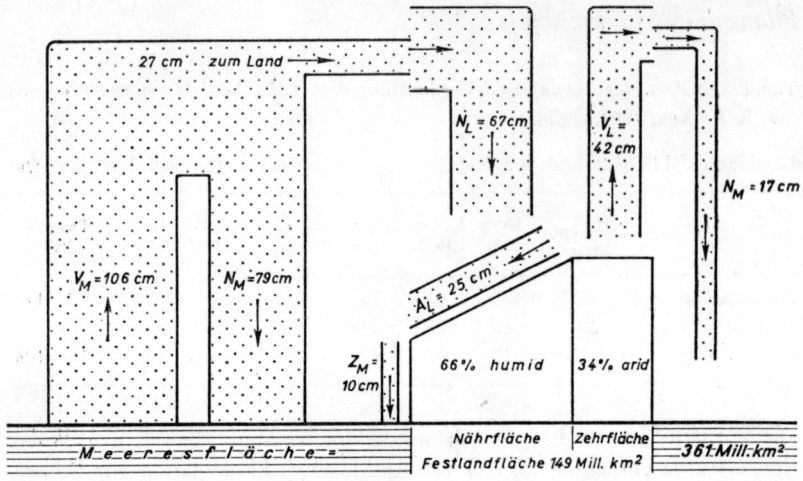

Abb. 6: Schema des Wasserkreislaufes (nach W. WUNDT, 1953)

Anhand der klimatischen Gegebenheiten können auf den Ozeanen Hauptliefergebiete für den Wassernachschub ausgeschieden werden. Die kräftigste Verdunstung findet sich beiderseits des Äquators in den Bereichen der Passate der Erde. Ihre Werte liegen dort über denen des Niederschlages, so daß diese Wasserflächen nach der Definition von A. PENCK (1910) als arid anzusprechen sind. Von diesen Gebieten stammen die Hauptmengen des Regenwassers, das in Dampfform und als feine Tröpfchen in Wolken durch die atmosphärische Zirkulation zu den Niederschlagsgebieten verfrachtet wird.

Die Bedeutung der einzelnen hydrologischen Zonen der Ozeane für den Wasserdampfnachschub zu den einzelnen Kontinenten ist recht verschieden. Allein der Nordatlantik versorgt 74,7 Mill. km² oder über 50 % der Festlandflächen mit Wasserdampf. Aus dem Pazifik erhalten ca. 16 Mill. km² und aus dem Indik ca. 20 Mill. km² Landflächen ihren Nachschub. Der ungleiche Anteil der einzelnen Meeresflächen an der Wasserlieferung kann z. T. aus der unterschiedlichen Verteilung von Land und Meer auf Nord- und Südhalbkugel erklärt werden. Die Vorrangstellung des Nordatlantik ist dadurch bedingt, daß seine Küsten verhältnismäßig flach sind und damit den Winden freien Zutritt in das Innere der Kontinente gestatten. Ganz anders sind die Gestade des Pazifik beschaffen. Dort hemmen hoch aufragende, junge Kettengebirge den Zutritt der feuchten Luftmassen in die Festländer.

Das unterirdische Wasser

Mit dem Begriff unterirdisches Wasser soll die Gesamtheit des unter der Erdoberfläche auftretenden Wassers erfaßt werden. Die Bezeichnungen Bodenwasser, Wasser im Boden, Haft-, Häutchen-, Sickerwasser und Grundwasser sind nur Ausdrücke für spezifische Erscheinungsformen des im Untergrund vorhandenen Wassers.

Petrographisch-tektonische Grundlagen der Wasserführung

Das Wasser im Untergrund lagert sich entweder an die Oberfläche der Boden- und Gesteinspartikel an, oder es erfüllt die vorhandenen Hohlräume ganz oder teilweise. Die Gesamtheit der Hohlräume innerhalb eines Gesteins nennt man *Porenvolumen* (oder *Porengehalt*). Es ist abhängig von der Art des Gesteins, bei Lockersedimenten vor allem von den beteiligten Korngrößen und der Kornform. Der Porengehalt eines Gesteins ausgedrückt in Prozent des Gesamtvolumens ergibt den Porenquotienten. Die Beobachtung lehrt, daß mit abnehmender Korngröße die *Porosität* größer wird, d.h. ein feinkörniger Boden kann mehr Wasser aufnehmen als ein grobklastischer.

Tab. 9: Porenquotienten einiger Lockersedimente (nach G. W. Bogomolow, 1958 und A. Giessler, 1957)

Sediment bzw. Boden	Porenquotient in %
grobkörniger Sand	28 — 30
mittelkörniger Sand	36 — 38
feinkörniger Sand	42 — 48
Tone und Mergel	47 — 52
Humusboden	~ 57
Moorboden	> 80

Das Gesamtporenvolumen kann entweder auf experimentellem Wege angenähert bestimmt oder über das Trockengewicht der Bodenprobe und das spezifische Gewicht der Bodenpartikel berechnet werden.

Da sich mit Abnahme der Korngröße die Hohlräume verengen, sinkt mit wachsendem Porenvolumen die *Durchlässigkeit* oder die *Wasserwegigkeit* der Gesteine. Ab einer bestimmten unteren Grenze treten zusätzlich *Kapillarkräfte* auf, die entgegen der Schwerkraft wirken, so daß das Wasser nicht weiter versickern kann. Das *Gesamtporenvolumen* (P_g) ist demnach kein hinreichendes Maß für die Nutzbarkeit des Wassers. Es ist nur eine Größe, die über das Wasseraufnahmevermögen des Untergrundes Auskunft gibt. Das *nutzbare Porenvolumen* (P_n) erfaßt dagegen jene Hohlräume, in denen das Wasser soweit beweglich ist, daß es von den Pflanzen angesaugt und vom Menschen entnommen werden kann. Schließlich gibt es im Untergrund sehr kleine Hohlräume, die zwar mit Wasser gefüllt sein können, die aber unter Normalbedingungen das Wasser nicht wieder abgeben. Ihre Anzahl bestimmt das *kapazitive Porenvolumen* (P_k). Zwischen den genannten Größen besteht die Beziehung $P_g = P_n + P_k$. Die Zunahme des kapazitiven Porenvolumens mit kleiner werdendem Korndurchmesser erfolgt wegen der Vergrößerung der inneren Oberfläche des Sediments; denn die Menge des kohäsiv und adhäsiv gebundenen Wassers ist von der zur Verfügung stehenden Oberfläche abhängig. Ferner bestimmen bei den Tonmineralien die an den Grenzflächen der Kristallgitter auftretenden austauschbaren Kationen der Alkali und Erdalkalielemente die Anlagerungskapazität. Das sehr aktive Na^+-Ion vermag viel mehr Wasser anzuziehen als z.B. Kalzium. Nach LAATSCH (1954) steigt das Wasserbindungsvermögen der Tone wie folgt an: Ca-Ton → Mg-Ton → K-Ton → Na-Ton.

Durch die unterschiedlichen hydrologischen Eigenschaften der Gesteine ist es möglich, sie nach Wasserhaltevermögen und Durchlässigkeit zu gliedern. Bei grobklastischen Sedimenten — Kiese, Grob- und Mittelsande — mit hohem nutzbaren und kleinem kapazitiven Porenvolumen spricht man von *Grundwasserspeichergesteinen* oder *Grundwasserleitern*. Feinklastische Sedimente, bei denen sich das angeführte Verhältnis umkehrt, werden *Wasserstauer* genannt.

Außer in Lockersedimenten tritt das Wasser auch in verfestigten Gesteinen auf. Das Porenvolumen — Haarrisse, Klüfte, Spalten — ist bei ihnen meist sehr viel kleiner. Granite, Gneise, Quarzite haben eine Porosität von 0,2 bis 0,8 %, sehr dichter Sandstein von 4 %, Kalke und Dolomite zwischen 1,5 und 6 % und dichte Sandsteine von 15 %. Besonders in leicht wasserlöslichen Gesteinen (Kalke) können primäre Klüfte und Spalten durch Lösung erweitert werden. Es entsteht dann ein kompliziertes Röhrensystem, in dem das Wasser zirkuliert (s. S. 56/57).

Für die stratigraphischen und tektonischen Bedingungen der Wasserführung eines Gebietes können keine feststehenden Regeln abgeleitet werden. Die Lagerungsverhältnisse sind im Einzelfall stets speziell zu untersuchen. Bei einer wiederholten Wechsellagerung von wasserleitenden und wasserstauenden Schichten können in verschiedenen Tiefen mehrere *Grundwasserstockwerke* ausgebildet sein. Die hydrologischen Gegebenheiten komplizieren sich sehr in einem Gebiet, das von Brüchen und Flexuren durchsetzt ist.

Große zusammenhängende Grundwasservorkommen finden sich in Mitteleuropa vor allem in den ausgedehnten kiesigen bis sandigen Aufschüttungen des Pleistozäns in Norddeutschland (vor allem in Urstromtälern), im nördlichen Alpenvorland, in verschütteten Tälern (Inn-, Enns- und Rheintal) und z. T. in Sandsteingebieten.

Arten des Wassers im Untergrund

Selbst ein für das Auge und das Gefühl trockener Boden enthält Feuchtigkeit. Sie läßt sich durch Erwärmen im Trockenschrank auf 105 °C beseitigen. Lassen wir die getrocknete Bodenprobe aber einige Zeit an der Luft stehen, so nimmt ihr Gewicht zu. An die Bodenpartikel lagert sich Wasserdampf an, sie sind also hygroskopisch.

Als Ursache der *Hygroskopizität* sind die Hydratationskräfte der an der Oberfläche von Tonmineralien vorhandenen austauschbaren Kationen im Zusammenwirken mit den Dipoleigenschaften des Wassermoleküls anzusehen. Die Grenzflächenkationen werden allseits von Wassermolekülen umlagert. Die Hydratwasserhüllen erreichen Schichtdicken von 25 bis 40 Å (Ångström). Das ist die zweieinhalb- bis vierfache Mächtigkeit eines Montmorillonitblättchens von 10 Å Schichtdicke. Da das Wasser unter sehr hohem Druck angelagert ist, fühlt sich der Ton noch trocken an. Der Anlagerungsdruck der äußeren Hydratwasserhüllen befindet sich mit der Saugspannung der Luft im Gleichgewicht. Sie beträgt nach LAATSCH (1954) bei 77 % Dampfdruck 350 at. In den inneren Schalen wächst der Saugdruck mit Annäherung an das feste Partikel und erreicht Maximalwerte von ca. 10 000 at. Für Pflanzen ist dieses Wasser nicht nutzbar, da sie nur über Saugkräfte von 15 bis 25 at verfügen. An allen Stellen, wo die Hydrathüllen der einzelnen Tonmineralien ineinander überfließen, entstehen konkav gekrümmte Wasseroberflächen, *Menisken*. Durch Anlagerung von zusätzlichem Wasser wird die an den Menisken wirksame Kapillarspannung abgebaut. Die Tonmineralteilchen werden nunmehr von einem *Wasserhäutchen (Häutchenwasser)* umgeben, das beim Kaolinit 2000 Å, beim Montmorillonit sogar 3000 Å erreicht. Erst jetzt fühlt sich der Ton feucht an.

Mit der Durchfeuchtung treten bei Tonen Quellungen auf. Sie sind für die Erklärung mancher formbildenden Vorgänge von großer Bedeutung. Die Quellung der Tone setzt aber erst dann ein, wenn für die Dissoziation der Grenzflächenkationen ausreichend Wasser vorhanden ist. Sie entfernen sich dann von den festen Mineraloberflächen und rufen durch ihre elektrostatisch gleichartigen Ladungen abstoßende Kräfte hervor.

Die bisher genannten Formen des Wassers im Untergrund sind fest an Gesteinsoberflächen angelagert. Die Gesamtheit von hygroskopischem Wasser, Häutchen- und Kapillarwasser wird *Haftwasser* genannt. Die größtmögliche Haftwassermenge wird durch die *Wasserkapazität* ausgedrückt. Ihre Angabe erfolgt in Prozent des Boden- bzw. Gesteinsvolumens.

Die Wasserkapazität des Bodens ist nicht exakt meßbar. Man hat als Hilfsgröße den Begriff *Feldkapazität* eingeführt. Darunter versteht man den Wasserinhalt eines Bodens nach 2—3 Tagen Trockenheit im Anschluß an eine längere Regenperiode. Meist wird die Feldkapazität im Vorfrühling nach der winterlichen Durchfeuchtung gemessen. Außer mit dem echten Haftwasser ist dann der Boden noch von einem kleinen Anteil nur langsam absinkenden Sickerwassers, das von den Pflanzen genützt werden kann, erfüllt. Mit einer gewissen Annäherung gilt für die Feldkapazität nach LAATSCH (1954, S. 164) die Gleichung Feldkapazität = wahre Wasserkapazität + nutzbares Sickerwasser.

Im Untergrund sind auch überkapillare Hohlräume vorhanden. Das in freien Röhrensystemen absinkende Wasser wird *Sickerwasser* genannt, die Gesteinszone, in der Versickerung erfolgt, Sickerwasserbereich. Stößt das Sickerwasser auf einen Grundwasserstauer, so füllen sich allmählich alle Hohlräume. Es entsteht *Grundwasser,* das nach unten durch den Grundwasserstauer begrenzt wird. An seiner Oberfläche ist ein *Kapillarsaum,* der auch als *Saugraum* oder als *Saugsaum* bezeichnet wird, ausgebildet. In seinem Bereich sind nur die feineren Poren durch die Kapillarkräfte mit Wasser gefüllt. Ein echter, freier *Grundwasserspiegel* stellt sich in der Regel nur in Bohrlöchern oder Brunnenschächten ein. Wird einsickerndes Wasser über dem eigentlichen Grundwasser von einer begrenzten, undurchlässigen Schicht gestaut, so bildet sich *schwebendes Grundwasser.* In verfestigten Gesteinen finden sich größere

Wassermengen gewöhnlich in Klüften, Spalten und Röhren. Da sie das Gestein nicht homogen durchsetzen, spricht man in diesem Falle von *Kluft-* oder *Höhlenwasser.*

Grundwasserbildung

Im allgemeinen werden drei Theorien zur Erklärung der Grundwasserbildung herangezogen, die *Infiltrationstheorie* von MARIOTTE in der Neugestaltung durch PETTENKOFER, die *Volgersche Kondensationstheorie* und die These der Zufuhr von *juvenilem Wasser* von E. Süss. Als wichtigste Quelle für die Erneuerung des Wassers im Untergrund wurde Infiltration und Versickerung erkannt. Die beiden Bezeichnungen sollen nach A. GIESSLER (1957) begrifflich auseinander gehalten werden. Durch Infiltration wird das Wasser biologisch und mechanisch gereinigt. Sein chemischer Gesamtbefund wird dadurch verändert. Bei der *Versickerung* sinkt das Wasser einfach ab. Beide Vorgänge sind zwar theoretisch zu trennen, eine Scheidung in der Praxis wird aber stets schwierig sein.

Die Wasseraufnahme des Bodens hängt von der Niederschlagsdauer, ihrer Ergiebigkeit und der Regenintensität ab. Zahlreiche Messungen haben ergeben, daß mit wachsender Niederschlagsmenge die vom Boden unter sonst gleichen Bedingungen aufgenommene Wassermenge absolut und prozentual zunimmt. Niederschläge mit sehr hoher Intensität fördern dagegen vor allem den Oberflächenabfluß. Ferner ist zu berücksichtigen, daß nach längeren Trockenperioden der Boden der Wasseraufnahme zunächst einen *Benetzungswiderstand* entgegensetzt. Damit beeinflußt auch der Witterungsablauf die Versickerungsbedingungen.

Das *Pflanzenkleid* wirkt in vielfacher Weise auf die Wasserzufuhr zum Untergrund. Durch die Ausbildung von Bestandsklimaten mit niedrigen Tagestemperaturen, geringen bodennahen Windgeschwindigkeiten in einem Wald, durch Retention des Niederschlagswassers im Moospolster, in Laub- und Nadelstreu, werden für die Versickerung günstige Voraussetzungen geschaffen. Der pflanzliche Wasserbedarf und die Interception im Kronendach verringern aber die verfügbare Wassermenge. Auch Unterschiede der Bodenbedeckung machen sich bei den Sickerwassermengen bemerkbar. Danach beeinflussen die jahreszeitlichen Schwankungen des Pflanzenwachstums den Bodenwasserhaushalt. Lysimetermessungen in Eberswalde lassen den Wasserverbrauch der Rasendecke in der Vegetationsperiode (Juni bis Oktober) klar erkennen.

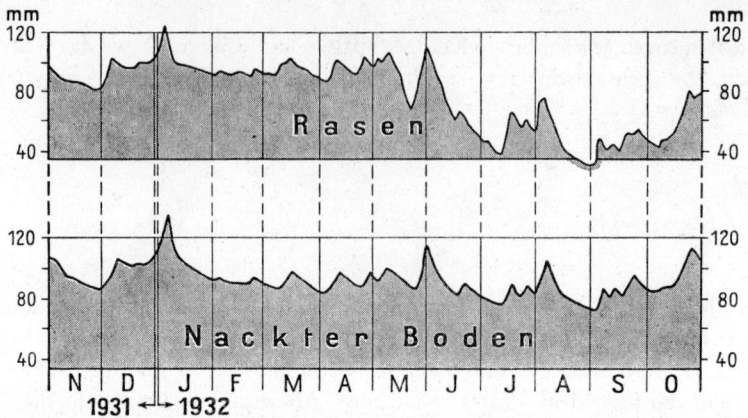

Abb. 7: *Wassergehalt des Bodens im Ablauf eines Jahres nach Lysimeteraufzeichnungen in Eberswalde (Abflußjahr 1932) unter einer Rasendecke und bei nacktem Boden (nach W. LAATSCH, 1954)*

Die Bodendecke mit einer häufig hohen Wasserkapazität regelt in entscheidender Weise die Wasseraufnahme im Untergrund. Innerhalb dieser Zone halten Kapillarkräfte große Wassermengen zurück. Sickerwasser, über das die Grundwasserspeisung aus den Niederschlägen erfolgt, bildet sich erst dann, wenn die Wasserkapazität des Bodens gesättigt ist. Auch landwirtschaftliche Maßnahmen verändern die Voraussetzungen für die Grundwasserbildung. Unkrautbewuchs erhöht die Transpiration. Auf glatt gewalzten, abgeernteten Ackerflächen erhöht sich der Oberflächenabfluß. Grobpflügen, das die Kapillaren der obersten Bodenzone zerstört, und Konturpflügen schaffen für die Versickerung günstige Bedingungen. Das Ausbreiten von Strohhäcksel (im amerikanischen Sprachbereich „mulchen" genannt) schützt die Bodenpartikel vor dem unmittelbaren Aufprall der Regentropfen und bewirkt in Analogie zur Laubstreu ein erhöhtes Retentionsvermögen.

Nach Einsetzen des Niederschlags und Überwindung des Benetzungswiderstandes wird zunächst die Wasserkapazität der obersten Bodenschicht gesättigt. Nur der Überschuß geht als Sickerwasser weiter in den Untergrund. Da die unterlagernden Bodenzonen noch nicht mit Wasser gesättigt sind, wirken auf ein Sickerwasserteilchen zwei Kräfte: die kapillare Saugspannung und die Schwerkraft. Die Vektorsumme aus beiden ergibt den *hydraulischen Gradienten*. Er zeichnet den Weg eines Sickerwasserteilchens in die Tiefe vor. Ist die Wasserkapazität des Bodens gedeckt, so versickert das Wasser mehr oder weniger senkrecht.

Die Sickerwassergeschwindigkeit ist vom Korndurchmesser der Boden- und Gesteinspartikel abhängig. Nach WITTLICH (1938) beträgt sie in Sandböden 24 cm/Tag, in Lössen nur 0,5—0,7 cm/Tag. Da die Senkwurzeln des Getreides im Frühjahr bis zu 1 cm/Tag wachsen, können sie langsam absinkendes Wasser im Untergrund aufnehmen. Man bezeichnet deshalb diesen Teil des unterirdischen Wassers, der auch teilweise in die Feldkapazität eingeht, als *nutzbares Sickerwasser*. Von der Korngröße und der Sickergeschwindigkeit ist auch die Gesamtmenge des dem Grundwasser zugeführten Niederschlagsanteils abhängig. Dabei ergeben sich für Sand, lehmigen Sand und Löß bedeutende Unterschiede.

Tab. 10: Abhängigkeit der Sickerwassermenge vom Gestein (nach W. KREUTZ, 1951)

Gestein	Niederschlag in mm	Sickerwassermenge in mm	Sickerwasser in % des Niederschlags
Sand	599,6	394,0	64,2
lehmiger Sand	599,6	190,8	29,5
Löß	599,6	127,1	19,1

Das Sickerwasser wird im Untergrund selten als einheitliche, geschlossene Front vordringen. Vielmehr benutzt es häufig vorgezeichnete Bahnen, entweder Wurzellöcher oder durch Mikroerosion von Feinmaterial freigespülte röhrenförmige Hohlräume.

Der Grundwasserkörper kann außer durch Versickern auch durch seitliche Zufuhr bei Wasserstandsschwankungen in Flüssen und Seen gespeist werden (Uferinfiltration). Bei Niedrigwasser fließt das Grundwasser zum Fluß. Bei Hochwasser wird es dagegen zurückgestaut. Gleichzeitig drängt Flußwasser seitlich in den Untergrund. G. SCHROEDER (1952) bezeichnet das bei Niedrigwasser den Gerinnen wieder zusickernde Flußwasser als unechtes Grundwasser, weil es nicht durch Versickerung entstanden ist.

Gegen die von VOLGER aufgestellte Kondensationstheorie wurden viele Einwände erhoben. Bereits die Hygroskopizität aber zeigt, daß auch im Boden Wasserdampf kondensiert wird. Zudem bewirken die extremen Temperaturschwankungen in der obersten Bodenzone eine Wasseranreicherung. Zur Zeit maximaler Erwärmung ist der Dampfstrom infolge des bestehenden Dampfdruckgefälles gegen die Bodenoberfläche gerichtet. Bei Abkühlung wird der zugeführte Wasserdampf kondensieren. Sicherlich hat diese Wassermenge keine unmittelbare Bedeutung für die Grundwasserbildung. Sie trägt aber zur Absättigung der Wasserkapazität des Bodens bei.

Die Theorie vom juvenilen Wasser wurde bereits erwähnt. Inwieweit es bei vulkanischen Exhalationen dem Untergrund wirklich zuströmt, ist unbekannt, da es bisher keine Methode gibt, juveniles von vadosem Wasser zu unterscheiden.

Physikalische Eigenschaften des Grundwassers

Spannungszustände im Grundwasser

Die Spannungszustände lassen sich am leichtesten aus dem Verhalten des Grundwasserspiegels in einem Bohrloch erklären. Stellt sich in einem Brunnen ein Grundwasserspiegel in Höhe des benachbarten Grundwasserstandes ein, so spricht man von einem *freien Grundwasserspiegel*. Es liegt nicht gespanntes Grundwasser vor. Sinkt dagegen bei Vertiefung der Bohrung der Grundwasserspiegel im Standrohr ab, so wird dieses Verhalten wenig glücklich durch fehlende Spannung erklärt. Im tieferen Untergrund sind lufterfüllte Hohlräume vorhanden, die Wasser aufzunehmen vermögen und zu einer Absenkung des Grundwasserspiegels führen. Es kann aber auch der Fall eintreten, daß der Wasserspiegel in einem Bohrloch ansteigt. Dann liegt gespanntes Grundwasser vor. Je nachdem der Grundwasserspiegel unter Flur bleibt oder als Fontäne über die Erdoberfläche aufsteigt, unterscheidet man teilgespanntes oder vollgespanntes Grundwasser. Die maximale Steighöhe eines gespannten Grundwassers in Rohren bis zum Ruheniveau wird *piezometrisches Niveau* genannt (artesisches Wasser). Seine Höhenlage ist abhängig vom stratigraphischen Verband, der tektonischen Lagerung und den hydraulischen Eigenschaften des Grundwasserleiters. Spannungszustände können im Grundwasser dann auftreten, wenn eine grundwasserführende geneigte Schicht von stauenden Horizonten unter- und überlagert wird.

Grundwasserbewegung

Für die Bewegung des Grundwassers durch die Schwerkraft ist das Oberflächengefälle des Grundwasserspiegels entscheidend. Da seine Neigung in Abhängigkeit von den stratigraphischen Gegebenheiten meist nicht mit dem des Reliefs übereinstimmt, ergeben sich zwischen den Einzugsgebieten von Oberflächen-

und Grundwasserabfluß oft erhebliche Unterschiede. Sie können Wasserhaushaltsberechnungen für benachbarte Flußgebiete wesentlich komplizieren.

Die Grundwasserspiegeloberfläche wird im Gelände in Bohrlöchern gemessen. Aus im Minimum drei Fixpunkten läßt sich für einen beschränkten Bereich das Gefälle nach Größe und Richtung festlegen. Liegen genügend Wasserstandsbeobachtungen für ein größeres Grundwasservorkommen vor, so können Grundwasserisohypsen, die Höhen gleichen mittleren Grundwasserstandes verbinden, gezeichnet werden. Im allgemeinen ist der Grundwasserspiegel nach oben leicht konvex gekrümmt. Gegen die Quellgebiete an Hängen und nahe Flußufern versteilt sich sein Gefälle. In der Regel ist das Grundwasserspiegelgefälle im Bereich konkaver Abschnitte von Flußschlingen steiler, an konvexen flacher als an gradlinigen Ufern. Diese Erscheinung ist leicht dadurch zu erklären, daß es am Innenbogen (konvex) zu einer Divergenz der Grundwasserstromlinien, in den Außenbögen aber (konkav) zu einer Konvergenz kommt. Um durch einen gleichen Querschnitt im Grundwasserkörper mehr Wasser in der Zeiteinheit zu transportieren (Konvergenz der Stromlinien), muß bei sonst gleichbleibenden Bedingungen das Gefälle versteilt werden. Das Umgekehrte tritt bei der Divergenz ein.

Die Bewegung des Grundwassers folgt dem Gradienten des Gefälles. DARCY kam bei seinen Sickerversuchen in der Mitte des vergangenen Jahrhunderts zu dem Ergebnis, daß die in der Zeiteinheit durch eine mit Sand gefüllte Röhre sickernde Wassermenge (Q) abhängig ist von der Differenz der Wasserstände in den am Ein- und Auslauf angebrachten piezometrischen Röhren (h_1—h_2) — Druckmessung — vom durchfilterten Querschnitt (F) sowie von der Länge der Sandschicht (l) und einem von den Eigenschaften des Gesteins und der Viskosität des Wassers bestimmten Faktor (K). Das Darcysche Gesetz wird durch die Gleichung $Q = KCF (h_1 — h_2) : l$ ausgedrückt.

Die *Filtergeschwindigkeit* (v_f) errechnet sich aus Q/F. Da (h_1 — h_2) : l das hydraulische Gefälle (J) darstellt, ist sie direkt linear proportional dem hydraulischen Gefälle und dem Durchlässigkeitsbeiwert (K). $v_f = K \cdot J$. Der Durchlässigkeitswert K kann entweder im Gelände durch Pumpversuche oder anhand geeigneter Versuchsanordnungen an möglichst ungestörten Proben im Laboratorium bestimmt werden. Nach R. RÖSSERT (1970) ergeben sich für K in der Dimension m/sec bei Grobsand $0,5 — 1,0 \cdot 10^{-2}$, Feinsand $1 — 3 \cdot 10^{-3}$, Feinstsand $1 — 2 \cdot 10^{-4}$, Löß $0,5 — 1 \cdot 10^{-5}$, Lehm $0,1 — 1 \cdot 10^{-6}$ und bei Ton $0,002 — 2 \cdot 10^{-8}$.

Die Filtergeschwindigkeit ist definiert als jene Geschwindigkeit, mit der sich der gesamte benetzte Querschnitt eines Grundwasserleiters verschiebt. Die Querschnittsfläche besteht aus ruhenden Sedimentteilchen und bewegtem

Wasser. Da die Summe der Porenflächen (F_p) stets kleiner als der Gesamtquerschnitt (F) ist, muß die wahre Grundwassergeschwindigkeit ($v = Q : F_p$) größer sein.

Das Darcysche Gesetz hat nur Gültigkeit für ein enges Röhrensystem mit laminarer Wasserbewegung. Bei einer Filtergeschwindigkeit von ca. 400 m/Tag wird ein kritischer Grenzwert erreicht. Darüber ist die Geschwindigkeit wie bei den Oberflächengewässern der Quadratwurzel des hydraulischen Gradienten proportional ($v_f = k \sqrt{J}$). Die Grundwassergeschwindigkeiten liegen jedoch weit unter der kritischen Grenze.

Turbulente Grundwasserbewegung tritt fast ausschließlich in Gesteinsklüften und Röhrensystemen, z. B. beim Karstwasser auf.

Da die Fließgeschwindigkeit des Grundwassers mit einigen cm bis einigen m/Tag sehr gering ist, bedarf es zu ihrer Erfassung besonderer Meßanordnung. Als geeignetes Verfahren hierfür erwies sich die Verdünnungsmethode, bei der ein Filterrohr mit einem Indikator (Farbstoff, Salze, radioaktives Isotop) geimpft wird, der sich durch neu zufließendes Wasser verdünnt. Die Konzentrationsänderung ist dann ein Maß für die Fließgeschwindigkeit (H. MOSER, F. NEUMAIER und W. RAUERT, 1957).

Grundwasserstandsschwankungen

Grundwasserstandsschwankungen werden an freien Spiegeloberflächen in Brunnen und Bohrlöchern beobachtet. Als Bezugsgrundlage dienen gewöhnlich Festpunkte an der Erdoberfläche. In Moorgebieten ist jedoch darauf zu achten, daß auch die Bodenoberfläche in Abhängigkeit vom Wassergehalt des Untergrundes Veränderungen der Höhenlage erfährt. H. VIDAL (1960) berichtet z. B. aus den Mooren südlich des Chiemsees von Schwankungen der Mooroberfläche um 10 cm binnen weniger Tage.

Grundwasserstandsbeobachtungen reichen teilweise bis ins vergangene Jahrhundert zurück. In größerem Umfang wurden sie aber erst im 20. Jh. aufgenommen, als durch das Anwachsen der Bevölkerung und ihre Ballung die vorrangige Bedeutung des unterirdischen Wassers für die Wasserversorgung erkannt und mit einer systematischen Wasserwirtschaft begonnen wurde.

Nach W. KOEHNE (1948) errechnet sich die wirkliche Höhe der Grundwasserstandsschwankungen (φh), ausgedrückt in mm Wasser, zu $\varphi h = S + Zu - Au - V$. Dabei ist φ die *spezifische Wasserführung*. Sie gibt an, wieviel mm Wasser einer im Untergrund vorhandenen Wasserhöhe entsprechen. φ ist also ein Maß für den Hohlraum. Seine Werte liegen bei 0,2—0,25, d. h., daß im Boden oder Gestein 20—25 % wassererfüllte Hohlräume vorliegen. h gibt die Höhe der Grundwasserspiegelschwankungen an, S die Sickerwasserzufuhr, Zu den unterirdischen Zufluß, Au den unterirdischen Abfluß und V die Verdunstung. Danach sind Grundwasserschwankungen das Ergebnis verschiedener sich überlagernder Vorgänge. Im einzelnen sind natürliche und künstliche Schwankungen, letztere bedingt durch den Eingriff des Menschen, zu unterscheiden.

Bei den natürlichen Grundwasserstandsschwankungen wird eine Reihe von Faktoren, die bereits zusammen mit der Grundwasserbildung besprochen wurden — Art und Menge der Niederschläge, Verdunstung, pflanzlicher Wasserverbrauch, Ausdehnung des Grundwasservorkommens sowie die Lage zu den Vorflutern (Bach, Fluß, Moor, See) — wirksam. Zwar vermögen Pflanzen normalerweise aus tiefliegenden Grundwasservorkommen — 20 m, 50 m und mehr unter der Oberfläche — nicht mehr unmittelbar Wasser zu entnehmen. Sie bestimmen aber durch ihren Wasserbedarf, den sie aus der Bodenfeuchte decken, die Zufuhrmenge des Sickerwassers und so mittelbar die Ganglinien des Grundwasserstandes. Nach der Art der Schwankung lassen sich kurzfristige — tägliche und jahreszeitliche — sowie langfristige im Ablauf mehrerer Jahre erkennen. Daneben sind periodische, regelhaft wiederkehrende von aperiodischen zu unterscheiden.

Über interdiurne Schwankungen liegen bisher nur wenige Beobachtungen vor. Die Ergebnisse zeigen, daß in Abhängigkeit vom pflanzlichen Wasserbedarf und der Verdunstung das Minimum in den späten Nachmittagsstunden eintritt. H. VIDAL (1960) bestimmte interdiurne Amplituden in den Chiemseemooren von 2 cm im Juni und 1 cm im Mai und September. Neben diesem streng periodischen Gang treten unregelmäßige Schwankungen der Grundwasserstandshöhe witterungsbedingt auf. Allgemein gilt, daß kleine, flachgründige Grundwasservorkommen auf Regenfälle rascher und stärker reagieren als tiefliegende. Die Grundwasserstände in den Mooren südlich des Chiemsees sprechen unmittelbar auf die Niederschläge an (H. VIDAL, 1960). Das Grundwasser in der Münchener Schotterebene zeigt anhand einer 43jährigen Beobachtungsreihe am Brunnen Eglfing, ca. 13 km ostwärts von München, nur nach ausgiebigen Regenperioden eine stark verzögerte, geringe Schwankung (H. PEISL, 1953). Bei ungespannten Grundwässern erfolgt der seitliche Zu- und Abfluß allmählich. Gespanntes unterirdisches Wasser reagiert dagegen selbst bei großen Horizontalentfernungen der Beobachtungsstellen unmittelbar auf Zufuhrschwankungen. Die Grundwasserstandsänderungen werden in diesem Fall nicht über Zu- und Abfluß, sondern durch Druckänderungen übertragen. Trotz aperiodischer Niederschlagsverteilung zeigen

Grundwasserstandsschwankungen im Ablauf eines Jahres häufig einen Rhythmus. In den mittleren und nördlichen Breiten treten die Maximalstände im Spätwinter und Frühjahr, die Minima aber am Ende der Vegetationsperiode (Oktober) ein. In diesem Verhalten drückt sich deutlich der Einfluß der Vegetation auf den Wasserhaushalt des Untergrundes aus (Abb. 7). Daraus ergibt sich, daß sich in unseren Breiten die Grundwasservorräte vor allem in den Spätherbst- und Wintermonaten erneuern. In den wechselfeuchten Tropen, in denen es keine temperaturbedingten Wachstumszeiten für die Pflanzen gibt, fallen Grundwasserspeisung und erhöhter Vegetationsverbrauch zeitlich zusammen. Ferner wird dort in den oft viele Meter mächtigen feinkörnigen, tonhaltigen Verwitterungsböden das einsickernde Wasser gebunden, so daß sich für die Grundwasserbildung erschwerte Bedingungen ergeben.

Im Hochwinter kann eine Grundwasserspeisung allerdings nur in einer Tauperiode oder wenn flüssiger Niederschlag auf nicht gefrorenen Boden fällt erfolgen. Die tiefgründige Zementierung des Untergrundes durch Frost wirkt sich in den subpolaren Gebieten hydrologisch nachhaltig aus. Die im Frühjahr reichlich anfallenden Schmelzwässer können wegen der Bodengefrornis nicht in den Untergrund eindringen und rufen deshalb alljährlich weite Überschwemmungen bzw. Versumpfung hervor.

Periodische und aperiodische Grundwasserstandsschwankungen können auch durch wechselnde Oberflächenwasserführung entstehen. Bei Flußhochwässern steigt der Grundwasserstand in ufernah gelegenen Brunnen an. Ursache dafür ist ein Rückstau im Abfluß des Grundwassers bei gleichzeitiger Zusickerung von Flußwasser. In Analogie dazu bewirken die Gezeiten der Meere rhythmische Schwankungen im strandnahen Bereich.

Neben den kurzfristigen Schwankungen im Ablauf eines Jahres lassen vieljährige Brunnenbeobachtungen auch langfristige erkennen. Die Grundwasserstandsganglinie des schon erwähnten Tiefbrunnens Eglfing bei München zeigt für 1910—1917 und 1937—1947 überdurchschnittlich hohe, für 1918—1936 und nach dem sehr trockenen Sommer 1947 sehr niedrige Werte. J. VAN EIMERN (1948; zitiert nach R. KELLER, 1961) berichtet aus dem Niederrheingebiet vom Brunnen Kapellen für 1933—1937 ebenfalls von Niedrigwasserständen. Das Absinken des Grundwassers 1932—1934 ist auch beim Brunnen Eglfing zu erkennen. Aus dieser Übereinstimmung darf jedoch nicht geschlossen werden, daß innerhalb eines einheitlichen Klimagebietes alle Grundwasserkörper gleichartig auf Niederschlagsschwankungen reagieren. Die von den klimatischen Gegebenheiten vorgezeichnete Tendenz des Verlaufs der Grundwasserstandsganglinie überlagert sich mit azonalen Faktoren, der Wasserwegigkeit des Speicherkörpers, der Vegetationsbedeckung und den Eingriffen seitens der Menschen. Zwar glaubte man langfristige periodische Schwankungen in den Ganglinien erkennen zu können — sieben-, elf- und 17jährige Perioden —, doch ist dafür bis heute kein sicherer Nachweis erbracht worden.

In den Kulturländern wird der natürliche Gang der Grundwasserstandsschwankungen durch Eingriffe der Menschen verändert. Nach Berechnungen von R. KELLER (1952) versickern im Bereich der Bundesrepublik Deutschland von den gefallenen Niederschlägen im Mittel 100 mm. Für Nutz- und Trinkwasser werden aus dem Untergrund wieder 23 mm entnommen. Das ist nahezu ein Viertel der gesamten Versickerungsmenge. Die Werte geben jedoch nur eine mittlere Entnahme an. In Wirklichkeit ist die Belastung der Grundwasservorkommen sehr unterschiedlich. In Gebieten hoher Bevölkerungsballung wird in der Regel weit mehr Wasser entnommen als z. B. in dünnbesiedelten Landesteilen. Diese Entnahmen prägen überaus markant die Grundwasserstandsganglinien. Unsachgemäße Eingriffe, z. B. zu kräftige Wasserförderung oder Flußbegradigungen mit nachfolgender Laufeintiefung können zu einem stetigen Absenken des Grundwasserspiegels führen. Damit wird das ursprünglich vorhandene Gleichgewicht zwischen Nachschub und Abfluß beträchtlich gestört. Alle wasserwirtschaftlichen Maßnahmen sollten daher so durchgeführt werden, daß sie sich weitgehend den natürlichen Gegebenheiten anpassen.

Bodengefrornis

In allen winterkalten Klimaten sowie in den Hochgebirgen der Subtropen und Tropen gefriert ein Teil des Wassers im Boden und Untergrund im Ablauf des Jahres. Die Eindringtiefe der Bodengefrornis ist von der Dauer der Kälteperiode, der Strenge des Frostes, vom Wassergehalt des Untergrundes und von der Bodenbedeckung abhängig. Je niedriger die Temperaturen an der Oberfläche sind, desto größer ist das Temperaturgefälle vom Untergrund her und damit auch die Wärmeabgabe. Mit zunehmender Frostdauer kühlt der Untergrund immer stärker aus. Die Wärmeabgabe ist außerdem von der Vegetations- bzw. Schneebedeckung abhängig. In Waldgebieten erfolgt sie langsamer als im Freiland. Dafür ist unter dichtem Vegetationskleid auch die sommerliche Wärmeaufnahme geringer. Für das Vordringen der Frostfront spielt der Wassergehalt des Untergrundes eine wichtige Rolle. In feuchtem Boden dringt sie wegen der beim Gefrieren freiwerdenden Erstarrungswärme von 80 cal/g langsamer vor als in trockenem.

P. KOKKONEN (1926) gliedert das *Bodeneis* in drei Gruppen: Eis auf der Erdoberfläche, Gefrornis in der obersten Bodenzone und im Untergrund.

An der Erdoberfläche lassen sich genetisch zwei Eisbildungen unterscheiden. Beim Gefrieren stagnierender Wasserflächen entstehen *Eisplatten*, fällt Regen bzw. Niesel auf unterkühlte Oberflächen, so bildet sich *Glatteis*. *Schneeglätte* dagegen entsteht durch Festfahren des Lockerschneebelags auf Straßen und ist so als eine Form der metamorphen Veränderungen des Schnees aufzufassen. Glatteis und Schneeglätte behindern im Winter den Straßenverkehr erheblich. Um die Gefahren zu mindern, wird mit Steinsalz (NaCl), das den Gefrierpunkt erniedrigt und zudem Wasser bindet, gestreut. Nach R. ZULAUF (1964) werden in den klimagünstigen Teilen der Schweiz (Tessin, Hochrheingebiet) je Winter etwas weniger als 1 kg Salz/m² Straßenbelag benötigt. Die Werte steigen in den Beckenlagen des Mittellandes auf 1—2 kg und erreichen in den oberen Talstrecken im Gebirge, z. B. Prätigau, Hinterrhein- und Reußtal Maximalbeträge von 3—4 kg. Um eine Vorstellung von den entstehenden Kosten zu geben, sei darauf hingewiesen, daß allein New York jeden Winter ca. 40 Mill. DM für Salz ausgibt, und in der schneereichsten Großstadt der Bundesrepublik, München, waren im strengen Winter 1969/70 30 000 t Salz mit einem Preis von 2,1 Mill. DM erforderlich.

Das Eis in der obersten Bodenzone ist für die formbildenden Vorgänge überaus wirksam (C. TROLL, 1944). Es tritt in Form von *Kammeis* auf, für das z. T. international auch die schwedische Bezeichnung *Pipkrake* gebräuchlich ist.

Kammeis entsteht auf feinkörnigem, nacktem oder nur spärlich bewachsenem Boden bei fehlender bzw. geringmächtiger Schneedecke durch Frosteinwirkung, häufig durch nächtlichen Ausstrahlungsfrost. Seine Form ist mit den gebündelten Borsten einer Bürste vergleichbar. Sein Längenwachstum schwankt von wenigen Millimetern bis ca. 50 cm. Für die Entstehung von Pipkrake ist feuchter Boden Voraussetzung. An seiner Oberfläche bilden sich primäre Eiskristalle, die aus dem Untergrund Wasser „ansaugen“. Auf die Bedeutung der Primärkristalle hat schon H. HESSELMAN (1906) aufmerksam gemacht, ohne dafür eine exakte physikalische Erklärung geben zu können. Heute ist bekannt, daß gefrorene Bodenpartikel das Sorptionswasser mit etwa dreißigmal stärkerer Gewalt an sich reißen als trockene. Durch diese Kräfte wird das Wasser aus den unterlagernden Schichten angesaugt und führt zum stengeligen Wachstum des Kammeises. Dringt die Frostfront tiefer in den Untergrund ein, so hört die Kammeisbildung auf, da das Wasser in Form von Eis gebunden wird. Die Entstehung des Kammeises ist so an begrenzte hydrographische und mikroklimatische Bedingungen geknüpft.

Sinkt die Gefrornis weiter in die Tiefe, so bildet sich *Bodeneis*. Entsprechend der Struktur und dem Wassergehalt des Untergrundes können nach

P. KOKKONEN (1926) drei Bodeneistypen unterschieden werden: Bei sehr grobporigen Böden werden nur die Hohlräume von Eisnadeln umgeben (*hohlräumiges* Bodeneis). Von *massivem* Bodeneis spricht man, wenn die Bodenpartikel völlig mit Eis ummantelt und durch Eiszement verbacken sind. Ist im Boden reichlich Wasser vorhanden, dann können sich im Untergrund *Eislinsen* bilden. Mit der physikalischen Deutung dieser Vorgänge haben sich in jüngerer Zeit vor allem A. DÜCKER (1939), E. SCHENK (1955) und G. KRETSCHMER (1956, 1957/58) beschäftigt. Die Untersuchungen zeigen, daß auch bei diesen Eisbildungen Wasser aus dem Untergrund angesaugt wird. N. WEGER (1954) beobachtete in Löß mit einem ursprünglich gleichmäßig verteilten Wassergehalt von 20 %, daß nach dem Gefrieren eine Differenzierung der Feuchteverteilung eingetreten war. In den oberflächennahen gefrorenen Schichten hatte sich Wasser bis zu 30 % angereichert, bei gleichzeitiger Abtrocknung der tieferen Strata auf 18—19 %. Die frostbedingte Wasserspeicherung in den obersten Bodenschichten führt im Frühjahr beim Auftauen zu einer besonderen Bodenvernässung.

Eisbildung tritt natürlich im Boden nur in Gegenwart von Wasser auf. Grobblockiges und kiesiges Material, in dem das Wasser schnell in die Tiefe versickert, ist daher nicht bodenfrostgefährdet. Anders liegen die Verhältnisse in Gesteinen mit hohem Wasserhaltevermögen. Besonders hoch ist die Frostwirksamkeit, wenn im Boden hinreichende Mengen an Teilchen mit einem Korndurchmesser von unter 0,05 mm angereichert sind. A. DÜCKER (1939) hat für die zahlenmäßige Erfassung dieses Phänomens den *Frostgefährlichkeitsgrad* (F) eingeführt. Er versteht darunter den Quotienten aus Frosthebung (H) zur Frosteindringtiefe (E), ausgedrückt in Prozent. F = 100 H : E. Der Frostgefährlichkeitsgrad wächst mit abnehmender Korngröße.

Tab. 11: Frostgefährlichkeitsgrad F (in %) bei — 10 °C und — 15 °C in Abhängigkeit vom Korndurchmesser der Bodenpartikel

⌀ in mm	0,5—0,2	0,2—0,1	0,1—0,05	0,05—0,02	0,02—0,01	0,01—0,006	0,006—0,002
— 10 °C	0,5	1,2	2,4	16,3	32,8	38,1	64,8
— 15 °C	0,4	0,8	2,1	17,8	28,1	34,5	57,9

Die Grenze von 0,05 mm Korndurchmesser drückt sich durch einen sprunghaften Anstieg der F-Werte aus. Da der Gefriervorgang zu einer Volumenvermehrung von ca. 9 % führt, ein Druckausgleich aber fast nur nach oben hin erfolgen kann, kommt es an der Erdoberfläche zu den bekannten Frostaufbrüchen und Frostmusterböden (Textur- und Strukturböden), über die u. a. C. TROLL (1944) und J. BÜDEL (1960) ausführlich berichten.

Die Eindringtiefe (in Kanada maximal bis 600 m) des Bodenfrostes ist klimaabhängig. Aus Spitzbergen werden Frosttiefen von mehr als 300 m, aus Alaska sogar von 400 m beschrieben. Die *Bodengefrornis* wird auch *Tjäle* (schwedisch) genannt. Überdauert sie das ganze Jahr, so spricht man von perenner Tjäle (*Permafrost*, Dauerfrost, Pergelisol). In Gebieten mit geringmächtiger perenner Tjäle fehlt der Bodenfrost in der Regel unter größeren Flüssen. Das Fehlen von Dauergefrornis unter Flüssen, Seen und an der Küste hat einen markanten, jedoch noch wenig beachteten morphologischen Einfluß, u. a. auch bei der Fjordbildung und der Entstehung von Pingos. Die oberflächliche Auftautiefe wächst mit abnehmender geographischer Breite. Ihre Werte liegen in Spitzbergen bei wenigen Dezimetern bis zu 1 m und etwas darüber, sie nehmen zum nördlichen Rußland und nördlichen Kanada auf mehrere Meter zu.

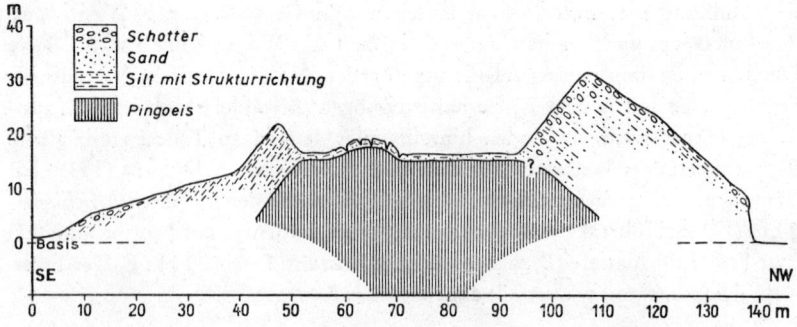

Abb. 8: Querschnitt durch einen südgrönländischen Pingo (nach F. MÜLLER, *1959)*

In Gebieten mit perenner Tjäle treten beim Eindringen der Frostfront nach der sommerlichen Auftauperiode im Grundwasser Spannungszustände auf. Das Gundwasser wird beim Gefrieren zwischen den Dauerfrostboden von unten und die vordringende Gefrornis von oben eingepreßt. Das neugebildete Bodeneis ist in Abhängigkeit vom Wassergehalt des Untergrundes, der Vegetationsdecke und der Bebauung nicht überall gleich mächtig. An Schwächestellen vermag das gespannte Wasser des Untergrundes gelegentlich zur Oberfläche durchzudringen, es erfolgt ein Grundwasseraufstoß. Über Tage gefriert das ausgetretene Grundwasser und bildet *Aufeishügel*, die auch die Bezeichnung *Naledj* führen. Nach G. W. BOGOMOLOW (1958) wurden in Gebieten mit

54

Dauergefrornis Wasserdrucke bis zu 52 at gemessen. Auch Grundwasser, das von einer Permafrostdecke überlagert ist, wird im allgemeinen in stark reliefiertem Gelände unter einer erheblichen Spannung stehen. Wenn der Auflagedruck der Sedimentpakete und die Zerreißfestigkeit des Pergelisols mit den der Schwere entgegen wirkenden Kräften — hydrostatischer Druck im Subpermafrostwasser, Auftrieb von Wasser und Gasen — ungefähr im Gleichgewicht sind, so daß es weder zu einem Aufstoß des tieferen Grundwassers kommt, noch die Pergelisoldecke infolge ihrer Festigkeit eine Veränderung überhaupt verhindert, so kann das unter Druck stehende Wasser ganze Schichtpakete aufpressen. Die dabei entstehenden Hügel mit einem Basisdurchmesser von 30—80 m und einer Höhe von 20—40 m werden *Pingos* (auch *Hydrolakkolith*) genannt (F. MÜLLER, 1959). Unter den aufgewölbten Schichtpaketen liegt der zentrale Pingoeiskern (Abb. 8). Andere Bildungsbedingungen von Pingos werden aus Gebieten mit flachem Relief, z. B. dem Mackenzie-Delta beschrieben. Aufpressungshügel mit zentralem Eiskern sind dort in der Regel von einem ringförmigen See umgeben. Man stellt sich ihre Entstehung so vor, daß ehemals unter einer größeren freien Wasserfläche die Permafrostdecke nicht durchgängig war. Bei Verkleinerung der Seefläche und Verringerung der Tiefe durch Verlandung schiebt sich der Dauerfrostboden von allen Seiten gegen die offene Stelle vor. Beim Schließen der Pergelisoldecke wird bewegliches Wasser nach oben gequetscht, wo es unter der sich dabei aufwölbenden Sedimentdecke als Pingoeiskern gefriert. Der Ringsee wird als Rest der früher größeren und tieferen freien Wasserfläche gedeutet. (Näheres darüber bei F. MÜLLER, 1959; dort findet sich auch eine umfangreiche Bibliographie.) Sehr gute Beschreibungen von Pingos liegen von der grönländischen Ostküste zwischen 71—74° N und von der Westküste in 70—72° N vor. Sie treten vergesellschaftet im nördlichen Amerika, vor allem in Baffinland, im Mackenzie-Delta, auf der Viktoria-Insel, auf der Küstenabdachung nördlich der Brooks-Ketten in Alaska, wo sie bis zu 70 m hoch werden können, und auf der Nordhälfte der Seward-Halbinsel auf. In Eurasien liegen die Hauptverbreitungsgebiete im Anadyr- und Kolyma-Gebirge, in den Flußbecken der Indigirka, Lena und Tunguska sowie im nördlichen Sibirien und im nördlichen Ural. Beim Abschmelzen der Pingos entstehen Hohlformen in der Art von Toteiskesseln (Pingoseen).

Das Bodeneis bedingt ganz spezifische hydrologische Verhältnisse, die eine Bewirtschaftung dieser Gebiete sehr erschweren. In der Sowjetunion nehmen Areale mit perenner Tjäle ca. 10 Mill. km² ein, das sind ca. 47 % der gesamten Landfläche. Rodungen, die Errichtung von Bauwerken oder die Anlage von Straßen und Flugplätzen verändern den Wärmehaushalt der Erdoberfläche und damit auch die Bedingungen der Bodengefrornis. Um Schäden zu vermeiden, wurden u. a. die Bauwerke der nördlichsten Großstadt der Erde, Norilsk, auf Pfähle gesetzt. In Alaska können Kahlschläge oft erst Jahre nach der Rodung unter Kultur genommen werden, da sie in der ersten Zeit infolge von Tieftauen des Permafrostes an der Oberfläche völlig vernäßt sind. Die Planung von Bauwerken in Bereichen mit Bodengefrornis erfordert sorgfältige hydrologische Voruntersuchungen.

Hydrographie des Karstes

Die bisherigen Ausführungen beschränkten sich fast ausschließlich auf die Beschreibung des unterirdischen Wassers in Böden und Lockergesteinen. Nun soll wenigstens kurz auf das *Kluft-* und *Spaltenwasser* eingegangen werden. Vor allem in leichter wasserlöslichen Gesteinen — Kalk, Gips, in beschränktem Umfang auch Dolomit —, in denen Wasser durch Lösung die primär vorhandenen Kluft- und Spaltensysteme zu erweitern vermag, treten komplizierte hydrographische Erscheinungen auf. In Anlehnung an das Gebiet des dinarischen Karstes, wo die hydrographischen Verhältnisse am Ende des vergangenen Jahrhunderts intensiver bearbeitet wurden, spricht man von *Karstwasser*.

Typisch für alle Karstgebiete ist eine Entartung des Flußnetzes, d.h., es fehlt eine durchgehende Oberflächenentwässerung in Gerinnebetten mit gleichsinnigem Gefälle. Das Wasser der Flüsse wird häufig in *Schlucklöchern* — *Karstschwinden (Ponore, Yama)* — nach unten abgegeben, wo es seinen Lauf fortsetzt. Am Rande der Karstgebiete tritt das Wasser in kräftig schüttenden *Karstquellen* wieder zutage. Ein sehr bekanntes Beispiel dafür bietet der unterirdische Lauf der Reka im dinarischen Karst, der die Timavo-Quellen bei Triest speist. Auch auf die Donauversickerung bei Immendingen in den Jurakalken sei hingewiesen, der in den Jahren 1967—1969 umfangreiche Untersuchungen gewidmet waren (B. BATSCHE u. a., 1970).

Über die Hydrographie des Karstwassers, das der unmittelbaren Beobachtung schwer zugänglich ist, entspann sich in den beiden ersten Jahrzehnten unseres Jahrhunderts eine lebhafte Diskussion. A. GRUND (1903) vertrat die Ansicht, daß das Karstwasser ebenso wie das Grundwasser alle Hohlräume gleichmäßig erfülle und im *Karstwasserspiegel* eine geschlossene Oberfläche besitze. Dieser Auffassung stand auch J. CVIJIĆ (1893, 1918) nahe. F. KATZER

(1909) lehnte dagegen einen einheitlichen Karstwasserspiegel völlig ab. Anlaß dafür war die uneinheitliche Wasserführung selbst nahe benachbarter Karstquellen. Gegen einen Karstwasserspiegel sprach auch, daß unmittelbar nebeneinander Spei- und Schlucklöcher in gleicher Höhenlage auftreten. Nach Regenfällen fangen in der Regel zunächst auch höhergelegene und dann erst tiefere Quellenaustritte zu schütten an. Der wissenschaftliche Meinungsaustausch brachte zwar gewisse Annäherungen der Auffassungen, aber keine endgültige Klärung. O. LEHMANN (1932) verarbeitete wertvolle Grundvorstellungen über die Hydraulik der Karstwasserbewegung. Nach ihm bilden die Bahnen des Wassers im Untergrund von Karstgebieten ein weitverzweigtes Röhrensystem mit engen Durchlässen und Weitungen (Höhlen). Über Höhlen in den Karstgefäßen wird das Wasser wegen des dort herrschenden höheren Druckes weiter aufsteigen als über Engstellen. Damit kann das unterschiedliche Verhalten zweier benachbarter Karstquellen in bezug auf ihre Schüttung erklärt werden. Die einzelnen Röhren stehen zudem miteinander nicht in unmittelbarer Kommunikation. Damit schien die Theorie des Karstwasserspiegels endgültig überwunden.

Für die Entwicklung der Karsthydrographie ist die Lage der verkarstungsfähigen Gesteine zur *Vorflut* — Flüsse, Seen, Meer — von Bedeutung. Solange sie in Höhe oder nur wenig über dem Niveau der Vorflut liegen, weisen sie in der Regel eine normale fluviatile Entwässerung auf. Auf der Schwäbischen und Fränkischen Alb sind fossile, im jüngeren Tertiär angelegte Talformen noch heute in Resten gut zu erkennen. Eine Verkarstung tritt erst dann ein, wenn die löslichen Gesteine durch Hebung oder Zerschneidung über das Talnetz zu liegen kommen. Die primär in den Gesteinen vorhandenen Klüfte und Spalten sind zunächst nur wenig wasserwegig. Sie werden durch Lösungsvorgänge erweitert. Erst dadurch entsteht das für Karstgebiete typische Röhrensystem des Untergrundes. Die Lösung ist vor allem für den tiefreichenden Karst bedeutsam, da nach J. STINY (1951) die Klüftigkeit der Gesteine mit wachsendem Gebirgsdruck in der Tiefe abnimmt. Die Erweiterung der Hohlräume schreitet von der Oberfläche nach der Tiefe fort. Zahlreiche Untersuchungen in den USA und in den Alpen haben gezeigt, daß die Höhenlage der Karstquellen von den zentralen Teilen der verkarsteten Gebiete gegen die Ränder abnimmt (J. ZÖTL, 1958). Die tiefste Lage der Folgequellen bildet die Talsohle. Gelegentlich finden sich aber auch am Grunde von Seen und unter dem Meeresspiegel Karstquellen. Die Seeböden faßt J. ZÖTL (1958) im Zusammenhang mit der pleistozänen Talübertiefung durch Gletscher als ein zeitweiliges Vorflutniveau auf. Für die submarinen Quellen in der nördlichen Adria nimmt er eine Meeresspiegeländerung an. Damit haben die Forschungen der beiden vergangenen

Jahrzehnte wieder eine Annäherung an die Grundsche Vorstellung von einem Karstwasserspiegel gebracht.

Nach Färbe- und Triftversuchen mit Sporen sowie Impfung mit radioaktiven Isotopen, bei denen Geschwindigkeiten von 80—140 m/Stunde gemessen wurden, ist die Karstwasserbewegung erheblich größer als die des Grundwassers. Als Kriterium für eine kurze Verweildauer im Untergrund nennt A. THURNER (1967) die meist geringe Gesamthärte des Wassers von etwa 5—8° dH im Dachsteingebiet. Hierbei ist aber zu berücksichtigen, daß für die Kalklöslichkeit die biogene CO_2-Produktion im Boden sehr wirksam ist. Aufgrund der größeren Bodenmächtigkeiten im Bereich der Schwäbischen Alb erklären sich dort die höheren Karbonathärten von 12—15° dH. Auf ein rasches Fließen weisen auch die starken Schüttungsschwankungen bei Karstquellen hin. Sie folgen den Niederschlagsereignissen häufig schon nach Stunden bis maximal wenigen Tagen. Für eine Trinkwasserversorgung ist diese Erscheinung wenig günstig, da die Gefahr von Verunreinigungen besteht. Diese hohe Fließgeschwindigkeit ist aber nur in einem oberen, leicht wasserwegigen Teil der Verkarstung anzutreffen. Im tieferen Karst, wo ebenfalls erhebliche Wassermengen gespeichert sind, ist die Bewegung sehr gering. R. APEL (1971) hat in der Fränkischen Alb das Alter dieses Tiefenwassers zu 2500—7900 Jahre vor heute bestimmt. Aufgrund seiner hervorragenden chemischen und physikalischen Eigenschaften bildet es eine wertvolle Lagerstätte für die Trinkwasserversorgung.

Die Quellen

Arten der Quellen

Quellen sind örtlich begrenzte natürliche Austrittsstellen des Grund- und Kluftwassers an der Erdoberfläche. Wird das unterirdische Wasser dagegen durch künstliche Eingriffe — Bohrungen, Grabungen — erschlossen, so spricht man von *Brunnen*. Infolge der geringen Fließgeschwindigkeit des Grundwassers schütten Quellen noch lange Zeit nach Beendigung der Niederschlagstätigkeit.

In den Lehrbüchern der Grundwasser- und Quellenkunde werden die Quellen vorwiegend unter Berücksichtigung der Beschaffenheit des Grundwasserkörpers, der stratigraphischen und tektonischen Verhältnisse gegliedert. Weitere Einteilungsprinzipien richten sich nach der Wassertemperatur — kalte und warme Quellen — oder nach der Wasserführung — perennierende, d. h. ganzjährig wasserführende, periodische und episodische Quellen. Auch balneologische Gesichtspunkte, der Mineralgehalt und die Heilwirkungen werden für eine Gliederung herangezogen. Hier kann nur ein Grundschema vorgestellt werden.

Nach den Fließbewegungen am Quellort sind zwei Typen zu unterscheiden: absteigende und aufsteigende Quellen. Absteigende Quellen werden fast ausschließlich von Grund- und Kluftwasser mit freiem Spiegel gespeist. Bei aufsteigenden Quellen müssen jedoch Spannungszustände wirksam werden, die eine Wasserbewegung entgegen der Schwerkraft ermöglichen.

Nach K. KEILHACK (1912) fließt bei absteigenden Quellen das Wasser kurz vor dem Austritt aus dem Untergrund von oben nach unten. Die einfachste Form dieses Quelltyps ist die *Schichtquelle*. Sie tritt überall dort auf, wo die Grenze Grundwasserstauer/Grundwasserleiter an der Oberfläche auskeilt. Bei einer Häufung von Grundwasseraustritten entlang diesem stratigraphischen Horizont spricht man auch von Quellenband, Quellenlinie oder Quellenhorizont. Das Auskeilen der genannten Grenze kann sedimentär bedingt sein, wenn sich z. B. eine gröbere Schüttung über wenig wasserwegiges feineres Material kegelförmig ausbreitet. So finden sich am Nordrand der eiszeitlichen Schotterflächen des deutschen Alpenvorlandes zahlreiche Schichtquellen. Die Quellen der Fontanilizone in der Padania Norditaliens sind dem gleichen Typ zuzurechnen. Der Grundwasserkörper kann in Tälern auch durch Erosion angeschnitten werden. Als Beispiele seien die Isar in München und der Lech oberhalb von Landsberg angeführt. Beide Flüsse haben ihr Bett in die Flinz-feinsande und Flinzmergel des tertiären Untergrundes, der als Grundwasser-stauer wirkt, eingetieft. An ihren Ufern treten deshalb zahlreiche Quellen aus. Eine spezielle Form der Schichtquellen bilden die *Barren-* oder *Überlaufquellen*. Sie entstehen bei einer muldenförmigen Lagerung von Grundwasser-speichergestein und Grundwasserstauer oder wenn eine schlecht wasserwegige Schwelle im Untergrund eine wasserführende Talfüllung in Form eines Riegels abdämmt. In beiden Fällen wird die wannenförmige Vertiefung des Wasser-stauers von einem Grundwassersee erfüllt, der an der tiefsten Stelle der Barre überläuft. Ist der in Tälern verbleibende wasserwegige Querschnitt über der Schwelle so eng, daß das nachströmende Grundwasser nicht mehr durchgefrach-tet werden kann, erfolgt ein Grundwasseraufstoß. Er führt zur Vernässung des Talbodens im Bereich oberhalb der Barre. Ebenfalls zu den Schichtquellen sind die *Verwerfungsquellen* zu rechnen. Für die Entstehung einer Quelle ist es letztlich unbedeutend, ob die Grenze Grundwasserstauer/Grundwasserleiter im ungestörten Verband an der Oberfläche ausstreicht oder ob sie durch tekto-nische Vorgänge gebildet wurde. Die Unterscheidung gewinnt erst bei der hydrogeologischen Beurteilung eines Gebietes an Gewicht. Zu den absteigen-den Quellen gehören z. T. auch die *Kluft-* und *Karstwasserquellen*. Häufig ist die Grenzschicht Grundwasserstauer/Grundwasserleiter von einem Schutt-mantel verhüllt. Das Wasser tritt dann erst am Fuße der Lockerablagerungen in *Schuttquellen* aus.

Bei den aufsteigenden Quellen kann die erforderliche Spannung entweder durch hydrostatischen Druck oder durch Gasdruck hervorgerufen werden.

Bei den *artesischen Quellen*, benannt nach der Landschaft Artois in Frank-reich, wird das Grundwasser durch hydrostatischen Druck aufgepreßt. Diese Quellen treten entweder entlang von Verwerfungen auf oder dort, wo die deckende wasserundurchlässige Schicht ausdünnt. Wird gespanntes Grund-wasser durch Bohrungen erschlossen, so entstehen *artesische Brunnen*. Mit zu den aufsteigenden Quellen ist das *Qualmwasser* zu rechnen, das am Binnen-fuß von Deichen durch hohe Wasserstände an der Außenseite aufgedrückt wird. *Köhr-* oder *Küverwasserquellen* werden von Sickerwasser, das durch die Dammbauten dringt, gespeist. Sie gehören deshalb zu den absteigenden Quellen.

Das Grundwasser kann auch durch Gase, vornehmlich durch Wasserdampf, Kohlendioxyd und Kohlenwasserstoffe (Methan u. a.) an die Oberfläche gedrückt werden. Zahlreiche bekannte Heil- und Mineralquellen, z. B. in Bad Nauheim, Bad Kissingen und Bad Homburg werden durch Kohlendioxyd gefördert.

In den jungvulkanischen Gebieten der Erde treten heiße, wasserdampfgetriebene Quellen mit mehr oder weniger periodischer Schüttung auf. Sie werden nach einer isländischen Bezeichnung *Geyser* (Sing. Geysir) genannt. Die bekanntesten Geyservorkommen liegen auf Island, in Kamtschatka, Alaska, im Yellowstone-Plateau des Felsengebirges in den USA, auf der Nordinsel von Neuseeland und in Japan. Die intermittierende, stoßweise Wasserabgabe wird durch die Schlotform der Quellen und die herrschenden Wasserdampfdruckverhältnisse erklärt (Abb. 9). In der Regel werden Geyser durch vadoses Wasser gespeist, das in den noch heißen Vulkaniten aufgeheizt wird. An der Oberfläche sind die vulkanischen Schichten wegen der Wärmeabgabe an die Luft weniger warm als in der Tiefe. Diese Tatsache kommt in den gemessenen Wassertemperaturen in einem Geysirschlot der Abb. 9 zum Ausdruck (linke Spalte). Mit steigendem Wasserdruck nimmt aber auch die

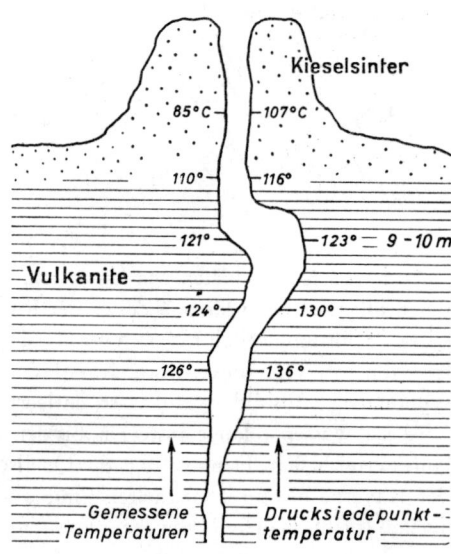

Abb. 9: Querschnitt durch einen Geysir mit gemessenen und den entsprechenden Drucksiedetemperaturen (Schema)

61

Siedetemperatur zu. Im vorliegenden Beispiel erreicht das Wasser im Schlot an keiner Stelle die Siedetemperatur. In ca. 9—10 m Tiefe ist jedoch die Differenz zwischen den gemessenen Temperaturen und der Drucksiedetemperatur sehr gering. Bereits eine minimale Druckentlastung genügt, um das Wasser an dieser Stelle zum Sieden zu bringen. Die initiale Hebung kann z. B. durch hydrostatischen Druck, der an der Oberfläche ein Abfließen von kälterem Wasser bewirkt, hervorgerufen werden. Sobald sich Wasserdampf bildet, erfolgt eine weitere Druckentlastung, die die gesamte Wassersäule zum Sieden bringt. Sie wird als Fontäne aus dem Schlot geschleudert. Nach der Eruption füllt sich der Förderkanal erneut mit Wasser, das nun wieder aufgeheizt wird. Für die Bildung von Geyser scheint ferner wichtig zu sein, daß die Schlotform nicht rein zylindrisch ist. In diesem Falle würde vermutlich das Sieden durch einsetzende Konvektionsströmungen verhindert. Neben den stoßweise schüttenden Geyser gibt es in vulkanischen Gebieten noch zahlreiche perennierend fließende, aufsteigende heiße Quellen.

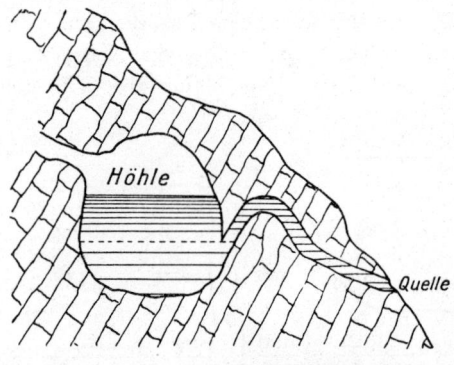

Abb. 10: Schema einer Heberquelle in Karstgebieten (nach HÖFER V. HEIMHALT, 1912)

Auch von Karstgebieten werden *intermittierende Quellen* beschrieben. Bei ihnen folgt auf meist längere Zeiten der Ruhe häufig eine sehr lebhafte, kurzfristige Schüttung. Nach HÖFER VON HEIMHALT (1912) treten derartige Quellen dann auf, wenn unterirdische Karsthöhlen über ein Röhrensystem, das eine syphonartige Ausbildung aufweist, entleert werden (Abb. 10). In der Höhle wird das Wasser so lange ansteigen, bis der Wasserspiegel die Höhe des Überlaufes erreicht hat. Dann erfolgt die Quellschüttung, wobei der Wasserinhalt der Kaverne bis zur gestrichelten Linie absinkt. Entsprechend dem Wasserausfluß spricht man auch von *Heberquellen*.

Ergiebigkeit der Quellen

Die Forschungen über die Ergiebigkeit von Quellen und Brunnen sind von großer praktischer Bedeutung für die Wasserversorgung von Siedlungen und Industrieanlagen. Unter Ergiebigkeit versteht man dabei den Wasserandrang oder Wassernachschub aus dem Grundwasserkörper zur Austrittstelle. Sie ist von einer Reihe Faktoren abhängig, z. B. von den hydraulischen Eigenschaften des Grundwasserleiters, vor allem vom Durchlässigkeitsbeiwert, von der Menge der Zusickerung, vom hydraulischen Gefälle und von der Mächtigkeit des Grundwasserstromes. Am einfachsten läßt sich die Ergiebigkeit an einem Brunnen erklären.

Bei Pumpversuchen sinkt der in einem Brunnen vorhandene freie Wasserspiegel ab. Das Grundwasser der Umgebung folgt dieser Bewegung, und es entsteht ein *Entnahmetrichter* (Abb. 11). Die Absenkung ist um so stärker, je größer die in der Zeiteinheit entnommene Wassermenge ist. Die Ergiebigkeit bei Absenkung des Wasserstandes im Brunnenrohr von 1 m unter Konstanthaltung dieses Spiegels nennt man *spezifische Ergiebigkeit*. Sie wird in l/sec ausgedrückt. Ihre Aussagekraft ist beschränkt, da nach A. GIESSLER (1957) selbst innerhalb einheitlicher Gesteine sehr unterschiedliche Werte auftreten können. Messungen ergaben für silurische Tonschiefer 0,008—0,04 l/sec, für Buntsandstein 0,03—0,17 l/sec und für Zechstein 1,36—17,7 l/sec. Ferner ist zu berücksichtigen, daß in die spezifische Ergiebigkeit auch die technische Ausführung des Brunnens — Filterart und Brunnendurchmesser — mit eingeht.

Genauere Beobachtungen lehren, daß zwischen dem Wasserstand im Brunnenrohr und dem Grundwasserstand an der seitlichen Wandung des Brunnens

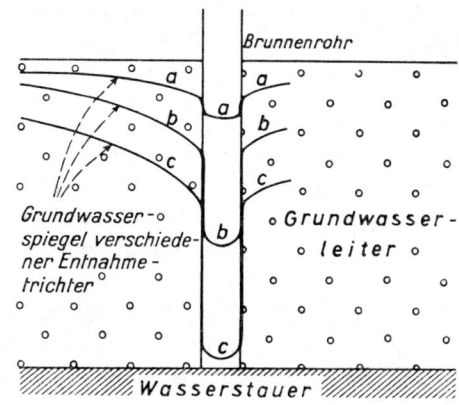

Abb. 11: Entnahmetrichter des Grundwasserspiegels in einem Brunnenrohr

Nach Absenkung des Grundwasserspiegels um die halbe Höhe der Grundwassermächtigkeit fällt der Brunnen trocken (nach A. GIESSLER, 1957).

zu unterscheiden ist. Der Wasserspiegel sinkt im Brunnen stärker ab als im Speichergestein. Mit zunehmender Absenkung des Wasserstandes im Brunnen erhöht sich das hydraulische Gefälle bei gleichzeitiger Vergrößerung des benetzten Umfanges im Brunnenschacht, wie in Abb. 11 an den verstärkten Vertikalstrichen zu erkennen ist. Auf diese Art erhöht sich der Nachschub aus dem Grundwasserleiter zur Entnahmestelle. Die größtmögliche Ergiebigkeit stellt sich bei einer Absenkung des Grundwasserspiegels (nicht zu verwechseln mit dem Brunnenwasserspiegel) auf die halbe Höhe der Grundwassermächtigkeit ein. Von da an nimmt die Fläche des benetzten Umfanges wieder ab, und der Brunnen muß bei erhöhter Entnahme trocken fallen.

Die Ergebnisse von Brunnenbeobachtungen lassen sich sinngemäß auch auf die Ergiebigkeit von Quellen übertragen. Gut wasserwegige Gesteine mit einem mächtigen Grundwasserstrom speisen in der Regel kräftige Quellen. Die Ergiebigkeit von Quellen weist aber im Ablauf eines Jahres Schwankungen auf. Sie sind im allgemeinen um so geringer, je länger das Grundwasser unter Tage war und je größer das Einzugsgebiet des Grundwasservorkommens ist, da durch den langsamen unterirdischen Abfluß die klimabedingten Ernährungsschwankungen stark gedämpft werden. Lange unterirdische Sicker- und Abflußwege gewährleisten zudem eine gute Filtration des Wassers. So wird die *Schwankungsziffer*, das ist der Quotient aus maximaler zu minimaler Schüttung, gleichzeitig zu einem Maß für die Güte der Quellen. Nach E. GROSS (1930) weisen gute Quellen eine Schwankungsziffer von 1—10 auf, mäßige 10—20 und schlechte größer als 20. Große Schwankungsdifferenzen lassen einen raschen unterirdischen Durchfluß vermuten, wie er für Karstgebiete typisch ist. Für den Blautopf bei Blaubeuren, eine Karstquelle in der Schwäbischen Alb, errechnet sich aus einer maximalen Schüttung von 23 m³/sec und einem Minimum von nur 0,6 m³/sec eine Schwankungsziffer von 38. Bei einer Quelle im Buntsandstein im Gießetal bei Lohr ist dagegen der Idealfall einer Schwankungsziffer von 1 nahezu verwirklicht.

Entsprechend der Erneuerung des Grundwassers tritt die maximale Schüttung an Quellen des mitteleuropäischen Flachlandes im Frühjahr ein, das Minimum aber im Herbst. Im Hochgebirge dagegen liegt das Minimum der Quellergiebigkeit häufig im Frühjahr und das Maximum entsprechend den veränderten Temperaturverhältnissen im Hoch-/Spätsommer. Diese Angaben können nur als allgemeine Regeln gelten. Im einzelnen sind viele Variationsmöglichkeiten gegeben. Vor allem Quellen, die aus kleinen, flachgründigen Grundwasserkörpern gespeist werden, folgen in ihrer Schüttung weitgehend dem Gang der Niederschlagsverteilung.

Über die absoluten Schüttungsmengen lassen sich keine generell gültigen Regeln aufstellen. Die Ergiebigkeiten schwanken von den Naßgallen in Wiesen mit nur Bruchteilen von 1 l/sec bis zu den großen Karstquellen mit mehreren m³/sec. Mit zu den kräftigsten Grundwasseraustritten bei Lockersedimenten gehören die Quellen der Münchener Wasserversorgung in den Pleistozänschottern der Münchener Ebene mit 1—2 m³/sec. Sie werden in Mitteleuropa nur noch von den Karstquellen, z. B. der Partnachquelle im Reintal des Wettersteingebirges mit 4,5 m³/sec, den Paderquellen (Paderborn) mit 6—8 m³/sec und einigen anderen übertroffen. Dabei zeigen gerade Karstquellen extrem starke Schüttungsschwankungen. Als Minimal- bzw. Maximalwerte werden genannt: für den Kläfferbrunnen (Hochschwab) 0,8—9,8 m³/sec, Aachquelle 0,8—9,0 m³/sec, Juraquelle bei La Doux 0,18—40 m³/sec, Vauclusequelle 4,5—120 m³/sec.

Temperaturverhältnisse des Grund- und Quellwassers

Herkömmlich teilt man die Quellen nach der Wassertemperatur in kalte und warme. Die Grenze zwischen *einfachen kalten Quellen (Akratopegen)* und *einfachen Thermen (Akratothermen)* wurde auf 20 °C festgelegt. Diese Einteilung fußt auf Beobachtungen in den mittleren Breiten und ist für die Tropen nicht sinnvoll, da sonst in den niederen Breiten fast ausschließlich Thermen auftreten würden. Die Grund- und Quellwassertemperaturen sind für die hydrologische Beurteilung der Güte und der Herkunft des Wassers wichtig. Gutes Trinkwasser soll in den mittleren Breiten eine Temperatur von 7—11 °C aufweisen. Kälteres Wasser kann schädigend auf die Magenschleimhäute wirken; Wasser mit einer Temperatur von über 14 °C schmeckt schal.

Die Grund- und Quellwassertemperaturen sind abhängig von der Tiefenlage des Grundwassers unter Flur. Bis zu einer Mächtigkeit von 15—20 m dringen die jahreszeitlichen Temperaturschwankungen mit exponentiell abnehmender Amplitude in den Untergrund ein. Dem Grundwasser werden diese Variationen aufgeprägt. In rund 20 m Tiefe wird der Temperaturgang praktisch vernachlässigbar klein, und die Grundwassertemperatur ist gleich der des Jahresmittels der Luft. Für Mitteleuropa kann man dafür Werte von 8—9 °C ansehen, für die Tropen 28—30 °C (R. PFALZ, 1944). Bei tiefem Grundwasser wird die Wassertemperatur nicht mehr durch die Strahlungsverhältnisse, sondern durch den Wärmestrom aus dem Erdinnern geregelt. Den Vertikalabstand in Metern, bei dem eine Temperaturänderung von 1 °C zu verzeichnen ist, nennt man *geothermische Tiefenstufe.* Er beträgt im Mittel 33 m, die Werte schwanken im einzelnen jedoch beträchtlich. In der mittleren Schwäbischen Alb liegen sie bei 11 m, im Bereich des Kanadischen Schildes aber bei 125 m.

Je näher ein Grundwasservorkommen an der Oberfläche liegt, desto größer werden die jährlichen Temperaturschwankungen sein. Da in seichtem Grundwasser die Gefahr der Verunreinigung größer ist als in tiefem, kann die Amplitude der jährlichen Temperaturschwankungen als Index für den Reinheitsgrad des Wassers herangezogen werden. Bei den Quellwassertemperaturen ist zu berücksichtigen, daß das Grundwasser kurz vor dem Austritt mit oberflächennahen Schichten in Kontakt kommt. Dadurch vergrößert sich die Schwankungsbreite der Wassertemperatur. Je kräftiger die Quellen fließen, desto geringer wird diese Einflußnahme sein.

Gute Quellen haben einen Jahresgang der Wassertemperatur von wenigen Zehntelgrad bis maximal einige Grad Celsius. Das Minimum tritt in den Flachländern Mitteleuropas in der Regel im März bis April auf, das Maximum Ende August bis Anfang September. Im Hochgebirge dagegen führt die späte Schneeschmelze erst in den Monaten Juni und Juli zu den niedrigsten Wassertemperaturen. Eine besonders große Schwankungsbreite ist den Karstquellen eigen. Diese Tatsache wird durch den raschen unterirdischen Wasserabfluß erklärt. Aber selbst beim Karstwasser tritt gegenüber den Oberflächengewässern eine Dämpfung des Temperaturganges ein. So wurden z.B. im Flußwasser der Reka im Ablauf eines Jahres Temperaturen zwischen 0 °C und 27 °C gemessen, an den Timavo- und Aurisana-Quellen, die vom Wasser der Reka-Versickerung gespeist werden, aber nur mehr zwischen 8 °C und 15 °C.

Entsprechend der Abhängigkeit der Quellenwärme vom Mittel der Lufttemperatur nehmen die Quellwassertemperaturen mit steigender Meereshöhe ab. F. KERNER (1905) fand bei seinen Untersuchungen im Mur-Mürz-Gebiet eine mittlere Abnahme von 1 °C/250 m Höhenunterschied. Dieser Gradient kann nicht verallgemeinert werden. Besonders in Kalkgebieten, in denen das Wasser in Karströhren rasch große Höhenunterschiede zurücklegen kann, liegen die Quellwassertemperaturen oft weit unter dem Jahresmittel der Lufttemperatur des Quellortes.

Thermen sind Quellwässer mit Temperaturen von 20 °C oder mehr. Wie schon erwähnt, ist diese Definition auf die Verhältnisse der mittleren Breiten zugeschnitten. Sie könnte allgemeine Gültigkeit erlangen, wenn man unter Thermen Quellen zusammenfassen würde, deren Wassertemperaturen über dem Jahresmittel der Lufttemperatur des jeweiligen Gebietes liegen. Unter

Berücksichtigung balneologischer Gesichtspunkte könnte eine Untergrenze bei 20 °C unbeschadet bestehenbleiben. In Mitteleuropa ist eine Quelle mit einer Schüttungstemperatur von nur 16°C ebenfalls eine Therme, denn das Quellwasser muß durch geothermische oder vulkanische Wärmezufuhr aufgeheizt worden sein. Bei den bekannten Thermen liegen die Temperaturen meist weit über der festgesetzten Untergrenze. Die Therme von Pfäfers (Schweiz) schüttet mit 37 °C, in Bad Gastein werden 49 °C und in Wiesbaden 69 °C gemessen, die Karlsbader Therme hat sogar 74 °C.

Das Auftreten von Thermen ist keineswegs an jungvulkanische Gebiete gebunden. Vielfach reihen sie sich entlang von geologischen Störungszonen auf, z.B. an der Thermenlinie südlich von Wien und am Schwarzwaldrandbruch (Baden-Baden). Auch die Thermalquellen werden fast ausschließlich von vadosem Wasser gespeist. Den Zustrom von juvenilem Wasser aber gänzlich abzulehnen, wäre falsch.

Mineralquellen

Nach der Konzentration von gelösten Stoffen im Quellwasser lassen sich vier Gruppen unterscheiden: Süßwässer, Salzwässer und Solen, Mineralwässer und Heilwässer.

Für die *Süßwässer* gibt es keine befriedigende quantitative Definition. Nach den geltenden Richtlinien ist Süßwasser ein Wasser, das bei 8—12 °C keinen salzigen Geschmack aufweist. Das Geschmacksvermögen der einzelnen Menschen ist aber unterschiedlich. Mit der genannten Festlegung ist auch die Untergrenze der *Salzwässer* fixiert. Erreicht die NaCl-Konzentration 1,5 % oder 260 mval/kg Na^+- und Cl^--Ionen, so sind es in der Bäderkunde *Solen*. In der Montanhydrologie ist die Untergrenze der Solen auf 3 % NaCl-Konzentration festgelegt, da bei geringerer Anreicherung die Sole zur Salzgewinnung im Siedeverfahren nicht wirtschaftlich genutzt werden kann.

Nach internationaler Übereinkunft spricht man von Mineralquellen, wenn 1 g und mehr natürliche mineralische Bestandteile in 1 l Wasser gelöst oder folgende Konzentrationen ausgewählter Ionen vorhanden sind: Fe-Ion (10 mg/kg), As-Ion (0,7 mg/kg), J-Ion (1,0 mg/kg), S (titrierbar) (1,0 mg/kg), Radiumgehalt (10^{-7} mg/kg), Radioaktivität (80 ME [Mache-Einheiten]), CO_2 (1 g/kg).

Natürliche radioaktive Gewässer sind nicht selten. Fast alle aus Kristallingebieten entspringenden Quellwässer weisen eine mehr oder minder hohe Radioaktivität auf.

Nicht jedes Mineralwasser ist aber auch Heilwasser. Als solches wird es nur angesprochen, wenn durch klinische Versuche therapeutische, reproduzierbare Heilerfolge erzielt wurden. Als *Heilquellen* werden gelegentlich auch einfache kalte Quellen und Thermen ohne besonderen Mineralgehalt aufgeführt, insofern durch ihre Anwendung Heilungen nachgewiesen wurden. Nach den Richtlinien und Begriffsbestimmungen für die Anerkennung von Bäder- und heilklimatischen Kurorten des Deutschen Bäderverbandes von 1951 richtet sich die Bezeichnung des Heilwassers nach den mit wenigstens 20 mval-% an der Gesamtkonzentration des Gelösten beteiligten Ionen. Danach werden unterschieden: Chloridwasser, Hydrogenkarbonatwasser, Karbonatwässer, Sulfatwässer u. a. m.

Die Flüsse

Bach, Fluß, Strom

Das an der Oberfläche in Gerinnebetten abfließende Wasser wird vom Volksmund je nach Größe des Gewässers gefühlsmäßig in Bäche, Flüsse und Ströme gegliedert. Die Bezeichnungen werden auch in der wissenschaftlichen Nomenklatur gebraucht, ohne daß sie hinreichend definiert sind. F. NUSSBAUM (1936) hat versucht, eine Klassifizierung nach der Größe des Einzugsgebietes durchzuführen. Fließende Gewässer mit einem Einzugsgebiet größer als 1 Mill. km² nennt er Riesenströme, bei 1 Mill.—100 000 km² spricht er von Strömen, bei 100 000—10 000 km² von Großflüssen und bei unter 10 000 km² von Kleinflüssen. Bäche kennzeichnet er durch die Eigenschaft, daß sie sich den Unregelmäßigkeiten des Relief anpassen und nicht wie die Flüsse ein ausgeglichenes Längsprofil aufweisen.

NUSSBAUM geht von der für humide Gebiete richtigen Vorstellung aus, daß die Wasserführung mit wachsendem Liefergebiet unter sonst gleichen Bedingungen zunimmt. Das trifft aber nicht für alle Flüsse zu.

Tab. 12: Zunahme des Abflusses (an der Mündung) mit wachsendem Einzugsgebiet

Fluß	Einzugsgebiet in km²	mittlerer Abfluß in m³/sec
Saale	23 000	307
Donau (bei Passau)	77 000	1 400
Uruguay	227 000	5 000
Jangtsekiang	1 700 000	30 000
Kongo	3 822 000	40 300
Amazonas	7 180 000	110 000

Der Mississippi hat bei einem Liefergebiet von 308 000 km² einen mittleren Abfluß von 18 000 m³/sec, der Bahr el Ghasal im Sudan bei einem Einzugsgebiet ähnlicher Größenordnung dagegen nur 16 m³/sec. Um von den Relief- und Klimafaktoren unabhängiger zu werden, scheint es deshalb für eine Klassifikation zweckmäßig, an die Stelle der Einzugsgebiete die Wasserführung der Gewässer zu setzen. Als *Bäche* können danach Gewässer mit einer mittleren Wasserführung bis zu 10—20 m³/sec angesprochen werden, bei denen vornehmlich in reliefiertem Gelände häufig schießender Abfluß eintritt. Besonders zu erwähnen sind die *Wildbäche*, die sich durch eine stark ruckhafte Wasserführung auszeichnen und gelegentlich nur nach kräftigen Regenfällen fließen. Den kleineren Flüssen ist eine mittlere Wasserführung von im Minimum 10—20 bis 200 m³/sec zuzuordnen. Bäche und kleinere *Flüsse* sind in der Regel nicht schiffbar. Der Abfluß großer Flüsse beträgt im Mittelwasser zwischen 200 und 2000 m³/sec (Donau bei Passau, Main, mittlere Elbe, Oder u. a. m.) und bei *Strömen* mehr als 2000 m³/sec. Da zudem bei den größeren Fließgewässern die Längsprofilentwicklung ausgeglichener ist, sind sie meist auch für die Flußschiffahrt zugänglich.

Haupt- und Nebenfluß

Auch die Begriffe Haupt- und Nebenfluß sind nicht eindeutig definiert. Für eine Unterscheidung werden Lauflänge oder Wasserführung, nur gelegentlich die Höhenlage des Einzugsgebietes herangezogen. Da die Wassermenge vor allem der kleineren Gewässer in vielen Teilen der Erde bis heute nicht bekannt ist, bedient man sich häufig der Lauflänge, die aus Karten hinreichend genau abgelesen werden kann. Es werden so Flüsse erster, zweiter, dritter und noch niedrigerer Ordnung unterschieden. Für das Donaugebiet ist z. B. die Donau Hauptfluß, Inn, Vils, Abens, um verschiedene Lauflängen zu nennen, sind Flüsse erster Ordnung. Die Mangfall, ein Nebenfluß des Inns, wird zur zweiten Ordnung gezählt und die Leitzach, die in die Mangfall mündet, zur dritten Ordnung usw. Eine derartige Gliederung erweist sich für die Differenzierung größerer Einzugsgebiete und für hydrologische Vergleiche als zweckdienlich. In den obersten Laufabschnitten ergeben sich gelegentlich bei der Festlegung von Haupt- und Nebenquellfluß Schwierigkeiten. Man ist dieser Sachlage in früher Zeit so begegnet, daß man beiden Quellflüssen verschiedene Namen gab. Zu den bekannten Beispielen gehören Breg und Brigach, die sich zur Donau vereinigen, und Fulda und Werra, aus denen die Weser hervorgeht. Auch müßte die Moldau sowohl nach Lauflänge als auch nach Wasserführung den Namen Elbe tragen, denn der aus dem Riesengebirge kommende Elblauf ist der kleinere Fluß.

Für eine *Flußnetzanalyse*, wie sie von R. E. HORTON (1945) entwickelt, von A. N. STRAHLER (1957, 1964) weitergeführt wurde, eignet sich das genannte Ordnungsprinzip nicht, da unverzweigte Quellflüsse und Abschnitte eines bereits gebildeten Flußnetzes gleiche Ordnungszahlen haben können. Um eine eindeutige Abfolge von Flußgrößen zu erhalten, geht HORTON so vor, daß alle unverzweigten Quellflüsse die Ordnungszahl 1 erhalten. Aus der Vereinigung zweier Quellflüsse entsteht die Ordnung 2, münden zwei Flüsse zweiter Ordnung zusammen, so ergibt sich 3. Ordnung usw. Trägt man die Logarithmen der Flußlängen einer Ordnung als Abszisse auf, so zeigt sich nach A. N. STRAHLER (1957) eine Normalverteilung. Sie ist ein Kennzeichen für das Milieu eines Einzugsgebietes. Ferner ermöglicht diese Gliederung das *Bifurkations*verhältnis (R_b) zu ermitteln. Darunter versteht man den Quotienten aus der Ordnung N_u zu N_{u+1}, $R_b = N_u : N_{u+1}$. Auch hieraus ergeben sich Charakteristika für Flußgebiete. Nach dem Hortonschen Gesetz der Flußzahlen verhält sich dabei die Anzahl der Flußsegmente einer Ordnung zur Ordnungszahl in einer inversen geometrischen Abfolge (Abb. 12).

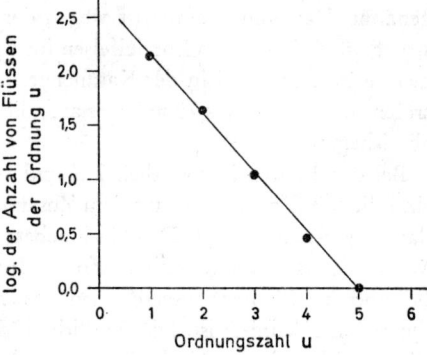

Abb. 12: Regressionsgerade zwischen Logarithmus der Anzahl der Flußsegmente einer Ordnung und Ordnungszahl (nach A. N. STRAHLER, *1964)*

Die von HORTON und STRAHLER entwickelten Verfahren ermöglichen Zusammenhänge zwischen Flußnetz und Niederschlagsgebiet sowie zur Hydrologie der Flußgebiete aufzuzeigen.

Morphometrische Begriffe

Das Ziel morphometrischer Untersuchungen ist es, Erscheinungsformen des Gewässernetzes messend zu erfassen, um für hydrologische und landeskundliche Vergleiche brauchbare Indizes zu erhalten. Jedes fließende Gewässer überwindet zwischen Quelle und Mündung auf der Lauflänge (L) einen Höhenunterschied (H). Der Quotient, H : L = Tangens der Neigung, wird *Gefälle* genannt. Es wird in Promille oder Prozent ausgedrückt. Üblich versteht man darunter das hydraulische Gefälle, d. h. die Neigung der freien Wasserspiegelfläche. Nur bei ihm ist die Gleichsinnigkeit des Gefälles in strengem Sinne vorhanden. Im allgemeinen nimmt das Gefälle von den Quellgebieten gegen die Mündung hin ab.

Die Gefällswerte nehmen eine sehr große Spannweite ein. Sie erreichen in Hochgebirgsbächen einige hundert Promille und sinken in Flachlandströmen auf 0,1 bis 0,01 °/oo ab. Zahlreiche Faktoren bestimmen den Wert des Gefälles. Zunächst sind die Ausgangspositionen, d. h. der Horizontalabstand von Quelle zur Mündung und die dabei zu überwindende Höhendifferenz maßgebend. Für humide Klimate gilt im allgemeinen die Regel, daß das Gefälle mit zunehmender Wasserführung flacher wird. Ferner weisen Flüsse mit groben Schottern steileres Gefälle auf als solche mit Feinmaterial. In den wechselfeuchten Gebieten ist es bei vergleichbaren Flüssen durchweg steiler als in vollhumiden.

Die Verbindungslinie der tiefsten Punkte eines Flußlaufes wird *Talweg* genannt. Das Sohlengefälle ist wegen der auftretenden Kolkbildungen nicht streng gleichsinnig. Am Loreleifelsen im Rhein kommt es z. B. zu Übertiefungen bis zu 26 m, und in der Kasanenge des Banater Durchbruchs der Donau treten sogar Kolke bis 75 m Tiefe auf, die 40 m unter den Meeresspiegel hinabreichen.

Bei den Flüssen ist zwischen *Tal* und *Gerinnebett* zu unterscheiden. Täler sind die Großformen, die aus dem Zusammenwirken von Erosion und Denudation entstanden sind. Das Gerinnebett dagegen wird durch das fließende Wasser des Flusses unmittelbar geformt. Innerhalb des Gerinnes wird gelegentlich noch das *Flußbett* ausgeschieden, das durch den bei Mittelwasser benetzten Querschnitt definiert ist. Die randlich an das eigentliche Gerinne anschließenden Bereiche, die von Hochwässern, durch Auelehmablagerungen und anderes mehr deutlich gekennzeichnet sind, werden als *Hochflut-* bzw. *Hochwasserbetten* angesprochen.

Zwischen Quelle und Mündung lassen sich bei den Flüssen drei Entfernungen angeben: die Entfernung in Luftlinie (d), die Lauflänge (l) und die Tallänge (t). Den Quotienten $F = (1 - d) : d$ nennt man *Flußentwicklung.* Analog dazu ergibt sich die *Talentwicklung* $T = (t - d) : d$. Die *Laufentwicklung* (L) errechnet sich aus diesem Verhältnis von Flußlänge zur Tallänge $L = (1 - t) : t$. Als eine für viele Vergleiche brauchbare Größe hat sich die *Flußdichte* (D) erwiesen. Darunter versteht man die in einem Gebiet von der Größe F auftretenden Lauflängen l_v bezogen auf die Flächeneinheit;

$$D = \left(\sum_{0}^{n} l_v \right) : F.$$ Nach NEUMANN (zitiert nach W. WUNDT, 1953) nimmt die Flußdichte mit wachsender Niederschlagsmenge zu. Daneben wird sie aber in starkem Maße durch die Untergrundbedingungen gesteuert.

Tab. 13: Zunahme der Flußdichte mit steigendem Niederschlag

	Eifel	Glatzer Gebirge	Elbsandstein-gebirge	Schwarz-wald	Harz
Flußdichte km : km²	0,84	1,06	1,13	1,40	1,77
Niederschlag in mm	620	770	820	1180	1000

Tab. 14: Fluß- und Trockentaldichte (nach R. GERMANN, 1963) in verschiedenen Formationen SW-Deutschlands. Die einzelnen Abteilungen des Mesozoikums, aber auch Tertiär und Grundgebirge, sind aus unterschiedlichen Gesteinen aufgebaut

	Grund-gebirge	Dogger	Tertiär-Sedi-mente	Keuper	Lias	Bunt-sand-stein	Muschel-kalk	Malm
Flußdichte km : km²	1,8	1,43	1,1	1,0	0,66	0,64	0,28	0
Trockentaldichte km : km²	2,1	1,53	1,0	1,85	1,35	0,77	1,86	1,88

Die Flußdichte nimmt mit wachsender Durchlässigkeit der Gesteine ab. Die völlig abweichenden Werte der *Trockentaldichte* weisen aber darauf hin, daß die Gesteine in einer vergangenen Zeit andere hydrologische Eigenschaften besaßen bzw. anderen klimatischen Bedingungen unterlagen. In die Werte der Flußdichte gehen demnach auch klimageomorphologische Entwicklungstendenzen ein. Sie müssen bei einer Interpretation berücksichtigt werden. Weitere wertvolle Hinweise zu flußmorphometrischen Untersuchungen finden sich bei K. HORMANN (1968, 1970) und A. N. STRAHLER (1964).

Wasserscheiden und Hauptabdachungen

Jeder Bach, Fluß und Strom hat sein Einzugsgebiet. Dieses bestimmt durch sein Milieu die Gestalt, die topographischen, geologischen, klimatischen und vegetationsgeographischen Verhältnisse Menge und Art des Abflusses. Wie gezeigt wurde, nimmt die Wasserführung der Flüsse unter einigermaßen vergleichbaren Bedingungen mit wachsender Größe des Einzugsgebietes zu; gleichzeitig wird der Abflußgang im Laufe eines Jahres ausgeglichener. Vom Einzugsgebiet, das den gesamten Wasserzustrombereich ober- und unterirdisch umschreibt, ist das *Niederschlagsgebiet* zu unterscheiden. Es umfaßt nur den oberirdischen Abflußbereich, jenen Teil also, in dem das Gefälle des Reliefs zu einer Tiefenlinie gerichtet ist.

Die Grenzen zwischen einzelnen Einzugs- und Niederschlagsgebieten nennt man *Wasserscheiden*. Sie liegen beim oberirdischen Abfluß auf den Kulminationsgebieten zwischen benachbarten Tiefenlinien. Die Wasserscheiden sind nicht immer an besonders markante Reliefformen geknüpft. Im Hochgebirge folgen sie zwar häufig scharfen Graten und Kämmen. Im Hügelland, vollends aber in Flachländern, treten sie im Relief kaum mehr in Erscheinung und sind teilweise nur schwer zu bestimmen. Die Niederschlagsgebiete von Weichsel und Dnjepr grenzen z. B. in einem flachen Sumpfgebiet aneinander. Gelegentlich lassen sich Wasserscheiden gar nicht eindeutig bestimmen, da die Flüsse je nach Wasserstand zu verschiedenen Vorflutern gleichzeitig abfließen. Diesen Vorgang bezeichnet man als *Bifurkation*. Durch die Reisen von A. v. HUMBOLDT ist die Bifurkation des Orinoco/Casiquiare im südlichen Venezuela bekannt geworden. Ein weiteres Beispiel bietet der Logone, der üblich zum Tschadsee, bei Hochwasser gleichzeitig auch zum Benuë entwässert.

Die Wasserscheiden sind häufig selbst in kurzen geologischen Zeitspannen nicht konstant, wie zahlreiche Veränderungen in Flußgebieten belegen. Im nördlichen Alpenvorland wurde die hoch- bis späteiszeitlich periphere Entwässerung nach dem Abschmelzen der Vorlandgletscher durch *Flußanzapfung* in eine zentripetale umgelenkt (Mangfallknie). In ehemals durchgängigen Tälern kann z. B. durch seitliche Einschüttung von Schwemmkegeln eine *Tal-*

wasserscheide entstehen. Aus einem *Tal* ist dadurch eine *Talung* mit zwei nach verschiedenen Seiten entwässernden Tälern geworden. Bekannt sind die Wasserscheidenveränderungen zwischen den Einzugsgebieten von Rhein und Donau. Als Typ der Flußanzapfung wird in diesem Bereich immer wieder die Aitrachablenkung durch die Wutach angeführt. Letztlich ist der Donauabschnitt oberhalb von Immendingen/Tuttlingen hydrologisch teilweise dem Rheineinzugsgebiet zuzuschlagen, da das in Jurakalken versickernde Wasser über die Radolfzeller Aach dem Rhein zufließt.

Neben den lokalen Wasserscheiden zwischen einzelnen Flußgebieten sind die kontinentalen zu nennen. Sie bilden die Grenze der Hauptabdachungen zwischen den Ozeanen sowie den weiten Arealen mit Binnenentwässerung. Selbst die kontinentalen Wasserscheiden sind nicht immer an die bedeutendsten Erhebungen der Landflächen gebunden. Die europäische Hauptwasserscheide, die Grenze zwischen den Abflußgebieten zum Atlantik, zur Nord- und Ostsee einerseits und zum Schwarzen Meer und Mittelmeer andererseits, verläuft zwar teils im Hochgebirgsbereich (Betische Kordillere, Pyrenäen, Alpen), teils aber auch in weiten Flachgebieten der Landschaft La Mancha und durch die Pripjetsümpfe. Ein Blick auf eine physische Weltkarte zeigt, daß die Einzugsgebiete der einzelnen Ozeane sehr unterschiedliche Anteile der Landflächen umfassen. Der Atlantik, durch Flachland- und Mittelgebirgsküsten gesäumt, nimmt 34,4 % der terrestren Entwässerung auf. Dem Pazifik dagegen, von hohen, jungen Kettengebirgen umgürtet, fließen nur 11,5 % des Oberflächenabflusses zu.

Tab. 15: Verteilung des terrestren Abflusses auf die Ozeane und Binnengebiete

Kontinent	Atlantik 10^6km^2	%	Eismeer 10^6km^2	%	Indik 10^6km^2	%	Pazifik 10^6km^2	%	Binnen-entwässerung 10^6km^2	%	Gesamt 10^6km^2
Asien	0,5	1,1	11,2	25,5	11,7	26,6	8,2	18,6	12,4	28,2	44,0
Afrika	14,9	49,9	—	—	6,1	20,4	—	—	8,9	29,7	29,9
Nordamerika	8,3	34,6	10,2	42,5	—	—	4,5	18,7	1,0	4,2	24,0
Südamerika	16,3	90,0	—	—	—	—	1,0	5,6	0,8	4,4	18,1
Europa	6,5	65,0	1,6	16,0	—	—	—	—	1,9	19,0	10,0
Australien	—	—	—	—	2,9	33,0	1,8	20,5	4,1	46,5	8,8
Festland	46,5	34,4	23,0	17,1	20,7	15,4	15,5	11,5	29,1	21,6	134,8

Die Gebiete mit *Binnenentwässerung* — also ohne Abfluß zum Meer — umfassen 29,1 Mill. km^2 oder 21,6 % der Festlandfläche. Den höchsten relativen Anteil weist Australien mit 46,5 % auf. Nach absoluter Fläche ist jedoch der vorderasiatisch-zentralasiatische Trockenraum von Arabien über Persien, das Tarimbecken bis zur Gobi mit Teilen des tibetischen Hochlandes das größte zusammenhängende Gebiet mit Binnenentwässerung. Neben der Bezeichnung Binnenentwässerung wird gelegentlich auch eine kontinentale Entwässerung der marinen gegenübergestellt. Der Ausdruck *abflußlose Gebiete* — er wird sehr häufig verwendet — ist besser zu meiden, da er zu Irrtümern Anlaß gibt. Es soll hier mit Nachdruck darauf hingewiesen werden, daß auch die Bereiche mit Binnenentwässerung Abfluß haben und keineswegs den Trockengebieten schlechthin gleichgestellt werden dürfen. Der Abfluß vollzieht sich innerhalb dieser Areale von den voll- bis semihumiden Randgebieten gegen die Trockenräume, wo er wegen des Wasserverlustes durch Verdunstung letztlich zum Erliegen kommt.

Physikalische Eigenschaften des Flußwassers

Abflußvorgang

Beim Abfluß des Wassers wird potentielle in kinetische Energie umgewandelt. Nach dem Erhaltungssatz der Energie müßte in jedem Punkt eines Flusses die Summe aus kinetischer und potentieller Energie gleich sein. Die potentielle Energie errechnet sich aus der Wassermasse (m), der Höhenlage (h) und der Schwerkraft (g) zu $m \cdot g \cdot h$. Für die kinetische Energie gilt der Ansatz $(m \cdot v^2) : 2$, wobei unter v die Summe aller auftretenden Bewegungen zu verstehen ist. Aus der Gleichsetzung beider Energien errechnet sich für den reibungsfreien Zustand die Fließgeschwindigkeit zu $v = \sqrt{2\,gh}$. Danach müßten schon nach Überwindung eines Höhenunterschiedes von nur 1 m Geschwindigkeiten von 4,5 m/sec auftreten. Sie sind in Wirklichkeit viel geringer. In Bächen von Berg- und Hügelländern liegen die Geschwindigkeiten bei 1 m/sec, in großen Flüssen bei 1,5—3 m/sec; sie können bei Hochwasser auf 4 m/sec ansteigen. Lediglich in Schnellenstrecken treten höhere Geschwindigkeiten auf. Der Fließvorgang erfordert nur eine geringe Menge der in Flüssen vorhandenen Energie, der Großteil wird durch innere Reibung und den Fließwiderstand an den Gerinnebettwandungen (äußere Reibung) verbraucht. Die durch Reibung frei werdende Wärme wird im Flußwasser nicht meßbar temperaturwirksam, da erst $426 \text{ m} \cdot \text{kg}$ einer Kalorie entsprechen.

Beim *Abfluß* sind drei Arten zu unterscheiden: laminarer, strömender und schießender Abfluß.

Unter *laminarem Abfluß* versteht man einen Fließvorgang, bei dem die einzelnen Stromlinien parallel zueinander verlaufen, also keine Vermischung eintritt. In natürlichen Bächen und Flüssen dürfte wirklich laminare Bewegung kaum vorkommen, da die *kritische Geschwindigkeit* (v_{krit}), bei der der laminare Abfluß in den turbulenten, strömenden übergeht, sehr geringe Werte von Bruchteilen eines Millimeters pro Sekunde aufweist. Die kritische Geschwindigkeit errechnet sich zu $v_{krit} = (R_{krit} \cdot v) : m$. R ist die Reynoldsche Zahl, v die kinematische Viskosität und m die mittlere *hydraulische Tiefe*, die sich als Quotient aus der Fläche des benetzten Querschnitts zur benetzten Querschnittslänge ergibt. Wenngleich in größeren Gerinnen echter laminarer Abfluß nicht vorkommt, so sprechen wir bei Bächen mit schleichender, sehr langsamer Bewegung von *quasilaminarem Fließen*.

Oberhalb der kritischen Geschwindigkeit tritt *strömender Abfluß*, der durch ungeregelte Bewegung der Wasserteilchen *(Turbulenz)* gekennzeichnet ist, auf. OSFEN (1931) drückt das so aus: „Eine Wasserbewegung ist dann turbulent, wenn sie so komplex ist, daß wir gar nicht versuchen, dafür eine Erklärung zu erhalten, sondern mit der Deutung der mittleren Bewegung zufrieden sind." In Bächen, Flüssen und Strömen erfolgt der Abfluß weitgehend nach den Gesetzen der strömenden Bewegung. Im Vergleich zum laminaren wird beim strömenden Abfluß die Geschwindigkeit gegen die Bettwandungen zwar geringer, sie wird aber nicht null. Damit tritt an der Gerinnewandung eine Reibung auf, die zu einer wirksamen Veränderung des Flußbettes führt. Die absolute Durchflußgeschwindigkeit wird bestimmt durch den Wasserstand, das Gefälle, die Größe des benetzten Gerinnequerschnitts und dessen Reibungsbeiwert sowie durch die kinematische Viskosität.

Tab. 16: Oberflächengeschwindigkeit einiger Flüsse (in m/sec)

Rhein (Straßburg)	
Niedrigwasser	1,50
Mittelwasser	2,15
Hochwasser	2,85
Binger Loch (großes Gefälle)	3,40
Rhone (Mittelwert)	0,40—1,50
Ganges (Mittelwert)	1,54
Mississippi (Mittelwert)	1,25—1,50

Für die exakte Berechnung der Abflußmenge Q ist die Kenntnis der wirklichen Geschwindigkeitsverteilung im Meßquerschnitt erforderlich, aus der auch die mittlere Profilgeschwindigkeit v_m errechnet werden kann. Dafür ist in der Hydrologie eine Reihe von Verfahren gebräuchlich. Bei sehr kleinen Schüttungen in der Dimension von wenigen l/sec eignet sich eine unmittelbare Messung mit Gefäßen. In größeren Gewässern wird die Abflußmenge über Erfassung des benetzten Querschnitts und der Fließgeschwindigkeit einzelner Stromfäden mit Hilfe von *Flügelmessungen* oder mit dem *Prandtl-Staurohr* bestimmt. Sowohl Querschnittsfläche als auch mittlere Abflußgeschwindigkeit ändern sich mit dem Wasserstand. Dabei ist zu beachten, daß beim anschwellenden Wasser bei gleichem Pegelstand der Durchfluß größer ist als bei sinkendem. Ist die *Abflußcharakteristik*, die Beziehung zwischen Wasserstand und Durchflußmenge, ermittelt, so lassen sich allein aus registrierenden Schreibpegeln bei konstantem Sohlenprofil die Abflußmengen berechnen. Eine direkte Messung der Abflußmenge bietet die *Verdünnungsmethode.* An einem oberhalb des Meßpunktes gelegenen Ort wird das Fließgewässer mit einer Salzlösung bekannter Konzentration geimpft. An der Meßstelle selbst wird die Verdünnung der Lösung bestimmt. Dieses Verfahren eignet sich besonders in stark verwirbelten Gebirgsbächen. Darüber hinaus gibt es noch zahlreiche weitere Methoden, die auch nur zu erwähnen zu weit führen würde. Es sei deshalb auf die einschlägige Literatur bei A. WECHMANN (1964), H. SCHAFFERNAK (1960) und R. RÖSSERT (1969) hingewiesen. Eine erste Annäherung für die Abflußmenge ergibt die einfache Messung der maximalen Oberflächengeschwindigkeit mit Hilfe von Schwimmer und Stoppuhr, da, wie die Erfahrung lehrt, die *mittlere Profilgeschwindigkeit* etwa beim 0,8- bis 0,85fachen der maximalen Oberflächengeschwindigkeit liegt.

Die Verbindungslinie der Punkte maximaler Oberflächengeschwindigkeit nennt man *Stromstrich.* Er befindet sich in der Regel über den tiefsten Flußabschnitten (Talweg). Auf geradlinigen Flußstrecken liegt er etwa in Flußbettmitte, an den Krümmungen wird er durch die auftretenden Fliehkräfte an die Außenseiten der Kurven gedrückt. Auch die Coriolisbeschleunigung beeinflußt die Lage des Stromstriches. Sie wird aber nur bei großen Flüssen mit sehr geringem Gefälle in höheren Breiten merkbar wirksam, wenn Schwerkraft und Coriolisbeschleunigung vergleichbare Dimensionen annehmen *(Baersches Gesetz).*

Bei steigendem Wasser tritt im Stromstrich zusätzlich eine aufwärtsgerichtete Bewegung ein, die *Quellwirbel* hervorruft. An den Flußufern finden sich dagegen *Saugwirbel.* Bei symmetrischer Lage des Stromstrichs in Gerinnemitte erfolgt danach der Abfluß bei steigendem Wasser in Form gegenläufiger, an der Oberfläche nach den Ufern gerichteter Spiralbewegungen. In Kurven ist nur die gegen den Gleithang gerichtete Schraubenbewegung voll ausgebildet. Bei fallendem Wasserspiegel erfolgt dagegen im Stromstrich eine leichte Absenkung, so daß sich dieser Vorgang umkehrt (Quellwirbel am Ufer, Saugwirbel im Stromstrichbereich).

Wirbel sind drehende Wasserkörper mit nahezu senkrechter Rotationsachse. Sie ist wegen der unterschiedlichen Fließgeschwindigkeit an der Oberfläche und nahe der Gerinnebettsohle meist leicht stromab ausgebuchtet. Neben den erwähnten wandernden Quell- und Saugwirbeln (Wanderwirbel) gibt es auch ortsfeste *Standwirbel*. Ihr Vorkommen ist an Hindernisse im Flußbett geknüpft, wo sie als Rollenlager die Reibung beim Abfluß verringern. Sie treten z. B. an Brückenpfeilern und Buhnen oder im Bereich von Felsblöcken im Gerinne auf. Oberhalb der Hindernisse finden sich gewöhnlich Quellwirbel, unterhalb Saugwirbel. Der Drehsinn der Saugwirbel ist auf der rechten Uferseite im Uhrzeigersinn, auf der linken entgegengesetzt gerichtet. Rotierende Wasserkörper mit horizontaler oder nahezu horizontaler Drehachse werden *Walzen* genannt. Beim strömenden Abfluß bilden sich Walzen als Rollenlager der Reibung am Grunde des Flusses aus *(Grundwalzen).*

Eine weitere Art der Wasserbewegung ist der *schießende Abfluß.* Er tritt ein, wenn die Fließgeschwindigkeit größer als die Ausbreitungsgeschwindigkeit der *Grundwellen* wird. Beim schießenden Abfluß kann sich deshalb eine im Gerinne hervorgerufene Spiegeldeformation nicht flußauf fortpflanzen. Aus diesem Grunde nehmen morphologische Vorgänge im Flußbett unterhalb einer Schnellenregion keinen Einfluß auf die Gerinnegestaltung oberhalb der Schießstrecke. Bereiche mit schießendem Abfluß, z. B. an Stromschnellen, wo auf kurze Horizontalentfernung große Höhenunterschiede überwunden werden, übernehmen daher die Funktion einer zeitlich variablen, lokalen Erosionsbasis. Da nach der Bernoulli-Theorie der reibungsfreien, inkompressiblen Gase und Flüssigkeiten der Gesamtdruck (p_{ges}) gleich der Summe aus dem statischen Druck (p) und dem Staudruck $(\varrho : 2) \cdot v^2$ (ϱ = Dichte des Wassers) ist, muß die Geschwindigkeit des schießenden Abflusses nach oben begrenzt sein. Sie liegt nach SCHOKLITSCH (1930) bei 22 m/sec.

Unterhalb von Schnellenstrecken treten *Deck-* und *Grundwalzen* auf. Die Ursache für die Bildung von Deckwalzen ist wohl darin zu erblicken, daß beim plötzlichen Übergang vom schießenden zum strömenden Abfluß im Unterwasser eine relative Spiegelhebung erfolgt. Dadurch entsteht an der Oberfläche ein flußauf gerichtetes Gefälle, auf das der Drehsinn der Deckwalzen eingespielt ist. Die Grundwalzen zeigen dagegen einen an der Sohle flußauf gerichteten Drehsinn. Durch Wirbel- und Walzenbildung unterhalb von Schnellenstrecken wird ein Großteil der angefallenen kinetischen Energie aufgebraucht. Bei Wasserkraftanlagen nutzt man diese Erkenntnis, um in Tosbecken die Energie des vom Überfallwehr kommenden Wassers zu vernichten.

Flußwassertemperatur

Die Wärmeverhältnisse des Flußwassers werden durch den Strahlungshaushalt, die Lufttemperatur sowie den Zufluß von Oberflächen- und Grundwasser bestimmt.

Die einfallende Strahlung wird teilweise schon im Flußwasser, teilweise, vor allem bei sehr klaren Gewässern, an der Gerinnebettsohle absorbiert und in Wärme umgewandelt. Infolge der Turbulenz des Abflußvorganges herrscht in Flüssen weitgehend Homothermie, d. h. gleiche Temperatur über den ganzen Querschnitt. Sie unterscheiden sich damit grundlegend von Seen, bei denen eine Temperaturschichtung vorhanden ist. In randlichen, seichten, nur wenig durchflossenen Flußschlingen können jedoch auch höhere Temperaturen als im Stromstrich auftreten.

Zufluß von kaltem Oberflächenwasser vornehmlich bei der Schneeschmelze vermag die Flußtemperatur stark zu erniedrigen. Im allgemeinen erwärmt sich im Sommer das Schmelzwasser in von Gletschern gespeisten Bächen sehr rasch. Der Abfluß des Mitterkarferners weist z. B. am Gletschertor eine Temperatur von 1 °C auf. Schon nach 1,9 km Lauflänge steigt sie im Sommer durch Wärmeübergang aus der Luft und Einstrahlung auf 7—8 °C an. Das Grundwasser beeinflußt die Temperatur der Flüsse in zweifacher Richtung. Im Winter wirkt es erwärmend, im Sommer dagegen abkühlend. Von K. Hofius (1970, 1971) liegen ausgezeichnete Temperaturbeobachtungen über die Elz vor. Danach sind im Quellgebiet (Abb. 13) die Temperaturveränderungen besonders groß. Sie betragen im August + 0,52 °C/km, im Februar sogar — 0,92 °C/km. Im weiteren Verlauf nimmt im Sommer die Temperatur mit rund 0,16 °C/km stärker zu als im Winter (0,045—0,076 °C/km). Der sommerliche Wärmegewinn ist auf Strahlung und fühlbaren Wärmestrom, der winterliche aber auf Grundwasserspeisung zurückzuführen.

Durch die Überlagerung der drei genannten Faktoren wird der Wärmehaushalt der Flüsse geregelt. Je nach dem Überwiegen der einen oder anderen Komponente ergeben sich verschiedene Ganglinien der Flußwassertemperatur.

Nach den Werten der Tab. 17 (S. 82 oben) sind in den mittleren Breiten drei thermische Flußtypen (I—III) zu unterscheiden.

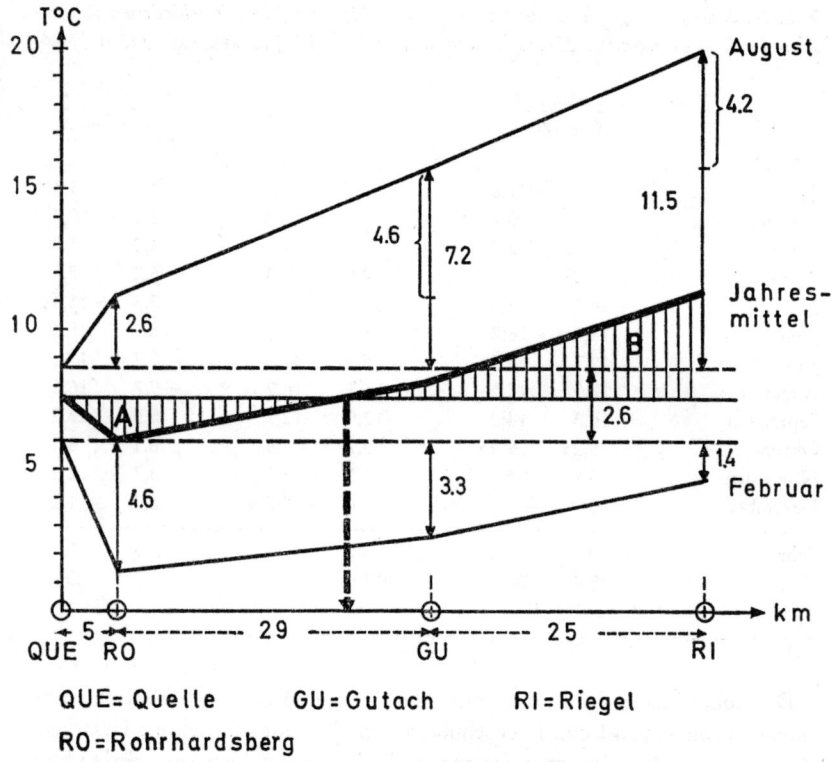

Abb. 13: Temperaturentwicklung der Elz im Längsprofil für die Monate Februar und August sowie für das Jahr (nach K. Hofius, 1970)

I. Flachlandflüsse, in denen sowohl die einzelnen Monatsmittel als auch das Jahresmittel der Wassertemperatur über dem der Luft liegen. Die Amplituden der Luft- und Wassertemperaturen sind annähernd gleich.

II. Gebirgsflüsse. Die Wassertemperaturen sind nur in einigen Sommermonaten niedriger, sonst höher als die der Luft. Das Jahresmittel ist gleich oder wenig höher als das der Luft. Bei reichlichem Grundwasserzufluß zeigt zudem die Temperaturamplitude eine starke Dämpfung.

III. Bei Gletscherbächen ist das Wasser nur im Winter wärmer als die umgebende Luft. Damit liegt auch das Jahresmittel der Wassertemperatur unter dem der Luft. Die Amplituden des Jahresganges werden überaus gering.

Tab. 17: Wasser- (TW) und Lufttemperaturen (TL) in °C bei verschiedenen thermischen Flußtypen (nach W. ULE, Oder und Sill, 1925, und J. HÄUSER, Isar, 1933)

	Oder (Breslau)		Isar (München)		Sill (Innsbruck)	
	TW	TL	TW	TL	TW	TL
Januar	0,3	— 1,8	2,7	— 1,3	2,2	— 3,3
Februar	0,55	— 0,4	2,8	— 1,5	2,8	0,7
März	2,7	2,2	4,5	2,8	4,0	3,8
April	9,0	7,9	7,1	7,3	6,2	8,7
Mai	14,1	13,0	10,5	12,7	7,3	11,4
Juni	18,1	16,8	13,5	15,4	8,7	15,6
Juli	19,7	18,5	15,3	17,4	9,7	17,1
August	18,3	17,5	14,7	16,2	9,7	16,6
September	15,3	14,2	12,9	12,7	8,5	13,2
Oktober	9,25	8,45	9,7	7,9	6,1	8,1
November	3,9	3,4	6,3	3,3	3,7	2,2
Dezember	0,9	— 0,8	3,6	— 0,7	2,0	— 1,1
Jahr	9,3	8,2	8,7	7,7	5,9	7,7
Δ t	19,4	20,3	12,6	18,9	7,7	20,4
Typ	I		II		III	

Die höhere Lage der Monatsmittel und Jahresmittel der Wassertemperaturen bei den Typen I und II gegenüber denen der Luft hat mehrere Ursachen. Zunächst kann die Wassertemperatur nur in Ausnahmefällen kurzfristig unter 0 °C absinken (unterkühltes Wasser). Ferner kühlen sich die Gewässer nachts weniger ab als die Luft und die Erdoberfläche.

Die Flußwassertemperaturen weisen einen ausgesprochenen Jahresgang auf. Das Minimum tritt in den Wintermonaten, das Maximum im Juli oder August ein. Gegenüber dem Minimum der Lufttemperatur, das meist im Januar auftritt, kann sich das des Flußwassers in Abhängigkeit von der Schneeschmelze erheblich verzögern. Die höchsten Monatsmittel mitteleuropäischer Flüsse liegen bei 20 °C. Die höchsten absoluten Temperaturen wurden in der Mosel mit 26,7 °C gemessen. Die mittlere jährliche Temperaturschwankung nimmt mit wachsender Kontinentalität des Klimas zu. Neben den Jahresschwankungen ist die interdiurne Veränderlichkeit der Flußwassertemperaturen geringer. Nach K. HOFIUS (1971) finden sich in der Elz im Sommer auch Tagesschwankungen der Flußwassertemperatur von 5—6 °C, während im Winter nahezu *Isothermie* herrscht, wie die Thermoisoplethendiagramme zeigen. Die Maxima treten in den späten Nachmittagsstunden (14—17 Uhr), die Minima am frühen Morgen (6—8 Uhr) auf. Bei Gletscherbächen ergibt sich eine Verschiebung, wegen des zunehmenden Schmelzwasserabflusses tritt das Minimum erst in den späten Vormittagsstunden ein.

Temperaturmessungen in Flüssen sind bis heute nicht sehr zahlreich. Im Bereich der Bundesrepublik Deutschland gibt es ca. 80 Beobachtungsstellen, die aber vielfach an Flachlandflüssen liegen. Aufnahmen in Gebirgsflüssen sind deshalb anzuregen. Grundlegende Arbeiten über den Wärmeumsatz in Fließgewässern finden sich bei O. ECKEL und H. REUTER (1950) sowie W. WUNDT (1967).

Eisbildung in Flüssen

Die Eisbildung verläuft in Flüssen infolge der turbulenten Durchmischung anders als in stehenden Gewässern. Flüsse frieren gewöhnlich erst nach mehrtägigem strengen Frost zu. Der erste Eisansatz findet sich meist in Stillwasserbereichen seichter Uferbuchten. Bei sehr kräftiger Strömung gefriert das im ganzen auf 0 °C abgekühlte Wasser zunächst an der Gerinnebettsohle. Es bildet sich Grundeis. Da Eis spezifisch leichter ist als Wasser, wird der Auftrieb mit wachsender Bodeneismasse letztlich so groß, daß es sich vom Untergrund loslöst und in Form von Eisklumpen stromab treibt. Das schwimmende Grundeis wird *Siggeis*, das Loslösen vom Untergrund siggen genannt. Auch der Eisansatz am Ufer wird durch die Strömung immer wieder abgerissen und in größeren und kleineren Schollen weiterverfrachtet. Treibende Eisplatten und Siggeis zusammen ergeben auf Flüssen *Eisgang*. Besteht das abgehende Eis vorwiegend aus feinen Eisnadeln und Schnee, so spricht man von *Eisduft* oder *Eistost*. Sobald sich das treibende Eis an irgendeiner Stelle des Flusses festsetzt, kommt es zu einem völligen Verschluß der Wasserfläche. Dann tritt *Eisstau* oder *Eisstand* ein. Durch herantreibende Schollen und Klumpen wächst die *Treibeisdecke* rasch flußauf. Die Eisbedeckung der Flüsse erfolgt in der Regel durch Eisstau. Sehr selten und nur bei langanhaltendem, starkem Frost bildet sich eine *Kerneisdecke*. Die Eisbildung setzt in Mitteleuropa meist in der zweiten Winterhälfte ein, wenn durch Niedrigwasserstand mit geringen Fließgeschwindigkeiten und starke Auskühlung günstige Voraussetzungen geschaffen sind. Beim Eisaufgang zerbricht die geschlossene Eisdecke, und es kommt im Frühjahr erneut zu Eisgang.

Die Eisverhältnisse in Flüssen bestimmen in maßgebender Weise die hydraulischen Bedingungen für den Abfluß. Durch Eisstand, vor allem wenn das

Grundeis mit der Treibeisdecke teilweise zusammenwächst, verringert sich der für den Abfluß verfügbare Querschnitt. Die Folge ist ein Rückstau des nachdrängenden Wassers, der zu beachtlicher Anhebung des Wasserstandes führen kann. Im Eiswinter 1939/40 ergaben sich im Rhein oberhalb der Lorelei nach C. MORDZIOL (1952) folgende Stauhöhen: Bei Oberwesel 3,4 m, bei Kaub 4,0 m, bei Bacharach 4,1 m, bei Niederheimbach 4,65 m und bei Trechtinghausen 5,7 m. Nach A. VAN RINSUM (1961) werden das für den Durchtransport des Wassers erforderliche Gefälle und der notwendige Querschnitt häufig erst dann erreicht, wenn das Wasser die Flußufer schon überschritten hat. Die Hochwässer an der Donau oberhalb des Kachletkraftwerkes, die durch Eisstau verursacht werden, gehören zu den immer wiederkehrenden, gefürchteten Ereignissen. Unter der Eisdecke treten im Flußwasser häufig starke Drucke auf. Diese Tatsache wird jedem gegenwärtig, der einmal das mächtige Aufwallen des Wassers in Eisspalten und Löchern beobachten konnte. Der Abfluß erfolgt unter diesen Bedingungen gleichsam in einem geschlossenen Röhrensystem. In dem Abflußschlauch kann sich die Zone maximaler Geschwindigkeit gegen den Flußgrund verlagern, in dem dann gerade zur winterlichen Niedrigwasserzeit verstärkt Erosion einsetzt. Die kräftige Übertiefung oberhalb des Loreleifelsens dürfte wenigstens teilweise durch die geschilderte Erosion unter einer Eisdecke bedingt sein (W. TIETZE, 1961). Die Zeitdauer des Eisverschlusses wächst mit zunehmender Kontinentalität des Klimas.

Tab. 18: Mittlere Zahl der Tage mit Eisverschluß in einigen Flüssen Eurasiens

	Weser	Weichsel	Wolga	Ob	Amur
Breite	52° 48′ N	52° 18′ N	52° 24′ N	53° 18′ N	53° 6′ N
Länge	9° E	21° E	48° E	83° 18′ E	140° 42′ E
Eisgang	6. 1.	27. 12.	9. 12.	9. 11.	9. 11.
Eisaufgang	5. 2.	5. 3.	18. 4.	26. 4.	20. 5.
Tage mit Eisverschluß	30	68	130	168	192

Ausgestaltung der Gerinnebetten

Materialtransport

Wie gezeigt wurde, ist zur Aufrechterhaltung des Abflusses nur ein Bruchteil der zur Verfügung stehenden Energie erforderlich. Der Rest wird durch Reibung aufgebraucht. Das fließende Wasser übt damit eine Kraft auf die Gerinnewandungen aus. Sie wird *Schleppkraft* genannt. Ihre Größe ist von der Wassermasse und dem Gefälle abhängig. Ein an der Flußsohle liegendes Teilchen wird solange in Ruhe bleiben, als die Schleppkraft kleiner oder gleich dem Haftwiderstand ist.

Die von F. HJULSTRÖM (1935) entworfene Erosionskurve (Abb. 14) zeigt, daß vom Mittelsand mit wachsender Korngröße die erforderlichen Geschwindigkeiten zunehmen. Sie steigen aber auch gegen die kleineren Korngrößen an, weil hier bei der Erosion zusätzliche Kohäsionskräfte überwunden werden müssen.

Der Materialtransport in Flüssen erfolgt im wesentlichen nach drei Arten: als Geröllfracht, als Schwebstoff und als Gelöstes. Die einzelnen Komponenten sind nicht immer eindeutig zu trennen. Von *Geröll* spricht man, wenn Gesteine auf der Flußsohle rollen oder springend fortbewegt werden. Der *Schwebstoff*

Abb. 14: Grenzkurven von Erosion, Transport und Sedimentation in Abhängigkeit von der Korngröße eines monodispersen Materials und der Fließgeschwindigkeit

Zur Erosion eines Gerölls vom Durchmesser a (Abszisse) — Überführung vom ruhenden in den bewegten Zustand — ist die Erosionsgeschwindigkeit v_1 (Ordinate) erforderlich. Das Teilchen bleibt solange in Bewegung, bis die Geschwindigkeit auf v_2 abgesunken ist, erst dann wird es wieder abgelagert (nach F. HJULSTRÖM, 1935).

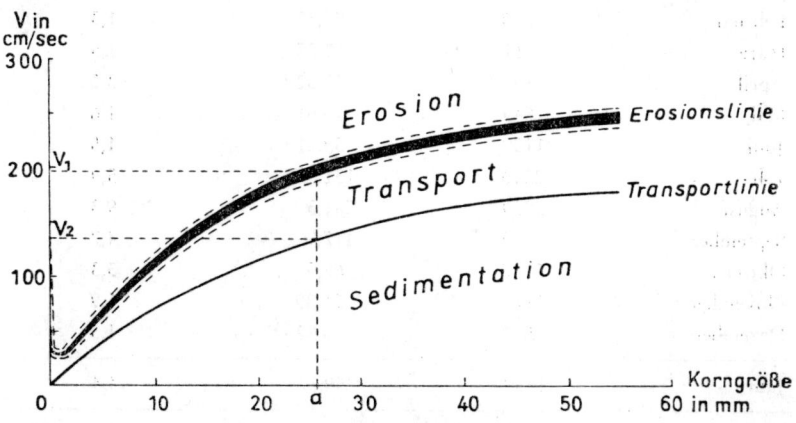

wird dagegen im Wasser schwebend transportiert. Ob ein Teilchen als Schwebstoff oder als Geröll auftritt, hängt außer von der Korngröße auch vom Energiegehalt des Wassers ab. Bei niedrigen Fließgeschwindigkeiten wird selbst Feinsand (0,125—0,250 mm ϕ) noch am Grunde transportiert. Bei Hochwasser werden dagegen sogar grobe Sandkörner mit 2 mm ϕ schwebend verfrachtet. In der Regel ist die Schwebstoffverteilung in einem Flußquerschnitt um so gleichmäßiger, je feiner das suspendierte Material ist. Grobes Korn findet sich schwebend fast ausschließlich nahe der Flußbettsohle. Eine reine *Lösung* liegt dann vor, wenn das Wasser keine Trübung mehr aufweist, die in der Flüssigkeit enthaltenen Partikel also nur mehr einen Durchmesser von etwa 1000 Å besitzen.

Durch den komplexen Charakter des Materialtransportes in Flüssen lassen sich für das Zusammenwirken der daran beteiligten Vorgänge kaum allgemein gültige Gesetzmäßigkeiten aufstellen. Die Geröllmenge, ausgedrückt in

Gramm pro Kubikmeter Wasser, ist im Durchschnitt nicht sehr hoch. Sie beläuft sich in der Größenordnung von einigen hundertstel Promille. A. PENCK (1894) kommt für die Donau bei Wien auf 34 g/m³, und A. HEIM (1878/79) berichtet von der Reuß von 520 g/m³ und vom Inn bei Passau von 80 g/m³.

Tab. 19: Wasserführung und Schwebstoffbelastung des Hwangho bei Schenhsien (nach R. KELLER, 1961)

	Wasserführung in m³/sec	Schwebstoffbelastung in t/sec	Schwebstoffbelastung (t/m³) in %
Januar	480	5,78	1,2
Februar	580	7,53	1,3
März	811	12,37	1,5
April	833	12,02	3,0
Mai	849	13,61	1,6
Juni	1109	33,21	1,5
Juli	2240	131,5	5,9
August	3039	281,3	9,3
September	2519	117,9	4,7
Oktober	2107	68,5	3,3
November	1177	21,89	1,9
Dezember	540	6,82	1,3
Jahr	1357	59,37	4,4

Wie die Filmaufnahmen von H. MORTENSEN und J. HÖVERMANN (1957) über die Schotterbewegung in einem Wildbach zeigen, ist für den Gerölltransport nicht nur die absolute Wassermenge sondern auch die Art der Wasserführung ausschlaggebend. Ruckhafter Abfluß belebt den Gerölltransport. Bei der Schwebstofführung treten große Unterschiede auf. Nach A. VAN RINSUM (1950) liegt der Schwebstoffgehalt bayrischer Flüsse ebenfalls in der Größe von einigen hundertstel bis zehntel Promille. Die geringsten Werte fanden sich im Main bei Hallstatt mit 30 g/m³, die höchsten im Inn bei Neuötting mit 271 g/m³. Von einer ähnlichen Schwebstoffbelastung berichtet H. SIOLI (1957) aus dem Amazonasgebiet. Sie kann auch wesentlich höher sein. In der Durance steigen die Werte zur Zeit der Schneeschmelze auf 2,3 ⁰/oo, bei den Herbstregen sogar auf 3,6 ⁰/oo an. Eine sehr hohe Schwebstoffbelastung weist der Hwangho bei Schenhsien auf.

Der höchste Wert im Hwangho bei Hochwasser liegt bei 9,3 ⁰/o. Die Tabelle zeigt, daß mit steigendem Wasserstand die Schwebstoffbelastung nicht nur absolut, sondern auch relativ zunimmt. Ferner ist bei steigendem Wasserstand die Schwebstoffbelastung größer als bei fallendem. Auch im Nil ist sie bei Regenzeit groß. Ihre Werte steigen bis auf 2—3 ⁰/oo an. In den trockenen Monaten liegen sie unter 0,5 ⁰/oo. Die höchsten Belastungen weisen gelegentlich Gletscherbäche auf, in denen in Extremfällen bis zu einem Drittel feste Bestandteile der Wassermenge beigemischt sind. Aus der Schwebstoffbelastung errechnet sich durch Multiplikation mit der Abflußfülle die Schwebstofffracht. Sie dürfte im allgemeinen größer als die Geröllfracht sein.

Tab. 20: Geröll- und Schwebstoffbelastung einiger Flüsse (nach R. BRINKMANN, 1950)

Fluß	Geröll in mg/l	Schwebstoff in mg/l	Verhältnis Geröll / Schwebstoff
Inn (Kufstein)	360	780	1 : 2
Mississippi (Unterlauf)	40	340	1 : 9
Wolga (Astrachan)	0,1	50	1 : 500

Wenig beachtet wird gelegentlich die *Lösungsfracht,* weil sie nicht sichtbar ist. Ihre Menge ist jedoch mit einigen hundertstel bis zehntel Gewichtspromille der Wassermasse erheblich und nach Größe mit jener der Geröll- und Schwebstofffracht zu vergleichen. Der Gehalt an Gelöstem beträgt nach A. PENCK (1894) im Mittel in der Themse oberhalb von London 289 g/m³, im Rhein bei Köln 200 g/m³, in der Elbe oberhalb von Hamburg 237 g/m³, in der Rhone bei Lyon 145 g/m³, im Nil bei Kairo 231 g/m³ und im La Plata 237 g/m³.

Nach Schätzungen werden jährlich als Gelöstes ungefähr 4—6 Mrd. t Material ins Meer verfrachtet. Bei Hochwasser überwiegt üblich die Schwebstoffbelastung, bei Niedrigwasser aber die Lösungsfracht. Als Beispiel dafür sei der Neckar genannt, in dem bei Frühjahrshochwasser der Schwebstoffgehalt auf 380 g/m³ anstieg, bei gleichzeitigem Lösungsinhalt von 260 g/m³. Zur Zeit des Niedrigwassers überwiegen die Werte des Gelösten mit 690 g/m³ den Schwebstoffgehalt aber rund um das Fünfunddreißigfache.

Akkumulation in Flüssen

Die *Schleppkraft* ist vom Gefälle und der Wassermenge der Flüsse abhängig. Verringert sich die vorhandene Energie, so kann letztlich das mitgeführte Material nicht mehr weitertransportiert werden, es kommt zur Akkumulation. Nach F. HJULSTRÖM (1935) (Abb. 14) ist für gleiche Korngrößen die Ablagerungsgeschwindigkeit in einem monodispersen System wesentlich geringer als die Erosionsgeschwindigkeit. Ein in Bewegung befindliches Teilchen wird danach erst dann wieder akkumuliert, wenn die Fließgeschwindigkeit unter die Ablagerungsgeschwindigkeit absinkt.

Innerhalb von Gerinnebetten treten wegen kleiner Gefällsvariationen und witterungsbedingter Wasserstandsschwankungen zeitlich und räumlich wechselnd Akkumulation und Erosion auf. Das zunächst transportierte Material wird in *Kies-, Sand-* und *Schlammbänken* abgelagert. Bei einem nachfolgenden Wasserspiegelanstieg wird das Material der Bänke am flußauf gelegenen Ende wieder erodiert, am unteren aber abgelagert. Auf diese Weise treiben die Kies- und Sandbänke stromab. Auf der Rheinstrecke zwischen Basel und Mannheim wanderten die Ablagerungen vor der Regulierung jährlich um ca. 500 m. Kies- und Sandbänke werden selbst in geraden Flußabschnitten (ja auch in Kanälen) alternierend abgelagert. Sie zwingen den Stromstrich zum Pendeln.

Besonders in Flußabschnitten mit einem annähernd ausgeglichenen Materialtransport sind häufig sehr regelmäßige Schwingungen des Flußlaufes zu beobachten. Sie werden *Mäander* genannt. W. WUNDT (1949) erblickt darin den Ausdruck des dynamischen Gleichgewichts zwischen Fallenergie der Flüsse einerseits und dem Bodenwiderstand andererseits. L. KADAR (1955) führt die Erscheinung auf einen rhythmisch bedingten Wechsel der Stoßkraft des Wassers, hervorgerufen durch alternierende Erosion und Akkumulation, zurück. W. WUNDT (1953) stellte fest, daß die Krümmungsradien der Mäanderschleifen etwa mit der Quadratwurzel der Hochwasserführung wachsen.

Aus Tab. 21 ergibt sich für das geforderte Verhältnis $r_1^2 : r_2^2 : r_3^2 =$ $m_1 : m_2 : m_3$ $1 : 56 : 508 \approx 1 : 60 : 600$.

Tab. 21: Krümmungsradien von Mäanderschlingen und Hochwasserführung

Fluß	Krümmungsradius in km	Hochwasserführung in m³/sec
Pegnitz (Nürnberg)	$r_1 = 0,2$	$m_1 = 50$
Mittelrhein	$r_2 = 1,5$	$m_2 = 3\,000$
unterer Mississippi	$r_3 = 4,5$	$m_3 = 30\,000$

Bei sehr grobkörnigen Ablagerungen und starken Wasserstandsschwankungen spaltet sich der Flußlauf in mehrere Arme, er verwildert. *Flußverwilderungen* treten besonders häufig bei den Torrenten der Mittelmeerländer, in Flachstrecken alpiner Flüsse und in der Forstschutzone auf, also in Gebieten mit stoßweiser Wasserführung. Eine Aufspaltung in mehrere Flußarme erfolgt auch in den Deltabereichen, wo die Flüsse kegelförmige Ablagerungen in Seen oder Meere vorbauen. Ob ein Fluß ein *Delta* aufschüttet oder eine *Trichtermündung (Ästuar)* entwickelt, ist letztlich vom Verhältnis zwischen Materialnachschub und Materialabtransport im Mündungsbereich abhängig. In gezeitenstarken Meeren finden sich häufiger Ästuare, in gezeitenschwachen aber Deltas. Beide können auch unmittelbar nebeneinander vorkommen. Die schwebstoffreichen Flüsse Rovuma und Rufiji in Ostafrika bauen Deltas ins Meer vor, bei den kleineren Küstenflüssen haben die starken Gezeitenwirkungen dagegen Ästuare ausgebildet.

Bei der Mündung schwebstofführender Flüsse in Salzwasser werden bevorzugt Schlammbänke abgelagert. Durch die Erhöhung des Elektrolytgehaltes (Salzwasser) koagulieren die feinen Schwebstoffpartikel und flocken aus; so entstehen die Schlickwatten.

Treten Trübwasserflüsse bei Hochstand aus dem Niedrigwasserbett, so erfolgt wegen der raschen Abbremsung der Fließgeschwindigkeit im Bereich des Uferbewuchses in diesem Abschnitt eine verstärkte Sedimentation. Das führt zur Bildung natürlicher Uferdämme, die der Fluß im Laufe der Zeit weiter erhöht. Bekannte Beispiele für *Dammflüsse* sind der Amazonas, der Po und der Hwangho. Hochwässer dieser Flüsse führen zu ausgedehnten Überschwemmungen, bei denen zwischen den Hochufern der weiteren Talniederung und den Uferdämmen Seen entstehen (Abb. 15). Sie werden im Amazonasgebiet *Várzea-Seen* genannt.

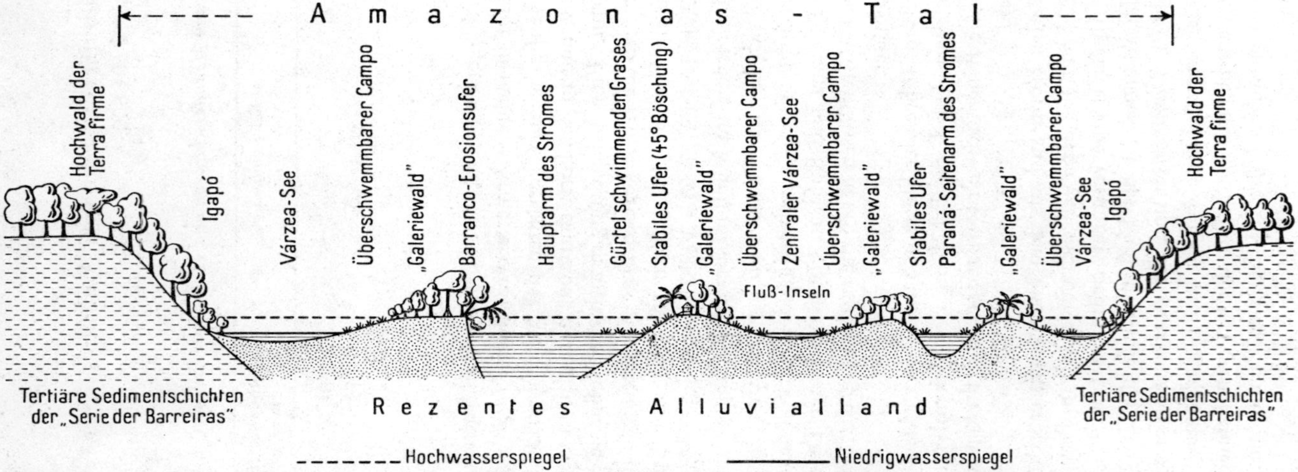

Hochwald der
Terra firme

Igapó

Várzea-See

Überschwemmbarer Campo

„Galeriewald"

Barranco-Erosionsufer

Hauptarm des Stromes

Gürtel schwimmenden Grases

Stabiles Ufer (45° Böschung)

„Galeriewald"

Überschwemmbarer Campo

Zentraler Várzea-See

Überschwemmbarer Campo

„Galeriewald"

Stabiles Ufer
Paraná-Seitenarm des Stromes

„Galeriewald"

Überschwemmbarer Campo
Várzea-See
Igapó

Hochwald der
Terra firme

Amazonas-Tal

Rezentes Alluvialland

Fluß-Inseln

Tertiäre Sedimentschichten
der „Serie der Barreiras"

Tertiäre Sedimentschichten
der „Serie der Barreiras"

------- Hochwasserspiegel

———— Niedrigwasserspiegel

Abb. 15: Schematischer Querschnitt durch das Tal des unteren Amazonas, stark überhöht (nach H. Sioli, 1957; aus Westermann Lexikon der Geographie)

90

Längsprofilentwicklung von Flüssen

Die Verbindungslinie der Höhenpunkte der Flußspiegeloberfläche von der Quelle bis zur Mündung nennt man *Längsprofil*, seine Neigung *Gefälle*. Im allgemeinen ist das Gefälle in den höheren Laufabschnitten steiler und verflacht zunehmend gegen das Mündungsgebiet. Daraus ergibt sich im ganzen ein nach oben konkaves Längsprofil. Man hat diesen Zustand als ein vorläufiges Endergebnis der fluviatilen Entwicklung angesehen und ihn mit dem Namen *Erosionsterminante* oder *Gleichgewichtsprofil* belegt. Die Bezeichnungen sind wenig glücklich, da ein Endzustand weder erreicht noch definiert ist, was sich im Gleichgewicht befinden soll. Selbst auf sehr steilen Flußstrecken herrscht Gleichgewicht zwischen Geröllfracht und Schleppkraft, vorausgesetzt, daß genügend erodierbares Gestein im Gerinnebett ansteht (Auslastungsstrecke). Als tiefster Punkt der Erosion ist der Meeresspiegel oder ein „abflußloses" Becken anzusehen. Er wird deshalb auch absolute *Erosionsbasis* genannt. Als *lokale* Erosionsbasen werden Schnellenstrecken mit schießendem Abfluß, Mündungen von Nebenflüssen in einen Vorfluter, sei es Fluß oder See, und Wasserfälle angesprochen, die temporär als Erosionsbasis für die oberhalb des Hindernisses bzw. der Mündung gelegenen Laufabschnitte wirksam werden.

Häufig wird das Längsprofil in einen *Ober-, Mittel* und *Unterlauf* gegliedert. Diese Ableitung geht von der Voraussetzung aus, daß in den höher gelegenen Laufabschnitten mit steilem Gefälle durchweg Erosion auftritt, bei Verflachung im Mittellauf das antransportierte Material gerade noch weitergefrachtet werden kann und im Unterlauf sedimentiert wird. In der Natur wechseln aber die genannten Lauftypen von der Quelle bis zur Mündung örtlich und zeitlich ab.

Wasserhaushalt der Flüsse

Grundbegriffe der Wasserführung

Die Wasserführung der Flüsse wird durch das Zusammenwirken zahlreicher natürlicher und anthropogener Faktoren bedingt. Die Klimaverhältnisse im großen, der Ablauf von Wetterlagen im einzelnen wirken ebenso wie die tektonisch-petrographischen Verhältnisse des Untergrundes, die Unterschiede im Pflanzenkleid, die agrartechnischen Kulturmaßnahmen und die Überbauung von Flächen modulierend auf den Abfluß. Der Abfluß ist gerade wegen des Zusammenwirkens zahlreicher Faktoren ein hervorragender Index für die Ökologie einer Landschaft. Ihn zu erfassen und zu erklären, ist für die hydrologische Forschung ein wichtiges Arbeitsziel.

Einen ersten Einblick in die Größe des Abflusses vermitteln Wasserstandsmessungen. An *Lattenpegeln* mit einer Zentimetereinteilung, deren Nullpunkt nach Höhenlage bekannt sein soll, werden die *Wasserstände* täglich oder einmal in der Woche zu einem festgesetzten Termin abgelesen. Genauere Aufzeichnungen liefern registrierende Schreibpegel. Wenn zu den einzelnen Pegelständen die mittleren Abflußgeschwindigkeiten und die zugehörigen Flächen der Flußquerschnitte bekannt sind, kann auch die *Abflußmenge* (Q) in m³/sec berechnet werden. Die Abflußmenge bezogen auf die sekundliche Wasserlieferung von 1 km² des Einzugsgebietes heißt *Abflußspende*. Sie wird in l/km²/sec angegeben. Wasserstand und Abflußmenge sind bei jedem Pegel durch eine von der Form des Flußquerschnittes und dem Gefälle abhängige Abflußkurve funktional miteinander verknüpft.

Die Wasserstände — entsprechendes gilt in den folgenden Ausführungen auch für die *Wassermenge* — graphisch für die einzelnen Tage eines Jahres

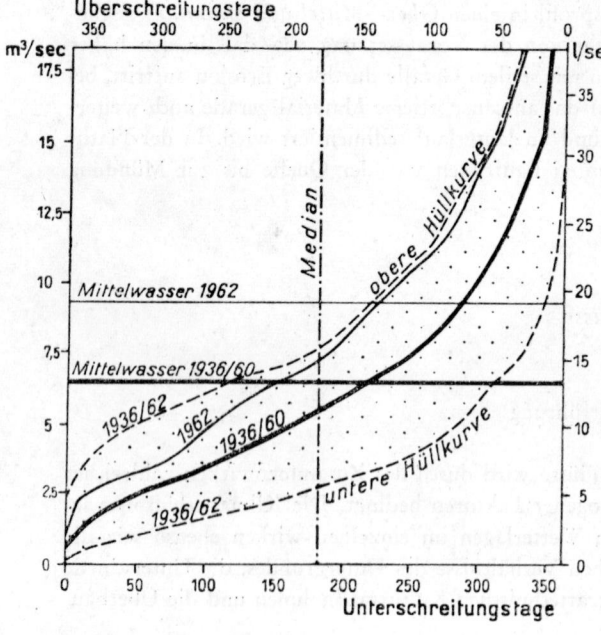

Abb. 16: Wassermengendauerlinie für die Treppen am Pegel Treia (Schleswig-Holstein) für 1962 und im Mittel 1936/62.

Die obere und untere Hüllkurve beschreiben die höchste und niedrigste Wassermengendauerlinie im Beobachtungszeitraum 1936/62 (aus Deutsches Gewässerkundliches Jahrbuch, Kiel 1963).

oder gemittelt für Perioden von 5 bzw. 10 Tagen aufgetragen, ergeben die *Wasserstandsganglinie*. Sie zeigt anschaulich die zeitlichen Veränderungen der Wasserspiegelhöhe an einem Pegelort. Ordnet man die Wasserstände nach ihrer Höhe, so ergibt sich daraus die *Wasserstandsdauerlinie* (Abb. 16). Sie gibt an, an wieviel Tagen im Jahr ein bestimmter Wasserstand unter- bzw. überschritten wird. Beim *Median* der Wasserstandsdauerlinie, er wird auch als *Zentralwert* (ZW) oder *gewöhnlicher Wasserstand* bezeichnet, erfolgt die Über- bzw. Unterschreitung genau an $182^1/_2$ Tagen im Jahr.

Aus der Schwankung der Wasserführung ergeben sich Maxima und Minima des Abflusses. Jeder höchste Wasserstand zwischen zwei Minima wird *Hochwasser* (HW) — bei den Abflußmengen HQ und bei den Spenden Hq — und jeder niedrigste zwischen zwei Maxima *Niedrigwasser* (NW) — NQ bzw. Nq — genannt. Absolute Extreme führen die Bezeichnung HHW bzw. NNW. Das mittlere Hoch- und Niedrigwasser (MHW und MNW) errechnen sich als arithmetisches Mittel aller Hoch- bzw. Niedrigwasserstände. Der *Mittelwasserstand* ist das Mittel aus allen in einer Zeitspanne auftretenden Wasserständen.

Die Hauptzahlen des Abflusses werden nicht nur für Einzeljahre, sondern auch für längere Perioden errechnet. Damit wird eine Dämpfung der Ganglinie erreicht, um den Abfluß einzelner Flußgebiete leichter miteinander vergleichen zu können. Wichtig für diese Berechnung ist, daß immer vergleichbare *Abflußperioden* herangezogen werden. Eine Mittelbildung verliert aber ihren Zweck, wenn die Abweichungen der tatsächlich beobachteten Werte von den errechneten zu groß werden. Zudem werden durch die Glättung Eigenheiten des Einzugsgebietes verschleiert, deren analytische Erfassung letztlich einen vertieften Einblick in seine ökologischen Verhältnisse ermöglicht. Der Unregelmäßigkeiten des Abflusses, der sogenannten Zufälligkeiten — sie werden so bezeichnet, weil bisher keine plausible Erklärung für sie vorliegt — muß sich die hydrologische Forschung stets annehmen. Nur unter ihrer Berücksichtigung wird das statistische Modell der Berechnung auch den wirklichen Gegebenheiten hinreichend ähnlich sein.

Hoch- und Niedrigwasser

Bei den Wasserstandsschwankungen in Flüssen sind periodische von aperiodischen zu unterscheiden. Die periodischen werden durch die Klimaverhältnisse gesteuert, die aperiodischen vom Wettergeschehen. Zu den aperiodischen Hochwässern zählen auch jene, die durch äußere Einwirkungen ohne Zunahme der

Niederschläge entstehen. Hier sind u. a. die Ausbrüche der von Gletschern aufgestauten Seen zu nennen. Zahlreiche Berichte liegen von den katastrophalen Abflüssen eines durch den Vernagtferner im Rofental (Ötztaler Alpen) aufgestauten Sees aus dem 17, 18. und 19. Jahrhundert vor. Im Val de Bagnes, dem engen Tal der Drance, in den Walliser Alpen, ergossen sich binnen kurzem bei einem Ausbruch 60 Mill. m³ Wasser in das Rhonetal. Besonders kräftige Wasserführung tritt bei den Gletscherläufen Islands, den *Jökullaups,* dem Abfluß intraglazial gespeicherter Wassermassen, auf. Beim Ausbruch der Katla (1918) betrug die Wasserführung am Myrdalsjökull 200 000 m³/sec, das ist fast die doppelte Höhe der Wasserführung des Amazonas. Hierzu gehören aber auch alle Hochwässer, die durch Dammbrüche entstehen, wie z. B. in den letzten Jahren in Fréjus in den französischen Alpen oder durch Bergsturz in den Vajoutstausee bei Longarone in den italienischen Alpen.

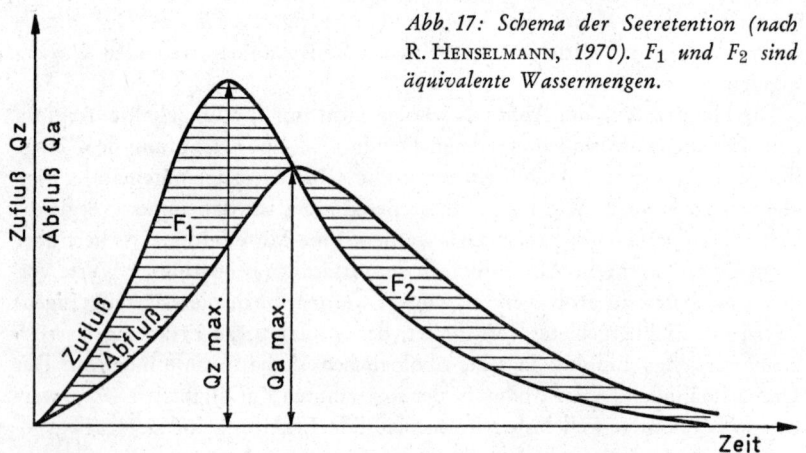

Abb. 17: Schema der Seeretention (nach R. HENSELMANN, 1970). F_1 und F_2 sind äquivalente Wassermengen.

Die Hochwässer der Flüsse werden vornehmlich durch den unmittelbaren Oberflächenzufluß des Niederschlages hervorgerufen. Er ist im Mittel in Waldgebieten kleiner als auf Freilandflächen. In diesem Verhalten kommt das Retentionsvermögen des Moospolsters und die kräftige Interception der Bäume zum Ausdruck. Wie Untersuchungen von J. DELFS, W. FRIEDRICH u. a. (1958) im Harz zeigten, sind die Abflußunterschiede zwischen Wald- und Wiesenflächen nicht immer eindeutig. Eine Verflachung der Hochwasserkurve tritt dann ein, wenn Seen in die Laufstrecke der Flüsse eingeschaltet sind. Wie R. HENSELMANN (1970) am Beispiel oberbayerischer Seen zeigt, kann jedem Zufluß in einen See ein zeitlich länger andauernder Abfluß mit

kleinerem Q max zugeordnet werden (Abb. 17). Dabei ist die Abflußverzöge-
rung um so stärker, je kräftiger das Hochwasser ist. Zudem spielen die Relief-
verhältnisse des Einzugsgebietes, seine Form und Größe sowie die Wasserauf-
nahmefähigkeit des Untergrundes eine wesentliche Rolle für den Verlauf eines
Hochwassers. Die genannten Bedingungen finden im *Abflußfaktor* (F) ihren
Ausdruck. Er nennt den prozentualen Anteil, der vom gefallenen Niederschlag
zum Abfluß kommt. Der Abflußfaktor ist im Flachland und Mittelgebirge
kleiner als in Hochgebirgen. Wie die Tabelle zeigt, nimmt er mit wachsender
Größe des Einzugsgebietes ab.

Tab. 22: *Niederschlag und Abfluß in einigen deutschen Flußgebieten*

Flußgebiet	Einzugsgebiet in km²	Niederschlag in mm	Abfluß in mm	Abflußfaktor A/N = F in %
Flachland				
Persante	3 140	685	204	30,0
Ems	8 200	729	275	37,7
Aller	15 600	669	226	33,8
Mittelgebirge				
Fulda	6 960	760	231	30,4
Main	20 840	657	187	28,5
Mosel	28 230	764	334	43,7
Hochgebirge				
Iller	2 190	1239	885	71,4
Lech	4 130	1169	780	66,7
Isar	8 970	986	580	58,8

Bei der Überlagerung verschiedenartiger Abflußtypen treten selbstverständlich Abweichungen von dieser Regel auf. Der Abflußfaktor der Donau beträgt
bei Ulm 42,1 %, bei Wien aber 52,6 %. Die an sich zu erwartende Abnahme
des Abflußfaktors bei Vergrößerung des Einzugsgebietes wird durch die Zuflüsse aus den Alpen überkompensiert. Für die Beurteilung des Wasserhaus-
halts eines Einzugsgebietes ist aber nicht nur die Wasserführung in m³/sec
wichtig, sondern auch die Abflußspende. Sie ist nach Tab. 23 in Trockengebieten (Darling, Kagera-Nil) am geringsten und erreicht in den immerfeuchten
Tropen (Amazonas) ihre Maximalwerte. Daneben wirken sich auch Relief-
gegebenheiten aus. Im Hochgebirge treten unter sonst gleichen Bedingungen
höhere Spenden als im Flachland auf.

Tab. 23: Wasserführung und Abflußspende ausgewählter Flüsse (aus Westermann Lexikon der Geographie 1966)

	Länge in km	Einzugsgebiet in km²	Wasser-führung in m³/sec	Spende in l/sec · km²
Europa				
Wolga	3 700	1 380 000	8 300	5,6
Donau	2 850	817 000	6 400	7,8
Rhein	1 360	224 000	2 500	11,2
Seine	780	79 000	500	6,3
Po	680	75 000	1 500	21,4
Themse	340	16 000	80	5,3
Asien				
Ob	5 200	2 430 000	11 400	3,8
Yangtzekiang	5 000	1 770 000	30 000	17,6
Indus	3 180	960 000	6 100	7,6
Irrawaddy	2 000	410 000	11 000	25,5
Afrika				
Kongo	4 370	3 690 000	41 400	11,0
Nil-Kagera	6 700	2 800 000	1 600	0,6
Amerika				
Amazonas[1]				
(-Ucayali-Apurimac)	6 300	7 050 000	200 000	28,3
Mississippi-Missouri	6 400	3 250 000	18 000	5,5
St. Lorenz	3 100	1 380 000	8 700	7,0
Australien				
Darling	1 630	910 000	400	0,4

[1] einschließlich Rio Tocantins

Im allgemeinen ist in den oberen Laufstrecken mit den relativ stärksten Wasserstandsschwankungen zu rechnen. Die bedeutendsten Überschwemmungen treten aber in den mündungsnahen Gebieten bei absolut großer Wassermenge und meist sehr sanftem Relief auf, in das die Gerinnebetten kaum eingetieft sind. Gelegentlich fließen die Gewässer, wie z. B. Dammflüsse, sogar über dem Niveau der benachbarten Ebenen. Die Wasserstandsschwankungen können beträchtliche Ausmaße annehmen. An der Seine in Paris wurden Anstiege bis zu 5 m, am Rhein bei Köln bis zu 6 m gemessen. Der Mississippi und seine Nebenflüsse schwellen um 11—15 m an, am Ohio bei Cincinnati wurde im Januar 1937 sogar ein Hochwasser mit 24,4 m beobachtet. Die höchsten bekannten Wasserspiegelanstiege werden aus der Engstrecke des Yangtzekiang oberhalb von Ichang mit 60 m und von der dort liegenden Blasebalgschlucht mit 82 m berichtet.

Die Vorhersage des Abflusses ist überaus schwierig, da die Niederschläge nach Intensität, Dauer und zeitlicher Abfolge niemals gleich sind. L. K. SHERMAN (1932) hat ein Verfahren entwickelt, nach dem sich regelhaftes Verhalten zwischen Niederschlag und Abflußhöhe erkennen läßt. Um die Gesetzlichkeiten zwischen beiden Größen zu erfassen, bringt er alle Abflußganglinien auf einen vergleichbaren Maßstab, den er *Unit Hydrograph* nennt. Ohne auf die Theorie des Unit Hydrograph ausführlich eingehen zu können, es sei hier auf das einschlägige Schrifttum bei L. K. SHERMAN (1932, 1942), G. A. SCHULTZ (1967), H. G. MENDEL (1968) und H. NOLZEN (1971) hingewiesen, sollen wenigstens die Grundgedanken kurz vorgestellt werden, da dieses Verfahren trotz ihm anhaftender Mängel für Wasserhaushaltsuntersuchungen von Flußgebieten wesentliche Einsichten gewährt. L. K. SHERMAN definiert nach H. NOLZEN (1971) den Unit Hydrograph als Ganglinie des *Oberflächenabflusses,* wie er als Folge von 1 inch *effektivem Regen* zustande kommt, der gleichmäßig über das Einzugsgebiet verteilt und mit gleichbleibender Intensität während des Zeitabschnittes t_{eff} gefallen ist. Wie die Erfahrung lehrt, bewirken Niederschläge mit gleicher Dauer (t_{eff}) in einem Niederschlagsgebiet grundsätzlich ähnliche Abflußganglinien, deren Ordinaten sich wie die der zugehörigen *Effektivniederschläge* verhalten. Daraus leitet sich das Gesetz der linearen Beziehungen zwischen Niederschlag und Abfluß ab $q_1(t)/q_2(t) = N_{1\,eff}/N_{2\,eff}$, das zwar nicht volle Gültigkeit besitzt, aber praktische Bedürfnisse hinreichend befriedigt. Für die Berechnung des Unit Hydrograph muß zunächst der Oberflächenabfluß aus der Abflußganglinie ermittelt werden (Abb. 18). Dafür wird folgende Konstruktion angegeben: Vom Knickpunkt (K) am Übergang des Hochwasserabflusses zur Sickerwasserwelle wird eine abszissenparallele Gerade zum Punkt B gezogen, dessen t-Wert sich zu $(t_k - t_g)/2$ errechnet. Ist K nicht deutlich zu erkennen, so wird der Abstand $t_k - t_g$ nach einem Erfahrungswert $A^{0,2}$ bestimmt. A ist die Einzugsgebietsfläche in ml^2, umgerechnet für km^2 ergibt das $(F_N : 2,59)^{0,2}$. B wird dann mit A, dem Anstiegspunkt des Hochwassers, verbunden. Aus der Subtraktion des Grund- und Sickerwasserabflusses vom Gesamtabfluß ergibt sich der Oberflächenabfluß im vorgegebenen Beispiel zu 363 000 m³. Der Effektivniederschlag errechnet sich aus Oberflächenabfluß (363 000 m³) dividiert durch Fläche des Niederschlagsgebietes F_N (66,2 km²) zu 5,492 mm. Damit sind alle Werte bekannt, um die Oberflächenabflußlinie und die Ganglinie des Unit Hydrograph bezogen auf 1 mm effektiven Niederschlag $q_{UH}^{(t)} =$

$q_{Oberfl.}^{(t)}: N_{eff}$ zu konstruieren. Da die Regimefaktoren in einem Niederschlagsgebiet als hinreichend konstant angesehen werden können, ermöglicht der Unit Hydrograph nicht nur Aussagen über Hochwasserabfluß zu machen, sondern auch einzelne Niederschlagsgebiete in bezug auf die für den Wasserhaushalt bestimmenden Faktoren im Hochwasserbereich zu vergleichen.

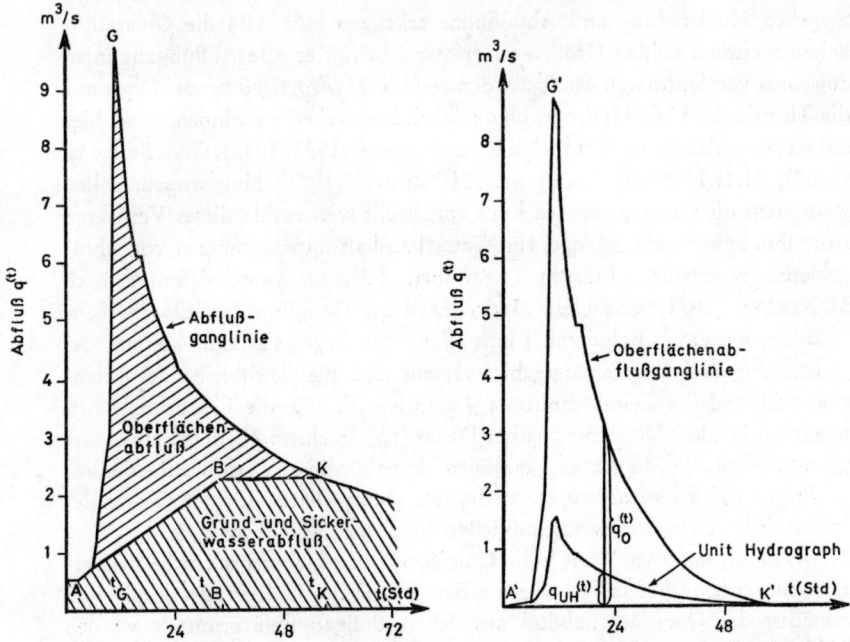

Abb. 18: Berechnung des Unit Hydrograph am Beispiel des Hochwasserabflusses Neumagen am Pegel Untermünstertal, $F_N = 66{,}2$ km², vom 7. 10. 1963 bis 9. 10. 1963 (nach H. NOLZEN, 1971)

In der Abflußganglinie zeichnen sich Hochwasserwellen durch einen steilen Anstieg und einen flacheren Abfall aus. Der steile Anstieg kommt durch den raschen Oberflächenabfluß zustande. Der flachere Abfall spiegelt den sich verlangsamenden Oberflächenabfluß beim Nachlassen der Niederschlagstätigkeit, den Zustrom von rückgestautem Grundwasser (Fallwasser) und letztlich von echtem Grundwasser wider. Nach mehreren regenfreien Tagen werden die Flüsse auch in vollhumiden Klimaten ausschließlich vom Grundwasser gespeist.

98

Einen Einblick in die Abflußverhältnisse zur Niedrigwasserzeit vermittelt die *Trockenwetterlinie*. Man konstruiert sie, indem man die fallenden Abschnitte der Wasserstandsganglinie nach zwei bis drei regenfreien Tagen bis zum nächsten Anstieg aneinanderfügt (Abb. 19). Der steile Abfall der Trockenwetterkurve wird durch den Zustrom von Fallwasser, der flache durch die Speisung der Flüsse durch echtes Grundwasser gebildet. Das Gefälle der Trockenwetterkurve gibt über das Retentionsvermögen eines Einzugsgebietes Aufschluß. Es verläuft in kleineren Einzugsgebieten steiler (rascher Abfluß) als bei großen. Ebenso ist ihre Neigung im Sommer wegen der höheren Evapotranspiration größer als im Winter. Spätestens in Höhe des mittleren Niedrigwasserabflusses konvergieren die Teilstücke der Trockenwetterlinie. Das bedeutet, daß die Abflußmengen vom mittleren Niedrigwasser an (und kleiner) nicht mehr von den Oberflächenbedingungen, sondern ausschließlich vom Grundwasserhaushalt gesteuert werden. Die Trockenwetterkurve ist daher ein wichtiges Hilfsmittel zur Erforschung des Wasserhaushaltes im Untergrund.

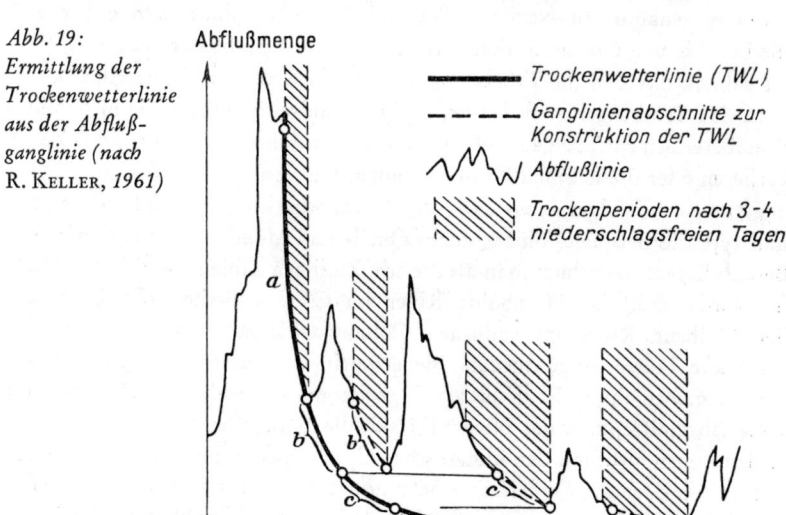

Abb. 19:
Ermittlung der
Trockenwetterlinie
aus der Abfluß-
ganglinie (nach
R. KELLER, *1961)*

Neben den aperiodischen treten in Flüssen auch periodische Wasserstandsschwankungen auf. Sie sind Ausdruck eines typischen Witterungsablaufes in bestimmten Klimagebieten. Die jahreszeitlich wechselnden Hoch- und Niedrig-

wasserperioden werden entweder durch einen rhythmischen Gang der Niederschlagstätigkeit oder durch eine regelmäßige Änderung der Evapotranspiration im Ablauf eines Jahres hervorgerufen. In mittleren und nördlichen Breiten
sind die Schneeschmelzhochwässer im Frühjahr eine typische Erscheinung. Bei
Gletscherabflüssen sind wegen des tageszeitlichen Ganges der Insolation auch
tägliche rhythmische Schwankungen bekannt.

Abflußtypen

Nach ihrer Wasserführung lassen sich Flüsse in drei Gruppen gliedern.
1. Flüsse, die ganzjährig eine hinreichende Abflußmenge aufweisen. Man nennt
sie *perennierende* oder *ausdauernde Flüsse*. Ihr Hauptverbreitungsgebiet sind
die immerfeuchten Tropen und die humiden Außertropen. 2. Flüsse, bei
denen die Niedrigwasserführung so gering wird, daß die Gerinnebetten zeitweise im Jahr trockenfallen. Nach einem italienischen Ausdruck werden sie
Fiumare genannt. In Nordamerika und Australien findet sich dafür auch
die Bezeichnung *Creeks*. 3. Ferner treten Gerinne auf, die nur episodisch Wasser führen, das sind die *Trockenflüsse*, z. B. die *Wadis* in Nordafrika.
In den Trockengebieten der Erde gibt es zahlreiche Flüsse, die in humiden
Randbereichen entspringen und die ihr Wasser auf dem Weg durch aride Zonen
verlieren oder die in einen Endsee münden. Sie werden als *endoreïsche* Flüsse
angesprochen. Wolga, Amu- und Syr-Darya, Schari, Logone und viele andere
sind typische Beispiele. Flüsse, deren Quell- und Mündungsgebiete im ariden
Bereich liegen, bezeichnet man als *areïsch*. Zu ihnen zählen ein Teil der Wadis
in Nordafrika, der Humboldt River im Großen Becken der USA und
der Malheur River im südlichen Columbia-Plateau. Außerdem werden
diareïsche Flüsse ausgeschieden. Sie entspringen und münden in humiden
Klimaten. Auf ihrem Lauf queren sie meist unter erheblichem Wasserverlust
aride Abschnitte, z. B. der Niger. Da sich die Wasserführung im Bereich der
ariden Zonen nicht mit den klimatischen Gegebenheiten im Einklang befindet,
werden sie dort als *Fremdlings-* oder *allochthone Flüsse* angesprochen. Die
autochthonen Flüsse dagegen fließen innerhalb einheitlicher klimatischer Groß-
regionen.
Die im vorangegangenen Kapitel erwähnten Schwankungen der Wasserführung hat M. PARDÉ (1947) zu einer Typisierung der Flüsse herangezogen.
Er unterscheidet *einfache* und *komplexe Abflußregime*. Bei den einfachen wird
der Abfluß im wesentlichen durch ein einfaches Verhältnis von Niederschlag
und Verdunstung oder Schnee-Akkumulation und -Ablation gesteuert. Die

komplexen dagegen ergeben sich aus der Überlagerung verschiedenartiger Vorgänge.

Einfache Abflußregime. Flüsse, deren Abflußganglinie fast ausschließlich durch das Verhältnis von Niederschlag und Evapotranspiration bestimmt wird, rechnet er dem *ozeanischen Regenregime* zu. Die höchsten Werte der Wasserführung treten in den Wintermonaten auf, die geringsten wegen des erhöhten pflanzlichen Wasserbedarfs im Spätsommer bis Herbst (Abb. 20). Auch die Abflußfülle der tropischen Flüsse wird durch einen einheitlichen Vorgang, nämlich den Wechsel von Regen- und Trockenzeiten bedingt. Da die hygrischen Jahreszeiten der Tropen vom scheinbaren Gang der Sonne abhängig sind, läßt sich für den Eintritt von Hoch- bzw. Niedrigwasser kein fester Zeitpunkt nennen. Die Wasserführung der Flüsse ist meist wenige Monate nach Sonnenhöchststand am größten.

In den Polargebieten und Hochgebirgen der mittleren Breiten gibt es Bäche und Flüsse, deren Wasserführung fast ausschließlich vom Schmelzwasseranfall bestimmt wird. Die jahreszeitliche Verteilung der Niederschläge wird in der Abflußganglinie nahezu unterdrückt. PARDÉ bezeichnet diesen Typ als *glaziales Regime.* Zu einem derartigen Abfluß kommt es, wenn im Minimum ganzjährig 15—20 % des Einzugsgebietes mit Schnee und Eis bedeckt sind. Der Niedrigwasserstand fällt in die kalte, das Hochwasser in die warme Jahreszeit.

Bei den *nivalen Regimen* der winterkalten Tiefländer und der Bergländer überlagern sich zwar bereits zwei Regimefaktoren, die Niederschlagsverteilung einerseits und die Schneeschmelze andererseits, doch ist der Einfluß der Schneeschmelze noch so dominierend, daß nur ein Abflußmaximum auftritt. Die nivalen Regime der Berg- und Tiefländer unterscheiden sich durch den Ab-

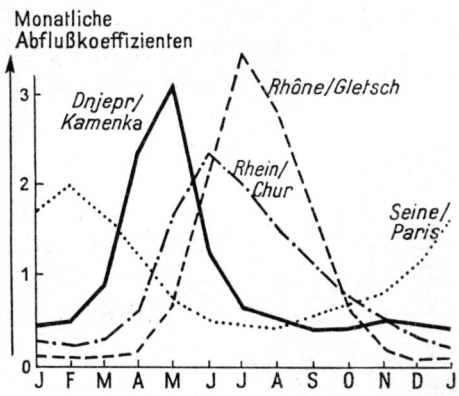

Abb. 20: Einfache Abflußregime
(nach PARDÉ, 1947; aus R. KELLER, 1961)

Ozeanisches Regenregime:
Seine bei Paris.

Schneeregime der Ebene:
Dnjepr bei Kamenka.

Schneeregime des Berglandes:
Rhein bei Felsberg, oberhalb von Chur/Schweiz.

Gletscherregime:
Rhône bei Gletsch/Schweiz.

Monatliche
Abflußkoeffizienten

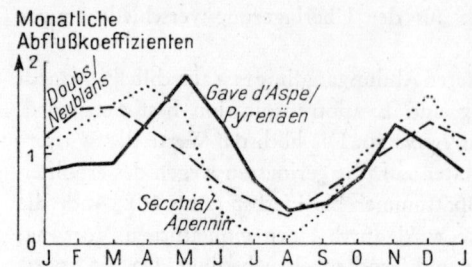

Monatliche
Abflußkoeffizienten

*Abb. 21: Komplexe Abflußregime
(nach* PARDÉ, *1947; aus* R. KEL-
LER, *1961)*

Mediterranes pluvio-nivales Regime:
Secchia/Apennin bei Sassuolo.

Ozeanisches pluvio-nivales Regime:
Doubs bei Neublans.

Nivo-pluviales Regime:
Gave d'Aspe bei Bidos (Pyrenäen).

lauf der Schneeschmelze. In den Bergländern ergreift sie nach und nach die einzelnen Höhenstufen, in den Tiefländern erfolgt sie schlagartig. Deshalb führen auch die Flüsse im Bereich des nivalen Regimes der Tiefländer besonders kräftige Schneeschmelzhochwässer (Wolga, Dnjepr, Düna).

Komplexe Regime. Bei den komplexen Regimen wird die Überlagerung von zwei oder mehr abflußbestimmenden Faktoren durch die Zweigipfeligkeit der Abflußganglinie deutlich hervorgehoben (Abb. 21). Je nach dem Überwiegen der Schneeschmelze oder des Niederschlages bei der Abflußgestaltung spricht PARDÉ vom *nivo-pluvialen* oder vom *pluvio-nivalen Typ.* Beim nivo-pluvialen Typ ist das Schneeschmelzhochwasser stets viel stärker als das durch die Niederschläge hervorgerufene. Durch die Überlagerung mehrerer abflußbestimmender Vorgänge ist die Wasserführung bei den komplexen Regimen ausgeglichener als bei den einfachen. Aus diesem Grund erreicht der Abflußkoeffizient (Quotient aus der mittleren monatlichen Abflußmenge zum mittleren Jahresabfluß) selten Werte größer als zwei.

Große Flüsse und Ströme, die zum Teil mehrere Klimazonen queren und die zudem Nebenflüsse mit recht unterschiedlichen Regimekennzeichen aufnehmen, wechseln in der Laufstrecke ihren Regimetyp. Dafür bietet der Rhein ein anschauliches Beispiel (Abb. 22). Bei Kehl weist ihn seine Ganglinie dem Regime des nivalen Berglandes zu, bei Mainz gibt er sich als nivo-pluvialer Komplextyp, und bis Emmerich hat er sich zum pluvio-nivalen Typ gewandelt.

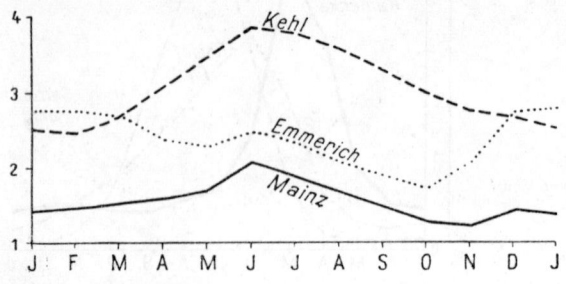

*Abb. 22: Änderung der
Regimetypen am Rhein
(nach* PARDÉ, *1947)*

Tab. 24: Jahresgang des Abflusses (monatliche Abflußkoeffizienten) in verschiedenen Klimaregionen (aus Westermann *Lexikon der Geographie 1966*)

Fluß	Station	I	II	III	IV	V	VI	VII	VIII	IX	X	XI	XII	km²	Max./Min.
1. Themse	Teddington	1,77	1,71	1,45	1,01	0,80	0,58	0,42	0,40	0,61	0,62	1,05	1,48	10 500	4,4
2. Arno	S. Giovanni	1,40	1,60	2,11	1,15	0,91	0,39	0,18	0,09	0,14	0,60	1,64	1,80	8 200	22,7
3. Weichsel	Mont. Spitze	0,98	0,92	1,41	1,74	1,00	0,85	0,78	0,75	0,75	0,80	1,04	0,89	193 000	2,3
4. Ob	Salechard	0,36	0,32	0,26	0,24	0,84	2,74	2,46	1,98	1,02	0,84	0,56	0,36	2 430 000	11,4
5. Rhône	Gletsch	0,10	0,09	0,10	0,20	0,70	1,95	3,60	2,90	1,72	0,64	0,10	0,10	39	41,0
6. Rhein	Waldshut	0,55	0,63	0,75	1,03	1,26	1,55	1,50	1,35	1,15	0,91	0,71	0,59	33 700	2,8
7. Rhein	Köln	1,15	1,32	1,25	1,15	1,02	1,04	1,00	0,88	0,82	0,96	0,72	0,72	144 610	1,8
8. Weser	Intschede	1,45	1,40	1,80	1,32	1,00	0,68	0,59	0,54	0,54	0,63	0,72	1,15	37 900	3,5
9. Nil	Wadi Halfa	0,52	0,38	0,28	0,23	0,20	0,24	0,61	2,52	3,06	2,13	1,11	0,69	2 700 000	15,3
10. Yangtze	Ichang	0,28	0,24	0,27	0,44	0,90	1,38	2,14	2,05	1,74	1,43	0,74	0,39	1 010 000	8,9
11. Kongo	Kinshasa	1,17	0,94	0,85	0,92	0,96	0,89	0,77	0,78	0,93	1,10	1,31	1,39	3 747 000	1,8

1. Maritimes Regime der gemäßigten Zone mit Wintermaximum.
2. Mediterranes Regime mit Wintermaximum und betontem Sommerminimum.
3. Regime gemäßigt kontinentaler Gebiete mit Frühjahrsmaximum.
4. Streng kontinental-polares Regime mit Winterminimum und Frühjahrsmaximum.
5. Hochalpines Regime mit Winterminimum und Maximum im Hochsommer.
6. Regime der Voralpen mit Maximum im Frühsommer (Schneeschmelze).
7. Überlagerung von alpinem und maritim beeinflußtem Regime.
8. Maritim geprägtes Regime mit leicht kontinentalem Einschlag.
9. Regime der ostafrikan. Monsungebiete mit Maximum im September.
10. Regime der Monsungebiete Ostasiens mit Maximum im Hochsommer und Minimum im Winter.
11. Regime im Bereich der äquatorialen Zenitalregen; Hauptmaximum am Kongo von den nördl. Zuflüssen.

Die Erfassung der Regime der Flüsse der Erde ist mit ein Forschungsvorhaben der IGU-Kommission der Internationalen Hydrologischen Dekade. Durch die intensiven Arbeiten des Instituts von Prof. R. KELLER, Freiburg, wurden für die Iberische Halbinsel und SW-Frankreich (K. R. NIPPES, 1970), weite Teile von Mitteleuropa und das Nilgebiet (R. KELLER, 1968) sehr instruktive Karten entworfen, aus denen folgende Angaben entnommen werden können: 1. mittlere jährliche Abflußmenge, 2. mittlere Jahresschwankungen des Abflusses, 3. Monat des Auftretens der Extremkoeffizienten, 4. Zahl der Monate ohne meßbaren Abfluß, 5. Zahl der Monate ohne Abfluß und 6. Anzahl der Maxima und Minima im Jahresgang. So reich die Informationsfülle ist, es haften ihr doch erhebliche Mängel an, da große und kleine Niederschlagsgebiete nach dem gleichen Verfahren behandelt werden. In den kleinen sind die Regimefaktoren relativ homogen, in den großen aber sehr vielfältig. Wirkliche Aussagen aus den Regimefaktoren für den Wasserhaushalt können so nur aus Niederschlagsgebieten beschränkter Fläche gewonnen werden, ein Verfahren, das F. D. GRIMM (1968, 1970) für Europa, Sibirien und Sowjetfernost angewandt hat.

Eine weitere Möglichkeit, die Flüsse nach ihrer Wasserführung zu charakterisieren, bietet die allgemeine Wasserhaushaltsgleichung in der einfachen

Tab. 25: Abflußgleichungen, Abflußkoeffizienten und Schwankungsquotienten in verschiedenen Klimagebieten. Der Schwankungsquotient errechnet sich aus dem Verhältnis des niedrigsten zum höchsten Abfluß im Monatsmittel (nach G. BRENKEN, 1960)

Klimagebiet	Abflußgleichung	Abflußkoeffizient A/N	Schwankungsquotient
Tropen	$A = 0{,}336 \, (N - 533)$	22,4	3,5
Monsungebiete	$A = 0{,}963 \, (N - 655)$	46,8	12,5
Randtropen	$A = 0{,}373 \, (N - 127)$	29,2	17,9
außertropische Trockengebiete	$A = 0{,}555 \, (N + 1000)$	11,6	11,1
Winterregengebiete	$A = 0{,}86 \, (N - 473)$	37,2	3,5
wintermilde, vollhumide ozeanische Gebiete	$A = 0{,}963 \, (N - 472)$	32,1	8,9
winterkalte, vollhumide mittlere Breiten	$A = 0{,}942 \, (N - 600)$	31,1	3,7
kontinentale, winterkalte mittlere Breiten	$A = N - 360$	29,3	13,2
kontinentale Klimate nördlicher Breiten	$A = 0{,}84 \, (N - 105)$	52,3	15,0
Hochgebirgsklimate Mittel- und Südeuropas	$A = 0{,}852 \, (N - 175)$	73,6	5,9

Form Abfluß = Niederschlag — Verdunstung. Bereits A. PENCK (1896) und W. ULE (1903) haben nach diesem Grundschema Abflußgleichungen berechnet. H. KELLER (1906) stellte alle damals erreichbaren Werte von Niederschlag und Abfluß mitteleuropäischer Flüsse zusammen. In einem rechtwinkligen Koordinatensystem trug er auf der Abszisse die Niederschlaghöhen und auf der Ordinate die Abflußhöhen (in mm) auf. Es ergab sich ein Punktschwarm linearer Anordnung, dessen Mittellinie nach der Methode der kleinsten Fehlerquadrate der Gleichung A = 0,942 (N — 405) (mm) folgt. Der Faktor 0,942 ist der Tangens der Regressionsgeraden. Er wird *Abflußbeiwert* genannt. Der Wert 405 gibt den Schnittpunkt der Ausgleichsgeraden mit der Ordinate an. Die Gleichung sagt nur etwas über das mittlere Abflußverhalten aller zur Berechnung herangezogenen Flußgebiete aus. Der Abflußbeiwert zeigt, daß mit zunehmendem Niederschlag die Verdunstung wächst. G. BRENKEN (1960) hat aus einem umfangreichen Beobachtungsmaterial für verschiedene Klimagebiete die Beziehungen zwischen Niederschlag und Abfluß errechnet. Nach Tab. 25 sind die Abflußbeiwerte in den Tropen mit Ausnahme der Monsungebiete durchweg sehr viel niedriger als in den mittleren und nördlichen Breiten.

Wegen des hohen pflanzlichen Wasserverbrauchs, der kräftigen Verdunstung und des Retentionsvermögens der Verwitterungsrinde nimmt der Abfluß mit steigendem Niederschlag in niederen Breiten weniger zu als in außertropischen Gebieten. Die niedrigsten Schwankungsquotienten treten in den vollhumiden Tropen und in den wintermilden mittleren Breiten auf. Sie sind aber dort groß, wo ausgesprochen saisonaler Abfluß wie in den Monsungebieten, den Randtropen und den winterkalten Bereichen vorherrscht.

Aus den Abflußgleichungen geht hervor, daß der Abflußfaktor wesentlich von der Temperatur beeinflußt wird. W. WUNDT (1953) hat dieser Tatsache Rechnung getragen und die Abflußhöhen in Abhängigkeit von der Temperatur dargestellt. Die Kurven zeigen, daß bei geringem Niederschlag zunächst der Verdunstungsanteil relativ hoch, der Abfluß entsprechend klein ist. Mit steigender Niederschlagsmenge nähert sich die Verdunstung einem temperaturbedingten Grenzwert. Diese Gegebenheiten weisen auf die große Bedeutung der thermischen Klimate für das Verhältnis von Verdunstung und Abfluß hin. Die Heranziehung der mittleren Jahrestemperaturen kann bei einer Abschätzung des Abflusses zu erheblichen Fehlern führen, da Niederschläge in der kalten Jahreszeit den Abfluß, in der warmen aber die Verdunstung erhöhen. Zu besseren Ergebnissen gelangt man, wenn die Niederschläge nach Sommer- und Winterhalbjahren aufgegliedert werden, wie H. KERN (1961) anhand von Beispielen aus Bayern zeigt.

Die Seen

„Als See bezeichnet man eine allseitig geschlossene, in einer Vertiefung des Bodens befindliche, mit dem Meer nicht in direkter Kommunikation stehende stagnierende Wassermasse" (F. A. FOREL, 1901). Danach ist jeder Wassertümpel ein See im kleinen und als solcher Schauplatz limnologischer Erscheinungen. FOREL unterscheidet ferner Seen im engeren Sinn, bei welchen die Wassertiefe genügend groß ist, um ein Eindringen der Litoralflora auszuschließen, und *Weiher* mit so geringer Tiefe, daß die submerse Litoralflora überall Fuß fassen kann. Bei Seen im engeren Sinn ist auch die Wassertiefe so groß, daß die Oberflächenwellen nicht mehr auf den Seeboden einwirken. Zudem ist bei ihnen im Sommer das Wasser in den mittleren Breiten in ein warmes *Epilimnion* und ein kaltes *Hypolimnion* gegliedert. Beide werden durch einen Bereich mit hohen Temperaturgradienten *(Sprungschicht, Metalimnion)* getrennt. Weiher sind dagegen so flach, daß die Bodensedimente an allen Stellen durch kräftigen Wellenschlag aufgearbeitet werden können. Ferner kommt es wegen der Seichtheit des Gewässers nicht zu einer stärkeren thermischen Differenzierung. Nach diesen Kriterien sind der Trasimener See mit 129 km^2 oder der Neusiedler See mit 183 km^2 zu den „Weihern" zu rechnen. Dagegen erheben sich aus dem gewohnten Sprachgebrauch berechtigte Einwände. Im Sinne von F. FOREL sind alle stehenden Gewässer als Seen anzusprechen. Im einzelnen soll aber zwischen dem *Tiefsee* und dem *Flachsee*, dem auch die Weiher zuzuordnen sind, unterschieden werden. Damit wird die Bezeichnung Weiher frei für kleine, meist künstlich geschaffene Flachseen, die auch mit dem Synonym *Teich* beschrieben werden. Auch die *Sümpfe* gehören zu den Flachseen. Ihre Tiefe ist so gering, daß sich die Sumpfflora mit über die Wasserfläche emporreichenden Trieben entwickeln kann. Durch den Pflanzenaufwuchs wird hier die freie Seespiegelfläche unterbrochen.

Entstehung der Seebecken

Nach der Definition sind Seen Wasseransammlungen in geschlossenen Senken. Sie unterscheiden sich dadurch wesentlich von der Tendenz der fluviatilen Gestaltung der Erdoberfläche, bei der die Arbeit der Flüsse auf die Ausbildung gleichsinniger Abdachungen hinzielt. Seenregionen können als Gebiete aufgefaßt werden, bei denen die fluviatile Entwicklung noch nicht ausgereift ist oder eine ehemals ausgebildete Tälerlandschaft durch nachträgliche Formungsprozesse wieder gestört wurde. Schon frühzeitig wurden die grundlegenden formbildenden Vorgänge, die zur Entstehung von Seebecken führen, erkannt und in Gruppen zusammengefaßt. Die Gliederungen beruhen im Grunde alle auf der Einteilung von W. M. DAVIS (1882). Er unterscheidet *konstruktive* (tektonisch angelegte), *destruktive* (erosiv gestaltete) und *obstruktive* (durch Wälle abgedämmte) *Seebecken*. G. E. HUTCHINSON (1957) beschreitet einen anderen Weg. Er faßt alle genetisch einheitlichen Seebecken (z. B. Glazialseen, Vulkanseen) in elf Hauptgruppen zusammen und scheidet letzlich 76 Einzeltypen aus. Hier kann nur eine einfache Übersicht über die Entstehung der Seebeckenformen gegeben werden.

Bei der Entstehung von Hohlformen lassen sich zwei verschiedene Arten unterscheiden: endogene Beckenbildung, bei der die Hohlform durch tektonische Vorgänge oder durch die Aktivität des Vulkanismus geschaffen wird, und exogene Beckenbildung, wobei die wirksamen Formungsprozesse von der Erdoberfläche her gesteuert werden. Im einzelnen können sich verschiedenartige Vorgänge überlagern. Als Beispiel seien nur die nord- und südalpinen Randseen genannt. Fast alle zeigen eine vielfältige Entwicklungsgeschichte. Ihre Lage ist bestimmt durch den Verlauf großer tektonischer Störungszonen, die im Tertiär fluviatil ausgeformt wurden. Während des Pleistozäns übertieften die aus den Hochgebieten wiederholt vorstoßenden Gletscher die Täler und schufen Tröge, und letztlich wurden die Talausgänge durch Moränenwälle abgedämmt.

Tektonische Vorgänge führen in mannigfacher Weise zur Bildung geschlossener Hohlformen. Durch einfache Hebung größerer Krustenteile können ehemals submarine Bereiche landfest werden, wobei aus Meeresbecken Binnenseen entstehen. Aral- und Kaspisee sind dafür Beispiele. Auch die Ostsee war im Postglazial als Baltischer Eisstausee und als Ancylussee z. T. infolge von Krustenbewegungen ein Binnengewässer. In gleicher Richtung wie die Epirogenese wirken eustatische Meeresspiegelschwankungen. Die genannten Seen sind durch eine negative Strandverschiebung entstanden und sollen deshalb als *Regressionsseen* angesprochen werden. Die häufig übliche Bezeichnung *Reliktseen* ist irreführend, da das Wasser dieser Seen wohl kaum zu Recht als ein Relikt der ehemaligen Meeresbedeckung aufgefaßt werden kann. Beckenbildend wirken auch Verbiegungen, Einwalmungen oder Aufschleppungen randlicher Gesteinspartien. Besonders zahlreich sind tektonisch angelegte Becken in den Trockengebieten der Erde, wenngleich sie dort oft nur zeitweise im Jahr eine Wasserfüllung aufweisen. Der Eyre- und Amadeus-See in Australien, die Schotts am Südrand des Sahara-Atlasses, der Tschadsee im Sudan, die Etoscha- und Makarikari-Pfanne in Südwest- und Südafrika, der Kiogasee in Ostafrika und viele andere sind hier zu nennen. Tektonisch angelegte Becken sind in den vollhumiden Breiten ebenso häufig. Sie werden hier aber durch die kräftigere Aktivität der Flüsse mit Hilfe von Akkumulation und Erosion rascher beseitigt und in gleichsinnig abdachende Oberflächen übergeführt. Zahlreiche geologisch noch nachweisbare Becken (Mainzer Becken, Becken von Mitterteich in der Oberpfalz, Pariser Becken) wurden im Laufe der jüngeren Erdgeschichte mit Sedimenten teils limnischer Fazies aufgefüllt, so daß die Hohlform an der Oberfläche nicht mehr erkennbar ist. Endlich sind noch die *Grabenseen* zu nennen. Sie knüpfen sich an die großen Bruchzonen der Erdrinde. Bei meist langgestreckter Form stellen sie die tiefsten Seen der Erde vor. Der Baikalsee (1620 m), der tiefste See der Erde, der Tanganyikasee (1471 m), der Nyassasee (785 m) und viele andere liegen in *Kryptodepressionen*, d. h. daß der Seeboden in seinen tiefsten Teilen unter den Meeresspiegel hinabreicht.

Zur endogenen Gruppe gehören auch die durch vulkanische Eruptionen und Explosionen sowie durch nachträglichen Einsturz über den Ausbruchszentren entstandenen Seen. *Krater-* und *Calderaseen* sowie *Maare* sind hier zu nennen. Sie weisen mit häufig annähernd kreisförmiger Gestalt selbst bei nur kleinen Arealen eine erhebliche Tiefe auf. Das Pulvermaar in der Eifel ist bei einer Fläche von 0,35 km² 74 m und der Lac d'Issarles in der Auvergne mit 0,92 km² 108,6 m tief. In allen Vulkangebieten der Erde finden sich die kreisförmigen

Tab. 26: Bedeutende Kryptodepressionen einiger bekannter Seen

See	Seefläche in km²	Seespiegelhöhe in m	Maximale Tiefe in m	Kryptodepression in m
Baikalsee	33 000	462	1620	— 1158
Totes Meer	980	— 392	399	— 791
Tanganyikasee	31 900	782	1471	— 689
Nyassasee	30 800	464	785	— 321
Comer See	146	198	410	— 212
Lago Maggiore	212	194	372	— 178

Seen, z. B. der Crater Lake in Oregon/USA, Bolsenasee und Lago di Bracciano in Latium oder der Albaner See und Lago di Nemi in den Albaner Bergen südlich von Rom. Auch durch Lavaströme, die Täler abdämmen, können Seen aufgestaut werden.

Bei der exogenen Beckenbildung sind zwei Hauptgruppen zu unterscheiden: Vorgänge, die unmittelbar durch Übertiefung geschlossene Hohlformen schaffen, geomorphologische Prozesse, bei denen es durch Abdämmung zu einem Aufstau von Wasser kommt. Übertiefungen können durch Erosion, Exaration, Deflation, Lösung und Schmelzen entstehen. Die fluviatile Erosion schafft zwar vorwiegend gleichsinnige Gefällsverhältnisse, doch können an Wasserfällen auch tiefe Evorsionskessel entstehen, die zur Bildung von Seen führen, wie die Beispiele des Falls Lake und des Castle Lake im Grand Coulee im Staate Washington/USA zeigen. Ferner haben die subglazialen Schmelzwässer, die z. T. unter hydrostatischem Druck standen, während der Kaltzeiten des Pleistozäns zahlreiche langgestreckte Hohlformen erodiert, in denen heute die *Rinnenseen* Norddeutschlands liegen.

In besonderem Maße schafft die glaziale Übertiefung durch die Exaration der Gletscher geschlossene Hohlformen. Zahlreiche Seen in den Stamm- und Zweigbecken der ehemals vergletscherten Gebiete und die *Fjordseen* bilden dafür gute Belege. Dabei ist nur mehr ein Bruchteil der späteiszeitlichen Seen erhalten. Viele sind schon verlandet (Kemptener See, Wolfratshausener See, Rosenheimer See und der Salzburger See im nördlichen Alpenvorland). Zu den glazial geschaffenen Seen gehören auch die vielen *Karseen* in den Hochlagen der ehedem vergletscherten Gebirge.

Deflationswannen finden sich vorwiegend in den Trockengebieten der Erde. E. KAISER (1926) hat Beispiele aus der Namib in Südwestafrika beschrieben. Wegen der ungünstigen hydrologischen Voraussetzungen führen sie nur zeitweise Wasser. Auch die Pods der südrussischen Steppengebiete führt H. WILHELMY (1943) auf Windauswehungen zurück. Zahlreiche Seen in Australien und im ariden Nordamerika, z. B. der Washoe Lake in Nevada, sind reine Deflationswannen. Andere episodische Seen liegen von Sanddünen gesäumt in Hohlformen. Beispiele dafür finden sich im Tarimbecken.

Auch in Gebieten mit leicht wasserlöslichen Gesteinen sind geschlossene Hohlformen häufig. Bekannt sind im Karst die teilweise nur periodisch wasserführenden *Poljeseen*. Sie werden in den feuchten Jahreszeiten von Oberflächenwasser und Karstquellen gespeist. Der Shkodërsee (Scutarisee) in Jugoslawien ist ein Beispiel für einen perennierenden Poljesee. Auch kleinere Karsthohlformen wie Uvalas (Muttensee im Kanton Glarus/Schweiz) oder

Dolinen können Seen enthalten. Ferner geben Nachsackungen als Folge von Salzauslaugung Anlaß zur Seenbildung (Mansfelder See in Sachsen).

In ehemals vergletscherten Gebieten entstehen Nachsackungshohlformen durch das Ausschmelzen von Toteis im Untergrund *(Sölle)*. Gelegentlich findet man für Toteislöcher auch die Bezeichnung Thermokarst. Dabei sollte man aber berücksichtigen, daß Schmelzen und Lösen zwei unterschiedliche physikalische Vorgänge sind. Ähnliche Seebeckenformen wie bei den Söllen entstehen beim Abschmelzen von Pingos. Schmelzhohlformen treten im Sommer auch auf Gletschern auf, die Gletschersümpfe und auch Seen enthalten, vorausgesetzt, der Gletscher ist an dieser Stelle spaltenarm.

Abdämmungsseen entstehen dadurch, daß eine schon vorhandene Tiefenlinie, meist handelt es sich um Täler, durch einen neuen formschaffenden Vorgang zu geschlossenen Hohlformen umgebildet wird. Aus dem alpinen Bereich ist eine Reihe von spät- bis postglazialen Bergstürzen bekannt, die Seen aufgestaut haben. Der prähistorische Flimser Bergsturz verschüttete das Vorderrheintal mit 12 km^3 Schutt und staute den Rhein oberhalb zu einem See auf. Dieser See ist ausgelaufen, und nur noch an Seeterrassen und Seesedimenten läßt sich seine ehemalige Ausdehnung bestimmen. Da die Oberfläche der Bergsturzmassen häufig sehr unregelmäßig ist (Tomalandschaft), finden sich auf ihnen viele kleine Seen. Der Bader- und Eibsee bei Garmisch, die Fernpaßseen, der Wolfgangsee bei Davos und der Lago di Toblino im oberen Sarcatal sind u. a. dieser Kategorie zuzuordnen.

Zahlreich sind *Moränenstauseen*. Da die Wälle der Endmoränen die Zungenbecken peripher umgürten, gehören die Seen häufig sowohl zu den Übertiefungs- als auch zu den Abdämmungsbecken.

Seen können ebenfalls durch in Täler vorstoßende Gletscher aufgestaut werden. Vom 16. bis in das 19. Jh. hinein sind aus den Alpen dafür viele Beispiele bekannt geworden. Der Vernagtferner sperrte das Rofental in den Ötztaler Alpen 1599—1601, 1677—1682, 1771—1774, 1845—1848 ab und staute einen bis zu 100 m tiefen See auf. Das Ridnauntal in den Stubaier Alpen, das Val d'Aosta in den piemontesischen Alpen und viele andere enthielten von Gletschern gestaute Seen.

Auch fluviatile Akkumulation führt zur Abschnürung von Seebecken. H. WILHELMY (1958) hat *Umlaufseen* aus dem großen Pantanal in Mato Grosso als Folge von Laufverlegungen bei Dammflüssen beschrieben. H. SIOLI (1957) berichtet von den *Várzea-Seen* (Abb. 15) zwischen den natürlichen Flußdämmen und der Terra Firme im Amazonasgebiet. Infolge unregelmäßiger Akkumulation entstehen auch in den Deltagebieten von Flüssen Seen.

Zu den Abdämmungsseen gehören ferner die *Strandseen*. Meeresbuchten werden durch Strandversetzung oder künstlich abgeschnürt und in Seebecken umgewandelt. Der Zustrom von Fluß- und Grundwasser führt dann letztlich zur Aussüßung. Auch der Mensch durch seine Eingriffe in die Natur hat zahlreiche Seen geschaffen. Die „Übertiefungsbecken", Materialentnahmestellen — Sand- und Kiesgruben (Baggerseen) sowie Kohlegruben im Tagebau — nehmen meist nur kleine Flächen ein. Große Seeareale entstanden durch Dammbauten. Erwähnt seien hier nur die *Talsperren* in den deutschen Mittelgebirgen (Bigge-, Möhne-, Sorpe-, Henne-, Versetalsperre im Sauerland), der Sylvensteinspeicher an der oberen Isar, der Lechspeichersee bei Roßhaupten. Seen riesenhafter Ausdehnung wurden durch flußbauliche Maßnahmen an der Wolga (Moskauer Meer, Rybinsker Stausee) oder in den USA im Tennesseetal geschaffen. Der gegenwärtig flächengrößte Stausee der Erde mit 8730 km², 165 km³ Volumen, ist der Lake Volta in Ghana. Aus dem kurzen Überblick ergibt sich für Seebecken folgendes Gliederungsschema:

endogene Becken	tektonisch angelegte Hohlformen	Regressionsseen Verbiegungs- oder Beckenseen Bruch- und Grabenseen
	vulkanische Hohlformen	Kraterseen Maare
exogene Becken	Übertiefungshohlformen	Erosionswannen Exarationswannen Deflationswannen Lösungswannen Schmelzwannen Meteorkrater Abbauseen (anthropogen)
	Abdämmungshohlformen	Bergsturzseen Lavadammseen Moränenstauseen Flußdammseen Strandwallseen künstliche Dammseen (anthropogen)

Verbreitung der Seen

Die Ausführungen des vorstehenden Kapitels zeigen, daß Seen häufig in Gruppen auftreten und Seenregionen bilden. Diese Tatsache wird bereits durch einen Blick auf die Karten unserer Schulatlanten belegt.

Ein Hauptverbreitungsgebiet von Seen sind alle pleistozän oder jünger vergletschert gewesenen Bereiche. In Finnland, dem „Land der Zehntausend Seen" (ihre Zahl liegt in Wirklichkeit bei 80 000—100 000), nehmen Seen ein Areal von ca. 32 000 km^2 oder 9,6 % der Landfläche ein. Auch in Schweden liegt der Anteil der Seefläche noch bei 8,6 %. Sehr viele Seen finden sich innerhalb der Moränenumgrenzung der ehemaligen Vereisungsgebiete. In Nordamerika umfassen die Großen Seen mit Lake Superior, L. Michigan, L. Huron, L. St. Clair, L. Erie und L. Ontario die größte unmittelbar zusammenhängende Süßwasserfläche der Erde mit 246 481 km^2. Der Kaspisee (436 000 km^2) als Endsee mit hoher Verdunstung enthält Salzwasser. Auf der Südhalbkugel liegen die entsprechenden Seengebiete am Andenfuß in Patagonien und auf der Südinsel von Neuseeland.

Ebenfalls häufig sind Seen in den aktiven, aber auch in den bereits fossilen Vulkangebieten der Erde. Hierzu zählen die Kraterseen und Maare der Eifel, Etruriens, der Albaner Berge, der Auvergne, der Nordinsel Neuseeland, der Kordilleren Nordamerikas und der Vulkangebiete Ostafrikas.

Zahlreiche Seen gibt es an allen aufbauenden Küsten. Beispiele für Strandseen finden sich an der Ostseeküste (Jamunder-, Viller-, Vietzker-, Goscher- und Lebasee), in den Landes SW-Frankreichs und an der Mittelmeerküste von der Camargue bis Perpignan. Hier müssen auch die Deltaseen genannt werden, der Lake Pontchartrain, Grandlake, Lac des Allemands aus dem Mississippibereich und der Lacul Matitla, L. Cotu-Cracului, L. Rosea, L. Raducu vom Donaudelta.

Karstgebiete sind zwar wegen der Wasserdurchlässigkeit der Gesteine hydrologisch für eine Seebildung ungünstig. Die Lösungshohlformen ermöglichen jedoch viele zum Teil perennierende, häufiger aber periodische und episodische Seen.

Zahlreiche, vor allem großflächige, wenngleich vielfach seichte Seen treten in den Trockengebieten auf. Oft sind es *Endseen,* in denen der Oberflächenabfluß aufhört. Da die Flüsse stets Mineralsalze in die Endseen liefern, aus diesen aber Wasser verdunstet, weisen sie fast durchweg einen beträchtlichen Salzgehalt auf. Die Verbreitung abflußloser, stehender Gewässer vom Typ der Endseen setzt in Mitteleuropa mit dem Neusiedler- und Plattensee ein.

Sie sind zahlreich in den Trockengebieten Klein- und Zentralasiens (Tus Gölü, Aralsee, Balkaschsee, Issykkul u. a.). Auch der größte See der Erde, der Kaspisee, ist ein Endsee. Selbst in den Wüsten gibt es zeitweise mit Wasser gefüllte Salzpfannen, die in den einzelnen Sprachbereichen mit verschiedenen Namen — *Bolsone, Playas, Kewire, Sebchas* — belegt werden.

Die vertikale Verbreitung von Seen wird nach oben dort begrenzt, wo wegen tiefer Temperaturen kein Wasser mehr vorkommt. Die Obergrenze von Seen steigt von den Polargebieten zu den äquatorialen Breiten an. Sie liegt im mittleren und nördlichen Norwegen bei 1000—1600 m, in den Alpen bei 2000—2800 m, in der Sierra Nevada Spaniens bei 2900—3200 m und in den peruanischen Anden bei 4600 m. Die höchsten Seen der Erde befinden sich in Tibet in über 5000 m ü. M. Die tiefste Lage von Seen tritt in den Kryptodepressionen auf, in denen die Seespiegel teilweise unter dem Meeresniveau liegen (Kaspisee — 28 m, Salton Sink in Kalifornien — 75 m, Totes Meer — 392 m).

Form der Seebecken

Die *Seebecken* werden durch das Wasser im See und durch die Zu- und Abflüsse umgeformt.

Die winderzeugten Wasserwellen bilden am luvseitigen Ufer flache Abrasionsplattformen aus, die in der Seenkunde auch *Uferbank* genannt werden.

Abb. 23: Schema der morphologischen Einheiten eines Seebeckens (nach FOREI, *1901, und* HALBFASS, *1923; aus* R. KELLER, *1961)*

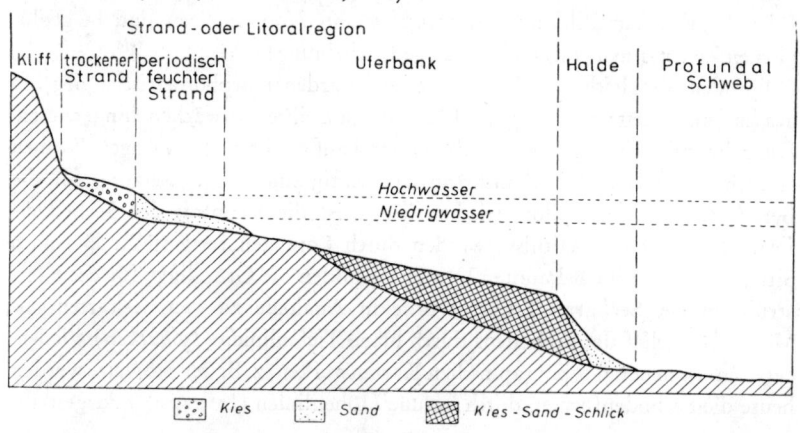

Sind an einem Seeufer Steilabfälle vorhanden, so wird die Uferbank *(Schorre)* landwärts von einem *Kliff* begrenzt. Gegen die Seemitte bricht die Uferbank häufig mit einem Steilabfall, der als *Seehalde, Schaar* oder auch Schaarberg bezeichnet wird, zum Seetiefsten ab. Die Tiefenregion führt die Namen *Schweb,* Plafond oder Profundal. Durch winderzeugte, uferparallele Strömungen kommt es wie an den Meeresgestaden zu Sandversetzungen und an geeigneten Stellen zur Hakenbildung. Sehr wirksam für die Ufergestaltung erweist sich der Eisdruck im Winter und der Eisschub im Frühjahr, wenn durch den Wind Eisschollen gegen das Ufer gepreßt werden. Wallförmige Aufstauchungen an Flachstränden sprechen von der Gewalt dieser Vorgänge.

Neben dem Wasser im See gestalten vor allem die Zu- und Abflüsse die Seebecken. Die zuströmenden Gewässer lagern das mitgeführte Material in der Hohlform ab. An den Ufern entstehen *Deltas,* die feinere Flußtrübe kommt meist erst in Uferferne zur Ablagerung. Auch sublakustre kleinere Schlammströme, „turbidity currents", tragen zur Materialverfrachtung bei. Durch die Sedimentation werden Fläche und Volumen der Seen verkleinert. In gleicher Richtung wirken Erosionsvorgänge im Abflußgerinne durch die Tieferlegung des Seespiegels. Die fluviatile Überformung führt letztlich zur Schaffung eines gleichsinnigen Gefälles und damit zur Beseitigung der Seen. Ist die mineralische Sedimentation so weit fortgeschritten, daß überall genügend Licht den Seegrund erreicht, dann ist aus einem Tiefsee ein Flachsee geworden. Auf seinem Grund können sich Wasserpflanzen ansiedeln, die die biogene Verlandung der Seen fördern. Vor allem in feuchtwarmen Klimaten mit hoher pflanzlicher Produktionskraft finden sich in den flachen Uferregionen Sumpfwälder mit Papyrusdickicht. Auch in den Mittelbreiten werden die Seen im Seichtwasserbereich von einem Schilfgürtel gesäumt. Die *biogene Auflandung* führt letztlich zur Bildung von *Sümpfen* und *Mooren.* Seen sind in geologischen Zeitspannen gesehen kurzlebige Erscheinungen.

Für den Vergleich einzelner Seebecken wurden morphometrische Begriffe geschaffen. Bereits F. A. FOREL (1901) hat auf ihre Schwächen hingewiesen. Die Schwierigkeit liegt darin, daß bei den häufig sehr vielgestaltigen Formen einfache statistische Mittel nicht aussagekräftig sind. Voraussetzung für die Berechnung aller morphometrischen Werte ist die Kenntnis der Seebeckenform. Die Tiefenverhältnisse werden durch Lotungen festgestellt. Die nach Situation und Höhe bekannten Lotpunkte bilden die Grundlage für die Konstruktion der Seekarte. Früher wurde in Analogie zu den Seekarten der Meere das Relief des Seebodens durch blaue Tiefenlinien *(Isobathen)* wiedergegeben. In neueren topographischen Kartenwerken, z.B. der Schweiz, werden heute die Seebodenformen durch braune Höhenlinien (Isohypsen) dargestellt.

Aus der Höhenschichtenkarte kann das Volumen des Sees berechnet werden. Dafür eignet sich u. a. die Simpsonsche Formel. Ist h der äquidistante Abstand der 2 n Höhenlinien, f_i die von den einzelnen Höhenlinien umschlossene Fläche, wobei i von 0 bis 2 n reicht, so ergibt sich für das Volumen

$$V = (h : 3) \; [f_0 + f\,2_n + 2\,(f_2 + f_4 + \ldots + f_{2n-2}) + 4\,(f_1 + f_3 + \ldots + f_{2n-1})].$$

Das Volumen kann auch graphisch bestimmt werden. Dazu trägt man in einem rechtwinkligen Koordinatensystem auf der positiven Abszisse die von den jeweiligen Höhenlinien umschlossenen Flächen und auf der negativen Ordinate die Tiefen auf. Unter Berücksichtigung der gewählten Maßeinheiten ergibt sich das Volumen aus der Planimetrierung der von der hypsographischen Kurve, der Abszisse und der negativen Ordinate umschlossenen Fläche.

In morphometrischen Tabellen soll immer, soweit bekannt, die *maximale Tiefe* z_{max} angegeben werden. Die *mittlere Tiefe* errechnet sich aus dem Quotienten Volumen (V) zur Seeoberfläche (F) (z = V : F). Nach K. Schmidtler (1942) ist die mittlere Tiefe ein wichtiges Maß für die Vereisungsbereitschaft der Seen innerhalb vergleichbarer Klimagebiete.

Die Grundrißentwicklung eines Sees läßt sich durch das Verhältnis von mittlerer Länge (Seefläche/maximale Breite) zur mittleren Breite (Seefläche/maximale Länge) ausdrücken. Werden die Werte groß, dann liegen langgestreckte Seen (Graben-, Fjord-, Rinnenseen) vor, nähern sie sich dem Wert 1, so handelt es sich um Seeflächen von gedrungener Gestalt (Maare, Kraterseen, Sölle). Eine ähnliche Aussage liefert die *Umfangsentwicklung* (U), auch Uferentwicklung genannt. Sie errechnet sich aus der Länge des wahren Seeumfanges (U_1) zum Umfang eines flächengleichen Kreises (U_2) mit dem Radius (r);

$(r = \sqrt{F : \pi})$. Die Umfangsentwicklung U $\left(U = \dfrac{U_1}{2\,\sqrt{F} \cdot \pi} \right)$ gibt an, um

wievielmal der wahre Seeumfang größer ist, als der Umfang eines flächengleichen Kreises. Bei den Maaren der Eifel und der Auvergne streut die Umfangsentwicklung zwischen 1,02 und 1,06. Auch Sölle und Pingoseen weisen sehr kleine Werte auf. Die Umfangsentwicklung ist bei glazial gestalteten Seen mit oft unregelmäßigem Uferverlauf größer. Die Werte betragen für den Chiemsee 1,9 und für den Schliersee 1,2. Die größte Umfangsentwicklung findet sich bei langgestreckten Rinnen- und Grabenseen (Balkaschsee 4,35). Dem Charakter nach sind viele Stauseen in Tälern den Rinnen- und Grabenseen vergleichbar. Bei ihnen erreicht U die höchsten Werte, z. B. 38,1 für den Ozarksee/USA. Wenngleich im statistischen Mittel typische Unterschiede zwischen genetischen Seegruppen auftreten, so können die Werte im einzelnen doch sehr stark streuen.

Die Inselfläche in Seen, ausgedrückt in Prozent der Gesamtfläche, wird als eine hohe Insulosität auf (Saimaasee 30 %, Mälarsee 36 %). Auch hier muß nachdrücklich hervorgehoben werden, daß zahlreiche Abweichungen von der *Insulosität* bezeichnet. Glazial gestaltete Seen weisen häufiger als die anderen Regel vorhanden sind. Der Kivusee (12,6 %), der Kaspisee (5 %) und der Victoriasee (3,6 %) zeigen eine wesentlich größere relative Inselfläche als die glazigen gestalteten Becken des Ladogasees (1,8 %) oder des Michigansees (0,7 %). Im allgemeinen reichen die morphometrischen Werte nicht aus, um Seen mit hinreichender Sicherheit genetischen Seetypen zuzuordnen.

Physikalische Eigenschaften des Seewassers

Thermisches Verhalten der Seen

Die Erwärmung des Seewassers erfolgt im wesentlichen über die zugeführte Strahlungsenergie. In Abhängigkeit vom Einfallswinkel der Strahlen wird ein Teil reflektiert, so daß nicht die gesamte auf die Oberfläche auftreffende Strahlung auch in den See eindringt. Die *Albedo*, das Verhältnis von reflektierter zur einfallenden Strahlung, beträgt bei senkrechtem Auftreffen (90°) 2 %, bei 30° 6 %, bei 20° 13 % und bei 10° 35 %. Im Wasser wird die Strahlung rasch absorbiert. Nach Laborversuchen von W. SCHMIDT (1908) verbleiben schon im obersten Millimeter 5 %. Nach 1 cm sind 27 % verbraucht, in 1 dm Tiefe beträgt die *Extinktion* 45 % und in 1 m 64 %. Nur mehr 18 % der einfallenden Strahlung sind in 10 m Tiefe feststellbar. Bei natürlichen, getrübten Wässern ist die Extinktion noch größer. Da der Hauptanteil der Strahlung oberflächennah aufgebraucht wird, den tieferen Schichten nur noch eine geringere Menge zur Verfügung steht, ist für die strahlungsbedingte Erwärmung eine vertikale Temperaturschichtung zu folgern. Dabei liegt wärmeres Wasser in stabiler Lagerung über kälterem. Da die Strahlung nur wenig tief in Seen eindringt, muß die Erwärmung unter Ausschluß zusätzlicher Kräfte auf einen 1—2 m mächtigen Wasserkörper beschränkt sein. In der Tat gibt es kleine, windgeschützte Seen in Waldgebieten, in denen im Sommer an der Oberfläche 18—22 °C, in 2 m Tiefe aber nur 5—8 °C gemessen wurden. Sehr seichte Ufergebiete, in denen die Strahlung bis zum Boden durchdringt, werden stärker erwärmt als die Bereiche des *Pelagials* (Tiefenwasserbereich), in denen die zugeführte Energie einer mächtigeren Wassersäule zugute kommt. Die Temperatur von Seen wird außerdem durch Wärmeübergang aus der Luft, die Niederschläge und den Zustrom von Oberflächen- und Grundwasser beeinflußt.

Mit der Wärmeaufnahme erfolgt gleichzeitig auch Wärmeabgabe. An erster Stelle ist hier die langwellige Ausstrahlung zu nennen. Da der tägliche Gang der Seewassertemperatur sehr gering, die Ausstrahlung noch dazu eine Funktion der absoluten Temperatur ist, kann sie mit einer gewissen Verallgemeinerung für Tag und Nacht als konstant angenommen werden. Der geringe Temperaturanstieg in den Tagesstunden und der Wärmeverlust in den Nachtstunden ist damit nur durch die wechselnde Strahlungszufuhr zu erklären. Einen bedeutenden Wärmeentzug bringt die Verdunstung. Die dafür erforderliche Wärmemenge wird dem Wasserkörper entnommen. Temperaturerniedrigung wird zudem durch den Wärmeübergang vom Wasser zur Luft verursacht.

In Abhängigkeit vom jahreszeitlichen Wechsel der Strahlungsintensität zeigen die Seewassertemperaturen typische Ganglinien. In Bereichen mit stets sehr hohem Sonnenstand (Tropen) sind die Amplituden der Jahresschwankung ebenso wie in den hohen Nordbreiten mit nur niedrigen Sonnenständen sehr klein. Die Schwankungsbreite des Temperaturganges des Seewassers erfährt ein Maximum in den mittleren Breiten und Subtropen, in denen auch gleichzeitig die größten Unterschiede der Strahlungsintensitäten auftreten.

Die Erwärmung bleibt nicht auf die Oberfläche beschränkt, sondern pflanzt sich in die Tiefe fort. Dabei entsteht im Sommer in tiefen Seen eine thermische Zweiteilung des Wasserkörpers in eine stark erwärmte oberflächennahe Wassermasse *(Epilimnion)* und ein sehr viel kälteres Tiefwasser *(Hypolimnion)*. Zwischen beiden liegt ein Bereich mit starkem Temperaturgefälle, den E. RICHTER (1891) *Sprungschicht (Metalimnion)* genannt hat. Die Ausbildung der Sprungschicht ist auf turbulente, windbedingte Durchmischung

Tab. 27: Wassertemperaturen in einigen Tiefenstufen im Lac de Remoray und Lac de St. Point im französischen Jura (nach A. DELEBEQUE, 1898)

	0	5	8	10	14	24	28	35	m Tiefe
Lac de Remoray	16,8	16,7	14,1	10,2	6,2	5,0	4,8	6,4	°C
Lac de St. Point	16,8	16,7	15,7	13,8	9,5	5,6	6,5	6,4	°C

und Tiefentransport der Wärme zurückzuführen. Darauf hat schon frühzeitig J. MURRAY (1888) aufmerksam gemacht. Für die Bedeutung des Windeinflusses auf die Tieferleitung der Wärme gibt A. DELEBECQUE am Beispiel des Lac de Remoray und des langgestreckten, in Hauptwindrichtungen liegenden Lac

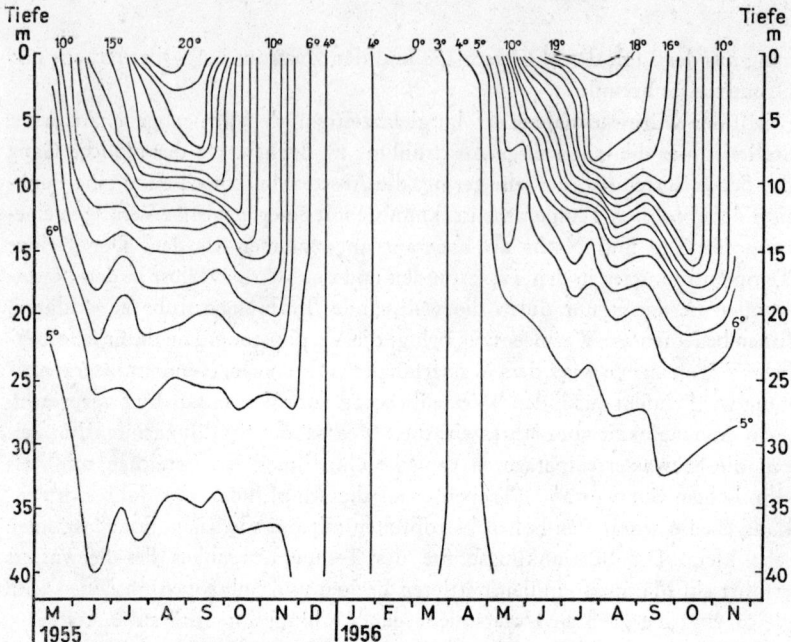

Abb. 24: *Thermoisoplethendiagramm vom Würmsee von Mai 1955 bis November 1956 (nach* H. WACHTER, *1959)*

de St. Point im französischen Jura gute Beispiele. Wie die Tabelle zeigt, ist der windexponierte See in den Tiefenschichten wesentlich wärmer als der windgeschützte.

Die Mächtigkeit der windbedingten Turbulenzzone ist abhängig von der Windgeschwindigkeit, der Fläche des Sees und der Stabilität der ursprünglichen Temperaturschichtung. Im Frühjahr vermag die winderzeugte Strömung in den mittleren Breiten, bei annähernd gleicher Temperatur von der Oberfläche bis zum Grund *(Homothermie)* den See in seiner Gesamtheit zu durchmischen *(Frühjahrsvollzirkulation)*. Kräftige Luftbewegung im Frühjahr fördert die Wärmeaufnahme in einem See (Abb. 24). Das *Thermoisoplethendiagramm* zeigt, daß im Würmsee nach den Aufnahmen von H. WACHTER (1959) nach dem stürmischen Frühjahr 1955 die Tiefenwasserschichten durchweg wärmer sind als 1956, wo sich sehr schnell eine Sprungschicht ausgebildet hatte. Sobald eine stabile Schichtung vorhanden ist, reicht die Turbulenzzone nur mehr bis zum Metalimnion. Innerhalb des Epilimnions lassen sich mehrere *Teilsprungschichten* erkennen. E. RICHTER (1891) unterscheidet einmal die

118

jährliche Sprungschicht; sie nimmt die tiefste Lage ein und weist die höchsten Temperaturgradienten auf; zweitens die tägliche Sprungschicht, die bei Strahlungswetter an der Oberfläche entsteht, und drittens episodische Sprungschichten zwischen der Oberfläche und dem Metalimnion. Sie sind auf schwächere Luftbewegungen zurückzuführen, die nicht in der Lage waren, das ganze Epilimnion zu durchmischen. Die Temperaturgradienten können innerhalb des Metalimnions Werte von 4—5 °C/m erreichen. Mit beginnender Abkühlung wird im Frühherbst die temperaturbedingte *Schichtungsstabilität* abgebaut, und die Sprungschicht wird tiefer gelegt. Sobald im Spätherbst bis Frühwinter erneut Homothermie erreicht ist, setzt die *Herbstvollzirkulation* ein. Bei der Tieferlegung der Sprungschicht im Herbst sind konvektive Vorgänge in stärkerem Maße beteiligt. Die Tiefenlage der Sprungschicht ist von der Fläche der Seen und damit auch von den Windgeschwindigkeiten abhängig. Sie liegt im Schliersee (2,19 km²) in maximal 5—10 m, im Ammersee (47 km²) in 10—15 m und beim 59 586 km² großen Huronsee in 50—100 m Tiefe.

Die Zuflüsse wirken in zweifacher Weise auf die Temperaturgestaltung in Seen. Sie beeinflussen die Temperatur des Seewassers unmittelbar über ihren eigenen Wärmeinhalt. Sehr viel wichtiger aber ist, daß die einmündenden Bäche und Flüsse eine zusätzliche Energie für die Aufrechterhaltung der Turbulenz liefern. F. ZORELL (1955) berichtet in diesem Zusammenhang über Temperaturmessungen im Kochelsee vor und nach der Inbetriebnahme des Walchenseekraftwerkes 1924 (Abb. 25). Er schreibt: „Als Ergebnis läßt sich

Abb. 25: Höhen der Temperaturmaxima nach der Tiefe im Kochelsee für die Jahre 1904, 1921 und 1938/39 (nach F. ZORELL, 1955)

Der Zufluß des Walchenseekraftwerkes seit 1924 führte zu einer erheblichen Erwärmung in tieferen Wasserschichten.

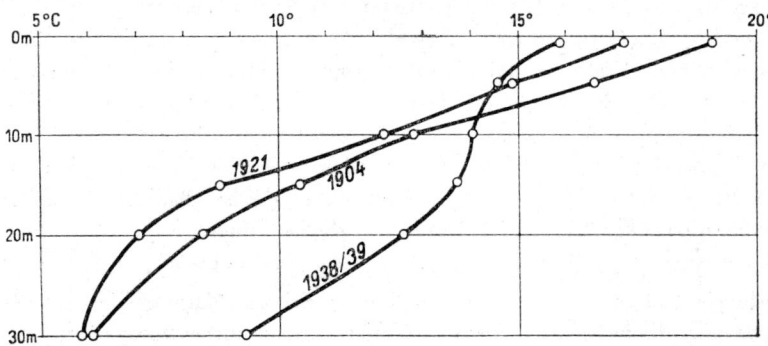

feststellen: der Kochelsee hat durch den Bau des Walchenseekraftwerkes eine merkliche Umwandlung seines Wärmehaushaltes erfahren. Die oberflächennahen Schichten sind kühler geworden, während das Tiefenwasser, zumindest noch bis 30 m, sehr viel wärmer geworden ist. Diese Änderung wird im wesentlichen durch die Bewegungsenergie der aus dem Kraftwerk mit großer Geschwindigkeit in den See strömenden Wassermassen bewirkt."

Gelegentlich können in Seen unmittelbar über dem Grund höhere Temperaturen als in den überlagernden Wasserschichten auftreten. Eine Erklärung für die Beständigkeit der nach der Temperatur instabilen Schichtung hat zu berücksichtigen, daß bei sehr niedrigen Wassertemperaturen auch die Dichteunterschiede nur minimal sind und kleine Temperaturdifferenzen nicht immer Konvektionsvorgänge auszulösen vermögen. Ferner ist zu bedenken, daß bodennah das Wasser durch den engen Kontakt mit dem Seegrund auch eine höhere Lösungskonzentration von $Ca(HCO_3)_2$ und anderen Salzen aufweisen kann. Unter Berücksichtigung des Chemismus liegt dann doch eine stabile Schichtung vor.

Die Temperaturen sind in den verschiedenen Wassertiefen selbst über kurze Zeit nicht konstant, sondern zeigen Pulsationen. Nach E. WEDDERBURN (1910) und A. MERZ (1911) sind sie als Folge von Ausgleichsschwingungen des Wasserkörpers, die durch Windeinwirkung hervorgerufen werden, aufzufassen. Die Pulsationen werden *Internal-Seiches* oder *Temperatur-Seiches* genannt. Die Temperaturamplitude der Schwingung ist in Nähe des Metalimnion infolge des hohen Temperaturgradienten am größten. Die Schwingungsdauer ist von der Gestalt des Seebeckens abhängig. Sie beträgt für den Schliersee 20 Stunden (F. WILHELM, 1958), beim Madüsee 25 Stunden (W. HALBFASS, 1923) und beim Loch Ness 68 Stunden. Daneben treten überlagernd auch Schwingungen mit kürzeren Perioden auf.

Sobald sich im Herbst oder Frühwinter in Seen Homothermie bei 4 °C einstellt, ist die *Gefrierbereitschaft* erreicht; denn unter 4 °C abgekühltes Wasser ist wieder leichter, so daß eine in thermischer Hinsicht inverse Lagerung stabil ist. Die Eintrittszeit der Gefrierbereitschaft hängt von klimatischen Gegebenheiten, vom Wasservolumen und somit vom Wärmeinhalt der Seen ab. K. SCHMIDTLER (1942) fand in der mittleren Tiefe ein gutes Kriterium für den Beginn der Gefrierbereitschaft. Unter sonst gleichen Bedingungen friert ein See mit großer mittlerer Tiefe später zu als ein seichter.

Bei ruhigem und kaltem Wetter kann die Oberfläche eines Sees, sobald Eisbereitschaft vorhanden ist, innerhalb einer einzigen Nacht gefrieren. Luftbewegung, die in Seen zu einem vertikalen Temperaturaustausch führt, verzögert die Eisbildung. Der erste *Eisansatz* zeigt sich an den Ufern. Weite Seeflächen, vor allem, wenn sie häufig vom Wind bewegt werden, frieren erst bei länger dauernden Kälteperioden zu. Die wachsende *Festeisdecke* hat eine stengelige Struktur. Nach *Eisverschluß* wächst die Eisdecke nur mehr langsam in der Dicke, da Eis ein schlechter Wärmeleiter ist. Gelegentlich treten unter der Eisdecke sogar beachtlich hohe Temperaturen auf. KAMINSKI und WISNIEWSKI (zitiert nach HUTCHINSON) berichten über Temperaturen bis zu 7,5 °C unmittelbar unter der Eisdecke. Dieser Temperaturanstieg ist die Folge einer Art Glashauswirkung der Eisdecke, die zwar für die kurzwellige Strahlung durchlässig ist, die Wärme durch Leitung aber nur langsam weitergibt. Wie in den Flüssen so erfolgt auch bei den Seen der Eisaufgang meist plötzlich. In der Tauperiode kann ein kräftiger Wind die Eisdecke in Schollen zerbrechen und gegen die Ufer treiben, wo dann an Bauten (Landungsstegen usw.) arge Schäden auftreten.

Abschließend noch einige Bemerkungen über den komplizierten *Wärmehaushalt* stehender Gewässer. Häufig werden in den Lehrbüchern der Hydrologie dazu nur Wärmemengen mitgeteilt, die ein See im Laufe des Jahres speichert. Der wirkliche Wärmeumsatz kommt in diesen Zahlen nicht zum Ausdruck, noch viel weniger erhält man Aufschluß über die am Umsatz beteiligten Vorgänge. Ganz allgemein zeigt sich, daß subpolare und tropische Seen im Ablauf eines Jahres geringere Wärmemengen speichern als die Seen der mittleren Breiten und Subtropen. Die Zahlen sind damit nur Ausdruck der Temperaturschwankungen des Seewassers (s. S. 130).

Der Wärmehaushalt der Seen ist von zonalen und azonalen Faktoren abhängig. Als wichtigste zonale Größen sind Strahlung und Verdunstung zu nennen. Bei den azonalen Faktoren spielt die Wassermasse eine bedeutende Rolle. Ein großer und tiefer See vermag mehr Wärme zu speichern als ein seichter. Das höhere Wärmefassungsvermögen eines großen Wasservolumens kann nicht durch Temperaturerhöhung in einem kleineren Gewässer kompensiert werden. Das liegt ganz einfach daran, daß die Erwärmung des Seewassers nach oben begrenzt ist. Die kritische Temperatur ist dann erreicht, wenn zugeführte und abgegebene Energiemengen im Gleichgewicht sind. Wegen der exponentiellen Zunahme der Wärmeabgabe durch Verdunstung erfolgt der Ausgleich unter natürlichen Verhältnissen schon weit unterhalb des Siedepunktes bei 35—40 °C, nur in Ausnahmefällen etwas höher. Letztlich wird das Wärmeaufnahmevermögen von Seen durch die Windexposition bestimmt. Als eine azonale Größe ist auch der Wasseraustausch (Zu- und Abfluß) zu werten. Vielfach ist gegenwärtig der Wasserhaushalt von Seen noch unbekannt. Vor allem der Grundwasseraustausch bildet eine schwer abschätzbare Größe.

Durch die Flüsse wird den Seen meist kälteres Wasser zugeführt. Am Abfluß wird aber in den Sommermonaten durchweg warmes Wasser abgegeben.

Die Bemerkungen sollen zeigen, daß die bisher genannten Größen des „Wärmehaushaltes" lediglich die Summe aus einer Vielfalt engverknüpfter, sehr verwickelter Abläufe vorstellen. Der Wärmehaushalt und die Energieumsetzungen in Seen sind nur zu fassen, wenn genaue Temperaturaufnahmen, möglichst Registrierungen vom Seewasser, Strahlungsbilanzmessungen und Beobachtungen über die anderen wirksamen meteorologischen Elemente vorliegen und auch der Wasserhaushalt hinreichend bekannt ist.

Dynamik des Seewassers

Ein Seespiegel ist keine wirkliche Ebene, sondern als Segment des Geoids eine nach oben konvex gekrümmte Oberfläche. Die *Krümmung* (h) der Seespiegel, das ist die maximale Abweichung der gekrümmten Oberfläche von einer die Ufer schneidenden planen Ebene, läßt sich für kleinere Gewässer leicht unter Vernachlässigung der quadratischen Glieder nach der Formel $h = l^2 : 8R$ berechnen (R ist der Erdradius, l die Länge des Sees). Die Krümmung ist gleichzeitig ein Maß für die *kritische Tiefe* (H. KESTNER, 1930). Ist die Wassertiefe größer als die kritische Tiefe (Krümmung), liegt eine konkave Hohlform vor. Im anderen Falle bleibt der nach oben konvexe Verlauf der Geoidfläche auch im Bereich des Seegebietes oder der Meere erhalten. Da die Krümmung mit dem Quadrat der Längen- und Breitenerstreckung wächst, sind nicht nur flache Seen (Okeechobeesee in Florida mit 4 m Tiefe oder der Rudolfsee in Ostafrika mit 8 m), sondern auch tiefere Seen bei genügender Arealgröße, z.B. der Victoriasee in Ostafrika mit 79 m oder der Kaspisee mit 946 m, keine wirklichen konkaven Hohlformen innerhalb der Geoidfläche. Die Spiegel der Seen sind *Äquipotentialflächen*. Deshalb bleibt das Wasser ohne äußere Einflußnahme in Ruhe. Erst durch Kräfte, die zu Niveaustörungen der Seespiegelfläche führen, werden Bewegungen ausgelöst.

Die wichtigste Energiequelle ist der Wind. Selbst bei sehr geringen Luftbewegungen stellt sich als Folge der Reibung zwischen den mit unterschiedlicher Geschwindigkeit bewegten Medien eine Kräuselung der Wasseroberfläche ein. Wie die Beobachtung zeigt, wird nicht die ganze Wasserfläche gleichmäßig von der Störung erfaßt. Neben Stellen mit Kräuselung finden sich völlig glatte Spiegelflächen. F. A. FOREL (1892—1901) hat sie *taches d'huile (Ölflecke)* genannt, die verschieden gedeutet werden. E. v. CHOLNOKY (1897) und W. ULE (1901) führen die taches d'huile vor allem auf eine unstetige Ausbildung des Windfeldes über einer Seefläche bei niedrigen Windgeschwindig-

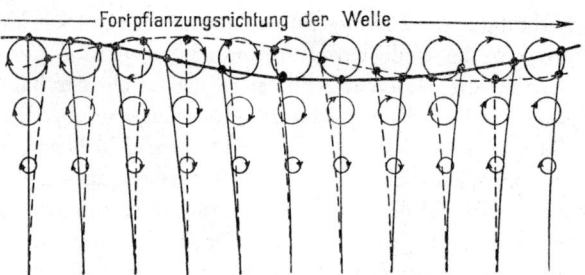

Abb. 26: Orbital-
bewegungen von
um eine viertel
Phase gegeneinan-
der versetzten
Wasserteilchen und
Wellenfortpflan-
zung (nach
G. DIETRICH, *1957)*

keiten zurück. Nimmt die Windgeschwindigkeit zu, so erfaßt die Wellenbewegung die gesamte Wasseroberfläche.

Wellen sind Niveaustörungen, die durch einen äußeren Impuls hervorgerufen werden. Die einzelnen Wasserpartikel bewegen sich bei Wellengang auf kreis- bis ellipsenförmigen Bahnen *(Orbitalbewegung)*. Die Größe des Ausschlages nimmt nach der Tiefe ab. Während die einzelnen Wasserpartikel nahezu am Ort bleiben, schreitet die Welle fort. In Abb. 26 sind die Orbitalbahnen von Wasserteilchen für zwei um eine Viertelperiode aufeinanderfolgende Zeitpunkte während einer ganzen Schwingungsperiode dargestellt. In der etwa maßstabgetreuen Darstellung kommt die Abnahme der Orbitalbewegung nach der Tiefe und das Fortschreiten der Wellenkämme und Wellentäler zum Ausdruck. Die Pfeilrichtung an den Orbitalbahnen läßt ferner erkennen, daß die Wasserbewegung im Wellenkamm in Richtung der fortschreitenden Welle, im Wellental aber dagegen gerichtet ist. An einem eingetauchten Schwebkörper ist dieses Verhalten in der Natur leicht zu beobachten. Wellen werden morphologisch erfaßt durch die Wellenlänge λ, das ist der Abstand gleicher Schwingungsphasen, also von Wellenberg zu Wellenberg, die Periode t, das ist die Zeit, in der ein Wellenberg die Strecke λ durchläuft, und durch die Wellenhöhe h, den Vertikalabstand zwischen Wellenberg und Wellental. Während *Wellenlänge, Periode* und *Fortpflanzungsgeschwindigkeit* funktional miteinander verknüpft sind, zeigt die Wellenhöhe keine enge Abhängigkeit. Allgemein gilt, daß die Wellenhöhe mit der Wellenlänge wächst. Die Wellenhöhen werden in Seen häufig überschätzt. Am Würmsee sollen sie nach W. ULE (1901) 0,5 m nicht übersteigen. Vom Genfer See werden bei einer Wellenlänge von 35 m Höhen von 1,7 m berichtet. Die höchsten Wellen in Binnenseen finden sich in den Großen Seen Nordamerikas mit 5—6 m. Die Wellenlänge ist abhängig von der Ausdehnung des Gewässers, sie nimmt mit Dauer und Stärke des Windes zu. Selbst nach Aufhören der Luftströmung bleibt die Wellenbewegung noch längere Zeit erhalten. Man spricht dann von *Dünung*. Diese Tatsache weist darauf hin, daß der Reibungsverlust bei der Wellenbewegung nur sehr gering ist.

Sobald die Wassertiefe auf etwa die Größe der halben Wellenlänge absinkt, werden die bodennahen Wasserteilchen abgebremst, und die Welle erfährt eine Deformation. Ein nachfolgender Wellenberg, der sich noch über tieferem Wasser befindet, wird deshalb den Abstand zum Vorläufer verringern. Bei gleicher Periode stellt sich im Seichtwasser eine Verkürzung der Wellenlänge und eine Zunahme der Wellenhöhe ein. Die Verzögerung im Flachwasserbereich führt letztlich zum uferparallelen Einschwenken ursprünglich schräg zum Strand laufender Wellen. Wird die Abbremsung am Grund so stark, daß höhere Wasserteile den unterlagernden vorauseilen, dann entstehen *Brecher*. Damit sind aus den Oszillationswellen der Tiefwassergebiete Translationswellen der Seichtwasserbereiche geworden.

Neben den Oszillationswellen treten in Seen auch stehende Wellen, die *Seiches*, auf. Das sind Schaukelbewegungen der gesamten Wassermasse. Sie sind vergleichbar mit den rhythmischen Schwingungen, die man in einer Badewanne erzeugen kann. Es werden einfache Schwingungen mit zwei Schwingungsbäuchen und einem Schwingungsknoten, uninodale Seiches, und binodale Seiches mit zwei Schwingungsknoten beschrieben. Diese Schwingungen führen zu Niveaustörungen des Wasserspiegels. Am Vättersee sind Schwingungen mit einer Amplitude von 20 cm, am Genfer See sogar mit 187 cm beobachtet worden. Die von der Seebeckenform abhängige Schwingungsdauer kann von wenigen Minuten bis zu mehreren Stunden betragen. Als Ursachen für die Entstehung der Seiches werden starke Luftdruckschwankungen und Änderungen der Windrichtung und Windgeschwindigkeit genannt.

Echte *Gezeiten* sind in Seen wegen der geringen Wassermasse selten. Im Michigansee werden rhythmische Schwingungen von ca. 12 Stunden Dauer mit einer Amplitude von wenigen Zentimetern als Gezeiten angesprochen. A. ENDRÖS (1903) hat am Chiemsee Gezeiten mit einem Tidenhub im Millimeterbereich errechnet.

Der Wind führt in einem See auch durch echte Wasserverfrachtung zur Denivellation der Oberfläche. Durch *Windstau* verursachte Spiegelhebungen betragen am luvseitigen Ufer im Genfer See bis zu 12 cm und am Plattensee sogar 25—30 cm. Die an der Oberfläche in Windrichtung verfrachteten Wassermassen erzeugen in den tieferen Schichten eine gegenläufige *Ausgleichsströmung*. Im einzelnen sind die Oberflächenströmungen sehr kompliziert. Im Chiemsee bildet sich bei Westwind ein zyklonales Stromfeld aus, das von der Herreninsel gegen Chieming weiter in Richtung Seebruck und zurück zur Herreninsel gerichtet ist. Im Bodensee tritt häufig zwischen Langenargen und

124

Rorschach ein zyklonaler Stromwirbel auf, während sich gleichzeitig weiter westlich zwischen Hagnau und Altnau ein antizyklonaler Wirbel ausbildet. Nach H. J. ELSTER (1939) betragen die Oberflächengeschwindigkeiten beim Langenargener Wirbel maximal 20—30 cm/sec. Als Faustregel gilt, daß die winderzeugte Wasserströmung in der Größe von 1—2 % der Windgeschwindigkeit liegt. Gelegentlich treten auch Werte um 5 % auf. Nach der Tiefe nimmt der Einfluß des Windes rasch ab. ELSTER fand bei seinen Untersuchungen im Bodensee tiefer als 30 m nirgends Geschwindigkeiten über 10 cm/sec.

In einem thermisch geschichteten See erfolgt die Gegenzirkulation gewöhnlich im unteren Teil des Epilimnions. Aber auch unterhalb der Sprungschicht finden sich gegenläufige Zirkulationssysteme. Die Aufnahmen von L. MÖLLER im Sakrower See bei Potsdam zeigen anschaulich die mit der Tiefe wechselnde Strömungsrichtung und die Abnahme der Geschwindigkeit in tieferen Schichten.

Tab. 28: Strömungsgeschwindigkeiten und -richtungen im Sakrower See (nach L. MÖLLER, 1928, 1933)

Tiefe in m	0 —1,5	5 —7	8	30
v in cm/sec	6,5—7,5	1,8—3,7	1,7	1,5
Richtung	ENE	WSW	ENE	W

Auch die Zu- und Abflüsse eines Sees fördern die Dynamik des Seewassers. Zuflüsse, die sich wegen ihrer Dichte mit dem Seewasser vermischen, lassen sich nur wenig weit in den See hinein verfolgen. Lediglich die Verbreitung der Flußtrübe weist auf die Ausbreitung des zugeflossenen Wassers hin. Zuströmendes Wasser erhält jedoch seine Eigenständigkeit und den Charakter eines Flusses im See länger, wenn die Dichteunterschiede gegenüber dem Seewasser groß sind. Die kalten und schwebstoffreichen Schmelzwässer des Rheins und der Rhône lassen sich noch weit im Bodensee und im Genfer See verfolgen. Wenngleich in großer Entfernung von der Mündung eine Bewegung des Seewassers nicht mehr ohne weiteres festgestellt werden kann, müssen die nachfließenden Wassermassen eine langsame Strömung im See bewirken, durch die allmählich eine Erneuerung des Seewassers erfolgt.

Die Zirkulation des Wassers in Seen regelt Temperatur- und Stoffhaushalt. In den oberflächennahen Bereichen, der *trophogenen Schicht*, wird durch Lebensvorgänge organische Substanz produziert und durch Assimilation Sauerstoff im Wasser angereichert. In den Tiefen der Seen, der *tropholytischen Zone*, wird durch Abbauprozesse Sauerstoff verbraucht. Bei ungenügender

Durchmischung können in Seen bodennah durch Reduktionsvorgänge beim Abbau pflanzlicher und tierischer Substanzen Schwefelwasserstoff (H_2S) und *Faulschlamm (Sapropel)* auftreten. Die *Durchmischung* und der *Umwälzfaktor* (er gibt an, innerhalb welcher Zeit sich das Wasser eines Sees infolge der Zuflüsse und Abflüsse erneuert) sind wichtige Kriterien für die Belastbarkeit von Seen mit Abwässern. Gerade in jüngster Zeit, in der Seeufer in verstärktem Maße Anziehungspunkte für Siedlungen bilden, gewinnen diese Fragen eine entscheidende Bedeutung.

Optik der Seen

Unter den zahlreichen optischen Eigenschaften des Seewassers soll hier nur auf Farbe und Durchsichtigkeit eingegangen werden. Bei der *Farbe* der Seen ist grundsätzlich zwischen Oberflächenfarbe und Eigenfarbe zu unterscheiden. Die Oberflächenfarbe ist veränderlich. Sie wird weitgehend durch Reflexions- und Refraktionserscheinungen sowie vom Standpunkt des Beschauers beeinflußt. Der Wechsel der Seefarbe in Abhängigkeit von der Bewölkung, der Tageszeit und dem Wellengang läßt sich in der Natur leicht beobachten. Die Eigenfarbe des Seewassers ist dagegen weitgehend konstant. Reines Wasser hat bei genügend großer Schichtdicke eine bläuliche Färbung. Sie ist damit zu erklären, daß die langwelligen Strahlen stärker absorbiert, die kurzwelligen aber stärker gestreut werden. In Seichtwasserbereichen selbst tiefblauer Seen (Gardasee) treten aber auch grüne Farben auf. In diesem Fall ist die Schichtmächtigkeit noch so gering, daß auch ein genügend großer Anteil des Spektrums im grünen Bereich vorhanden ist. Die Eigenfarbe des Seewassers wird ferner durch den Anteil an Gelöstem bedingt. Vor allem der Gehalt an organischer Substanz verleiht dem Wasser eine grünliche, gelbliche bis bräunliche Färbung. Eindeutige Farbbestimmungen ergeben nur spektrometrische Messungen. Eine gute Feldmethode, nach der die Eigenfarbe des Seewassers bestimmt werden kann, bietet die Forel-Ulesche Farbskala (F. A. FOREL, 1895; W. ULE, 1901).

Die *Eindringtiefe* des sichtbaren Lichtes in das Wasser ist von See zu See und jahreszeitlich verschieden. Bei der Eindringtiefe des Lichtes ist zwischen der absoluten Eindringtiefe und der Sichttiefe zu unterscheiden. Die *Sichttiefe* wird mit Hilfe einer weißen, kreisrunden Metallplatte von 30 cm $\emptyset$ *(Secchischeibe)*, die man so tief in den See versenkt, daß sie gerade noch sichtbar ist, bestimmt. Im allgemeinen ist die Sichttiefe in Seen viel geringer als in Meeren. Sie überschreitet 20—25 m kaum. Die Extreme (Maximum und Minimum) liegen im Genfer See bei 21,5 und 4 m, im Bodensee bei 11,5 und 7,75 m und im Gardasee bei 21,6 und 10,2 m. Die Sichttiefe weist einen ausgesprochenen Jahresgang auf. Sie ist im Winter am größten, im Sommer am geringsten. Wie Laborversuche zeigen, führt bereits die thermische Schichtung zu einer Verringerung der Sichttiefe. Hinzu kommt noch, daß in der warmen Jahreszeit durch Plankton eine vermehrte Trübung im Wasser eintritt.

Tab. 29: Jahresgang der Sichttiefe (in m) im Würm- und Ammersee (nach Aufnahmen von H. WACHTER, 1959, aufgezeichnet 1955)

Tage der Beobachtung	14./15. 5.	27./29. 5.	5./8. 7.	2./4. 9.	18./20. 9.	9./10. 10.	15./16. 11.
Würmsee	5,5	3,5	1,5	3,5	3,9	4,7	7,8
Ammersee	4,8	4,0	3,0	4,0	4,5	4,3	6,8

Ein Vergleich mit den Beobachtungen von W. ULE (1901) zeigt, daß die Sichttiefe im Würmsee in den letzten 50 Jahren erheblich abgenommen hat. Das ist ein Hinweis auf die wachsende Trübung infolge verstärkter Eutrophierung des Sees. Gegenüber dem Würmsee hat der kräftig durchflossene Ammersee im Durchschnitt eine größere Sichttiefe.

Die absolute Eindringtiefe des Lichtes ist sehr viel größer als die Sichttiefe. Man mißt sie mit Hilfe photographischer Methoden. Bisher liegen allerdings nur wenige Beobachtungen vor. Sie bestätigen die Erfahrung, daß die Eindringtiefe des Lichtes in den Ozeanen größer ist als in Seen. Von den Weltmeeren werden Eindringtiefen bis zu 600 m berichtet. Vom Genfer See sind maximal 142—192 m und vom Würmsee sogar nur 50 m bekannt.

Die *Transparenz* des Wassers ist ein wichtiges Maß für seine Reinheit. Durchsichtigkeitsmessungen sollten an Seen regelmäßig im Ablauf einiger Jahre wiederholt werden, um einen Hinweis auf die Veränderung der Gewässer zu gewinnen.

Wasserhaushalt von Seen

Der Wasserhaushalt von Seen errechnet sich aus der *Wasserzufuhr* und *Wasserabgabe*. Die Speisung erfolgt durch unmittelbar auf die Seeoberfläche fallende Niederschläge (N) sowie oberirdische und unterirdische Zuflüsse (Z_o und Z_u).

Die *sublakustren Quellen* führen auch die Bezeichnung *entonnoirs*. Der Wasserverlust summiert sich aus dem Oberflächenabfluß (A_o), den sublakustren Wasseraustritten (A_u) infolge der Durchlässigkeit der Seewanne und der Verdunstung (V). Unter stationären Bedingungen gilt die Beziehung $N + Z_o + Z_u + A_o + A_u + V = O$. Die einzelnen Komponenten der Wasserhaushaltsgleichung sind nicht in allen Seen in gleichem Maße wirksam. In Karstgebieten können oberirdische Zu- und Abflüsse ganz fehlen. Auch bei Wannen in Lockerablagerungen, z.B. bei den Seen des norddeutschen und baltischen Jungmoränengebietes, ist der unterirdische Wasseraustausch sehr kräftig. In den Trockengebieten der Erde fehlen häufig oberirdische und unterirdische Abflüsse völlig. Der Wasserhaushalt wird hier über Niederschlag, Zufluß und Verdunstung geregelt (Endseen). Die Verdunstungshöhen in Seen arider bis semiarider Gebiete liegen weit über den Niederschlagshöhen. Im Salton Sink-Gebiet/Kalifornien wurden Verdunstungsbeträge von 2700 mm/Jahr, am Nicaraguasee 1320 mm und am Tahoesee/Kalifornien 1070 mm gemessen. Nach R. KELLER (1959) errechnen sich die Verdunstungshöhen für das Gebiet der Großen Seen zu 400—600 mm. Eine ähnliche Größenordnung ist nach H. KERN (1954) für die Seen des nördlichen Alpenvorlandes anzusetzen.

Der Wasserhaushalt beeinflußt auch den Chemismus der Gewässer. Bei Endseen, bei denen der Wasserverlust vornehmlich über die Verdunstung erfolgt, muß sich zwangsläufig Versalzung einstellen. Ist aber bei scheinbaren Endseen eine kräftige Grundwasserzirkulation vorhanden, so werden die angereicherten Salze über das Grundwasser wieder weggeführt. Das mag eine Erklärung sein, weshalb neben salzigen Endseen auch solche mit Süßwasser auftreten (Balkaschsee, Tschadsee).

Einen Einblick in den komplizierten Wasserhaushalt vermitteln die *Wasserstandsschwankungen*. Sie werden mit Hilfe einfacher Lattenpegel oder besser noch durch Schreibpegel festgestellt. Im allgemeinen sind sie in einem See um so geringer, je kleiner der Quotient aus der Fläche des Einzugsgebietes zum Seeareal ist. Nach den Werten von W. SCHUMANN (1955) errechnet sich für Seen des nördlichen Alpenvorlandes aus dem genannten Quotienten und den maximalen Wasserstandsschwankungen ein Rangkorrelationskoeffizient von 0,77. Diese sehr gute Übereinstimmung ist aber nur innerhalb gleichartiger Klimagebiete und bei ähnlichen hydrologischen Verhältnissen zu erwarten. Der gleiche Koeffizient sinkt bei einem weltweit streuenden Material (Tab. 3 bei HALBFASS, 1923, S. 122/123) auf + 0,12 ab. Die Verringerung der Korrelation ist dadurch zu erklären, daß bei den Schwankungen nicht nur die Flächenverhältnisse von Einzugsgebiet und Seeareal wirksam werden, sondern daß auch die Klimabedingungen und die Steilheit des Reliefs Einfluß nehmen.

Der Abflußbeiwert ist auch für die Abschätzung des Wasserhaushaltes von Seen von Bedeutung.

Die Amplituden der maximalen Seespiegelschwankungen zeigen eine große Variationsbreite. Sie reicht von wenigen Dezimetern im Jahr (Schweriner See 56 cm, Müritzsee 60 cm) bis zu vielen Metern (Lago Maggiore 812 cm, Tanganjikasee 1100 cm, Nyassasee 1200 cm). Vielfach größere Werte treten in Stauseen auf.

Im zeitlichen Ablauf sind die täglichen und interdiurnen Schwankungen des Seespiegels meist gering. Die jährliche Wasserstandsganglinie zeigt an, ob ein See vorwiegend durch Oberflächen- oder durch Grundwasser gespeist wird. Bei den Grundwasserseen folgen die Extreme denen des Niederschlagsganges mit starker Verzögerung und Dämpfung, bei Oberflächenwasserspeisung treten sie fast gleichzeitig ein. Je nach den Abflußregimen lassen sich bei den Wasserstandsschwankungen der Seen ein- und mehrgipfelige unterscheiden. Die Mittelwasserstände einzelner Jahre sind nicht gleich. Vielmehr zeigt sich eine zum Gang der Klimaelemente parallele, langfristige Schwankung.

Typologie der Seen

Zur Klassifizierung von Seen kann man entweder von der Beckenform oder von den Eigenschaften des Seewassers ausgehen. In der Hydrologie wird man sinnvollerweise den letzten Weg beschreiten. Für eine Gliederung bieten sich vor allem das thermische Verhalten und der Stoffhaushalt der stehenden Gewässer an. Da sowohl die Wärmeaufnahme wie auch die Umsetzung des im Wasser Gelösten von der Durchmischung abhängig ist, wird letztlich jede Typologie auf den Zirkulationsvorgängen fußen.

Bei den stehenden Gewässern kann man *holomiktische Seen,* deren Wassermasse ein oder mehrmals im Jahr voll durchmischt wird, von *meromiktischen,* bei denen niemals der ganze Wasserkörper umgewälzt wird, unterscheiden. Der Grund für die nur teilweise Durchmischung ist entweder in einer thermischen, meist aber chemisch bedingten Dichteschichtung zu suchen. A. THIENEMANN (1913, 1915) fand z.B. in den oberen Wasserschichten des Ulmener Maars in der Eifel Lösungskonzentrationen von 185 mg/l, in der Tiefe aber von 500 mg/l. Ferner kann bei sehr tiefen Gewässern mit einer kleinen Oberfläche die winderzeugte Energie nicht ausreichen, um den See vollkommen zu durchmischen. Holomiktische und meromiktische Seen können unmittelbar nebeneinander auftreten. Ob ein See *Voll-* oder nur *Teilzirkulationen* auf-weist, ist von der Beckenform und dem Milieu des Sees abhängig. Die Unter-scheidung eignet sich jedenfalls nicht für eine zonale Gliederung der Seen. Sehr viel aussagekräftiger erweist sich eine Unterteilung der holomiktischen Seen nach ihrem thermischen Verhalten.

F. A. FOREL (1901) unterscheidet nach den Wassertemperaturen *polare, temperierte* und *tropische Seen*. In den polaren Seen liegen die Wassertempe-raturen ganzjährig unter 4 °C, es herrscht also eine inverse Schichtung. Sie wird in den Sommermonaten bei geringfügiger Erwärmung abgebaut, so daß Vollzirkulation eintritt. Die winterliche Stagnation ist weniger auf die nur unbedeutende Dichteschichtung als vielmehr auf den Eisverschluß zurückzu-führen. Nach dem Auftreten einer Vollzirkulations- und einer Stagnations-periode werden diese Seen als *kalt monomiktisch* angesprochen. Bei den tem-perierten Seen mit Wintertemperaturen unter und Sommertemperaturen über 4 °C kommt es zweimal im Jahr, im Frühling und im Herbst, bei Homothermie zur Vollzirkulation. Im Sommer bei direkter Wasserschichtung und im Win-ter bei Eisverschluß herrscht Stagnation. Gewässer mit dieser Verteilung der Zirkulationsperioden werden als *dimiktisch* bezeichnet. Die tropischen Seen FORELS weisen durchweg Temperaturen über 4 °C auf. Vor allem F. RUTTNER (1931) und F. MONHEIM (1956) schlagen eine weitere Untergliederung dieses Seetyps vor. In der Tat finden sich Seen mit Wassertemperaturen (ganzjährig) über 4 °C von den ozeanischen mittleren Breiten bis in die inneren Tropen. Die stehenden Gewässer in geringer Meereshöhe der immerfeuchten Tropen sind bei hohen Temperaturen stets direkt geschichtet. Wenngleich die Tempe-raturunterschiede in der Vertikalen gering sind, so sind die Dichtedifferenzen groß, da sie mit steigender Temperatur beachtlich zunehmen. Die ganzjährig stabile Schichtung verhindert eine Vollzirkulation weitgehend, nur kurzfristig kommt es gelegentlich zur Durchmischung. Nach dem Zirkulationstyp werden die Seen der inneren immerfeuchten Tropengebiete in geringer Meereshöhe als *oligomiktisch* angesprochen. Ganz anders verhalten sich die Seen der glei-chen Regionen in großer Höhe. Nach F. MONHEIM (1956) betragen z. B. die Temperaturen im Titicacasee an der Oberfläche 12 °C und in 250 m Tiefe 11,2 °C. Infolge der nur geringen Temperatur- und Dichteunterschiede tritt häufig Vollzirkulation ein. Man nennt diese Seen deshalb *polymiktisch*. Auch in den wechselfeuchten Tropen, ebenso in den Subtropen ist deutlich ein jähr-licher Temperaturgang in Seen feststellbar, bei dem in der kühleren Jahreszeit die direkte Schichtung verringert wird. Damit wird einmal im Jahr die Vor-aussetzung für eine Vollzirkulation geschaffen. Entsprechend den Temperaturunterschieden zu den polaren Breiten werden diese Seen als *warm monomiktisch* bezeichnet.

Nach dem Stoffhaushalt unterscheidet man bei den Klarwasserseen *oligotrophe* und *eutrophe Gewässer*. Über den *Trophiezustand* besteht zwar eine umfangreiche Literatur, aber keine Einhelligkeit in der Auffassung. Nach H. J. ELSTER (1958) ist der Trophiezustand eines Sees durch die Intensität seiner organischen Urproduktion gekennzeichnet. Der Eutrophie entspricht eine relativ kräftige, der Oligotrophie eine schwächere Bioproduktion. Der Trophiezustand ist aber nicht nur vom Wasserinhalt und den Lebensvorgängen im See bedingt, sondern auch von den Umweltverhältnissen. W. OHLE (1951) erklärt die rasche Eutrophierung der holsteinischen Seen durch Düngung im Einzugsgebiet. Die meisten Alpenvorlandseen haben sich seit der Jahrhundertwende durch Bevölkerungszunahme und Siedlungsverdichtung an den Ufern vom oligotrophen zum eutrophen Typ gewandelt (F. ZORELL, 1954).

Als ein Index für den Trophiezustand eines Gewässers kann die vertikale Verteilung des im Wasser gelösten Sauerstoffs gewertet werden. Beim oligotrophen See ist selbst in Zeiten der Stagnation in allen Wassertiefen reichlich Sauerstoff vorhanden. Beim eutrophen See ist dagegen bei Stagnation der Sauerstoffschwund so stark, daß der O_2-Gehalt unmittelbar über dem Boden auf Null absinken kann; ja selbst Schwefelwasserstoffbildung tritt gelegentlich auf. Gewöhnlich neigen flache Seen mit einem weiten Seichtwasserbereich eher zur Eutrophie, ausgesprochen steilwandige Tiefwasserseen dagegen zur Oligotrophie. Doch gibt es viele Ausnahmen von dieser Regel. Selbst der sehr tiefe Zürichsee hat wegen der zusätzlichen Verschmutzung durch Abwässer der Industrie eine starke Eutrophierung erfahren.

Neben diesen beiden Typen ist noch der *dystrophe See* anzuführen. Außer durch Kalkmangel im Seewasser ist er durch Anreicherung von Humuskolloiden, die dem Wasser eine braune Farbe geben *(Braunwässer)*, gekennzeichnet.

Die chemischen Eigenschaften der Gewässer

In der Natur vorkommende Wässer sind nicht chemisch rein. Selbst im Regenwasser sind bereits die Gase der Luft (Stickstoff, Sauerstoff und Kohlendioxyd) gelöst. Besonders über Industriegebieten werden vom Regenwasser die dort in der Luft angereicherten Sauerstoffverbindungen des Schwefels und Stickstoffes (SO_2, SO_3^{--} und NO_3^-) aufgenommen. Sie erhöhen die Lösungsfähigkeit des Wassers erheblich. Die Lösungskonzentration in natürlichen Wässern ist aber nicht allein von der Lösungsfähigkeit des Wassers, sondern ebenfalls von der Löslichkeit der Gesteine usw. abhängig. Nach L. MÖLLER (1955) beträgt im Mittel der Abdampfrückstand von Grundwässern aus den kristallinen Gesteinen des Urgebirges 25—50 mg/l, aus kalkhaltigen Pleistozänschottern des Alpenvorlandes 200—300 mg/l, in der Schwäbischen Alb 300—400 mg/l. Die höchsten Werte finden sich in Bereichen mit Keuperablagerungen (Gips), in denen 1000—2000 mg/l vorkommen. In den mittleren Breiten stellen die Salze der Erdalkalien (Kalzium und Magnesium) den Hauptteil der Lösungskonzentration. Liegen Kalzium und Magnesium als Karbonate vor — Kalke und Dolomite —, so spielt für die Löslichkeit des Gesteins die Anwesenheit von Kohlendioxyd eine maßgebende Rolle. Kohlendioxyd ist im Regenwasser wegen des geringen Partialdruckes von CO_2 in der Luft von nur 0,03 % wenig gelöst. Erst in der Bodenluft, wo CO_2 als Abbauprodukt organischer Substanz angereichert ist, wird es in stärkerem Maße von den Sickerwässern aufgenommen. Es bilden sich Kohlensäure (H_2CO_3) und deren Dissoziationskomponenten, die aber nur bei Anwesenheit von überschüssigem freiem CO_2 beständig sind. Die Kohlensäure verwandelt die schwerlöslichen Karbonate ($CaCO_3$ und $MgCO_3$) in leichter lösliche Bikarbonate [$Ca(HCO_3)_2$]. Wird dagegen dem Wasser durch Erwärmung oder durch Turbulenz und an Wasserfällen CO_2 entzogen, so scheidet sich Kalk aus. *Kalksinterbildung* an sprudelnden Quellen, in den oberen Laufabschnitten von Flüssen und Kalkausscheidungen in den Seichtwasserbereichen der Seen sind dafür als Beispiele zu nennen.

Die Summe der gelösten Kalzium- und Magnesiumsalze wird in Deutschland als *Wasserhärte* bezeichnet. Im englischen Sprachbereich werden dazu noch die Ionen des Eisens und Mangans gerechnet. Als wichtigste Anionen sind die Karbonate (CO_3^{--} bzw. HCO_3^-), die Sulfate (SO_4^{--}), die Nitrate (NO_3^-) und die Chloride (Cl^-) anzuführen. Da die Karbonate beim Kochen infolge von CO_2-Abgabe ausfallen, wird die Karbonathärte auch als *temporäre Härte* angesprochen. Die Kalzium- und Magnesiumsalze mit der Schwefel-, Salpeter- und Salzsäure bilden die permanente, bleibende oder Nichtkarbonathärte. Die Summe aus Nichtkarbonat- und Karbonathärte bildet die *Gesamthärte*. Ein Maß für die Lösungskonzentration ist der *Deutsche Härtegrad* (1 °DH = 10 mg/l CaO oder 7,19 mg/l MgO). Deutsche und englische Härtegrade weichen voneinander ab (1 °eH = 0,8 °DH). Wasser mit einer Härte unter 4 °DH bezeichnet man als sehr weich, mit 4—8 °DH als weich, mit 8—12 °DH als mittelhart, mit 12—18 °DH als ziemlich hart, mit 18—30 °DH als hart und mit mehr als 30 °DH als sehr hart. Eine Folge der Wasserhärte ist die Bildung von Kesselstein beim Erwärmen.

Die Konzentration der im Grundwasser gelösten Mineralsalze ist nicht über das ganze Jahr konstant. Die Härtewerte nehmen in den Trockenzeiten bei Niedrigwasser zu und verringern sich in den Feuchtperioden. Die von der Oberfläche her eingespülten Verunreinigungen, Düngesalz oder organisches Material, zeigen einen gegenläufigen Rhythmus.

Da die Flüsse außer vom Oberflächenabfluß vor allem vom Grundwasser gespeist werden, zeigt der Chemismus enge Abhängigkeit von dem des Grundwassers. Der Rhein liefert für die Wasserhärte ein anschauliches Beispiel. Am Bodenseeausfluß hat er eine Härte von 8 °DH. Auf der Strecke bis Mainz nimmt sie wegen der Zuflüsse aus kalkreichen Gebieten auf 12 °DH zu. Der Main führt hartes Wasser. Nach seiner Einmündung steigt die Wasserhärte im Rhein sprunghaft auf 16 °DH an. Auf seinem weiteren Weg wird die Konzentration der Ca^{++}- und Mg^{++}-Salze infolge der Verdünnung durch die Flüsse aus dem Rheinischen Schiefergebirge wieder etwas geringer.

Die Flüsse in den Kulturlandschaften sind aber längst keine natürlichen Gewässer mehr. Der Mensch beeinflußt ihren Chemismus in starkem Maße. Aus Haushaltungen, Gewerbe- und Industriebetrieben werden den Flüssen in überreichen Mengen Abwässer zugeführt. Schaumbildung, Ölflecken und Verschmutzung der Ufer sind mahnende Hinweise für eine unsachgemäße Bewirtschaftung unserer Gewässer. H. SCHMIDT-RIES (1958) schreibt von einer Rheinaufnahme: „Die Schädlichkeit derart schwer bestimmbarer Ablagerungen konnte auch bei km 799,2, gegenüber der Mündung des Dinslakener Entwässerungskanals, festgestellt werden, wo der Ufersaum mit sehr vielen Schalen abgetöteter Muscheln und Schnecken bedeckt war, ohne daß auch nur ein Individuum lebend davon beobachtet werden konnte." Die Verschmutzung des Rheins wird auch deutlich durch die Ammoniakkonzentration im Wasser. Vom Bodensee bis zur Kinzigmündung bei Kehl ist das Wasser NH$_4$-frei. Aber schon oberhalb von Karlsruhe liegen die Werte bei 0,1 mg/l, und stromab vom Industriegebiet Mannheim/Ludwigshafen schnellen die Mengen auf 2,0 mg/l. An der Wuppermündung steigen sie sogar auf 5,8 mg/l an.

Der chemische Stoffhaushalt der Seen ist Ausdruck der biogenen Vorgänge im See und des Wasserumsatzes. Beide Faktoren stehen in enger Wechselwirkung. Die Biozönosen bauen den ihnen eigenen Ökotop auf, und die Lebensgemeinschaften sind andererseits von der Art des zuströmenden Wassers abhängig. Auf keinen Fall sind Seen nach ihrem Chemismus als Mikrokosmen aufzufassen. Ihr Stoffhaushalt wird weitgehend durch die Umweltbedingungen bestimmt. Die Skala der nach ihrem Chemismus gegliederten Seetypen reicht vom oligotrophen Gewässer mit reinem Wasser und einer reichen Forellen- und Coregonenfauna über den Karpfenweiher bis zum Abwasserteich.

Die Gletscher

Voraussetzungen für Gletscherentstehung

Schnee, Firn, Gletschereis

Gletschereis entsteht aus Akkumulation fester Niederschläge über mehrere Jahre durch thermisch und druckbedingte Metamorphose von Schnee.

Schon bei einer *Neuschneedecke* sind primäre Unterschiede vorhanden. Die hexagonalen *Schneekristalle* zeigen in Abhängigkeit von ihrem Bildungsmilieu verschiedene Formen (Abb. 27). *Schneesterne* entstehen nur in einem sehr engen Temperaturbereich zwischen -14 und $-17\,°C$ bei einer Übersättigung von mehr als $108\,°/o$, also gerade in dem Intervall, wo die Differenz des Wasserdampfdruckes über Wasser bzw. Eis ihr Maximum erreicht. *Plättchen* und *Säulen* haben eine größere Variationsbreite der Bildungsbedingungen sowohl nach Feuchte (mehr als $100\,°/o$) als auch nach Temperatur ($-10\,°C$ bis $-20\,°C$). Reguläre und irreguläre *Nadeln* kristallisieren bereits zwischen -3 bis $-8\,°C$ bei mehr als $108\,°/o$ Feuchte aus. Bei Temperaturen um den Gefrierpunkt koagulieren die kleinen Partikel zu *Schneeflocken*. Hinsichtlich des Feuchtigkeitsgehaltes (Anteil an flüssigem Wasser) lassen sich *trockener Lockerschnee (Pulverschnee)* und *feuchter Lockerschnee (Pappschnee)* unterscheiden. Bei großer Kälte und Windstille wird oft ein sehr zusammenhangloser Schnee, der in der Schweiz als *Wildschnee* bekannt ist, abgelagert. Trockener Schnee ist unter sonst gleichen Bedingungen lockerer gepackt als Naßschnee. Fällt der feste Niederschlag bei kräftiger Luftbewegung, so erfolgt eine synsedimentäre Verdichtung durch Windpressung. Dabei werden sowohl der dynamische Druck als auch das Zerbrechen der Einzelkristalle wirksam.

Die Neuschneedecke erfährt nach Ablagerung eine Veränderung. Die daran beteiligten Vorgänge faßt W. PAULCKE (1934) unter dem Begriff *Diagenese* zusammen. H. BADER, R. HAEFELI und E. BUCHER (1939) sprechen von *Metamorphose*. Die Bezeichnung Metamorphose hat allgemeine Anerkennung

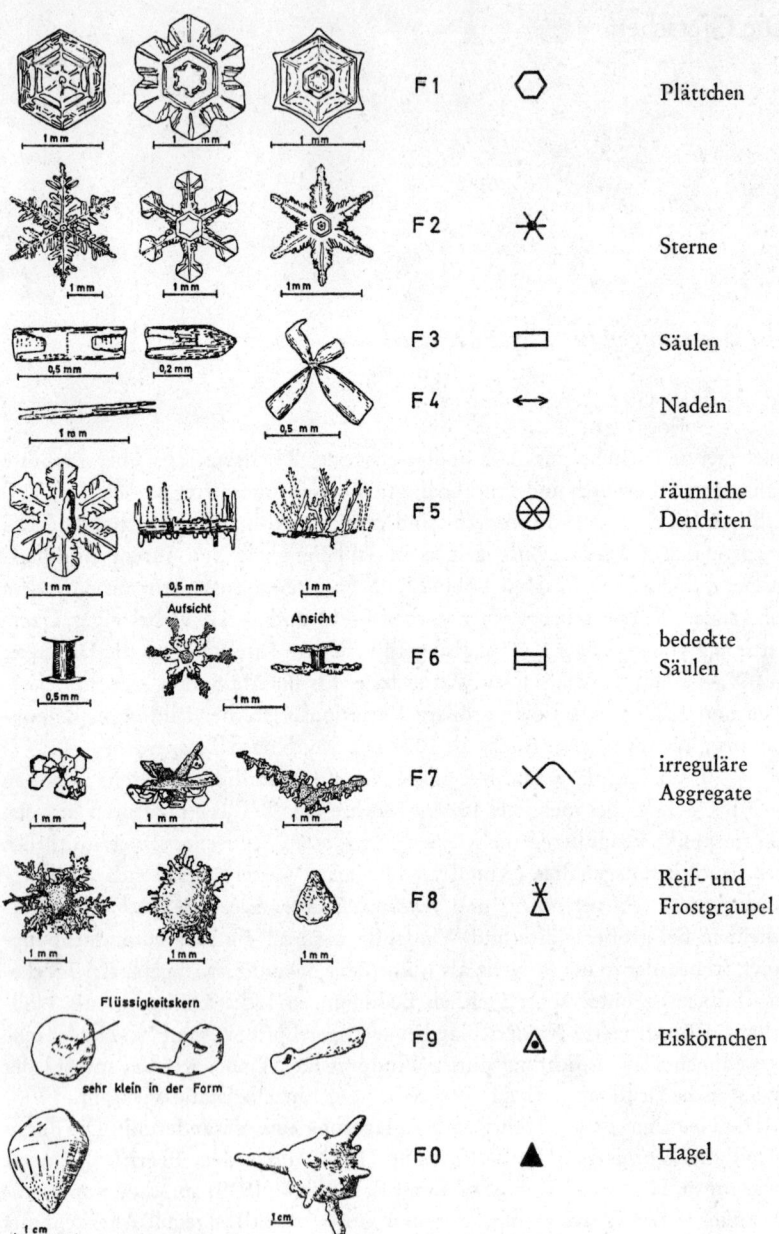

F 1	⬡	Plättchen
F 2	✳	Sterne
F 3	▭	Säulen
F 4	↔	Nadeln
F 5	⊗	räumliche Dendriten
F 6	⊟	bedeckte Säulen
F 7	⋀	irreguläre Aggregate
F 8	⍓	Reif- und Frostgraupel
F 9	⬙	Eiskörnchen
F 0	▲	Hagel

gefunden. Hervorragende Zusammenfassungen darüber finden sich bei W. D. KINGERY (1960), L. LLIBOUTRY (1964), M. R. DE QUERVAIN (1963) und W. S. B. PATERSON (1969). Nach M. R. DE QUERVAIN (1963) sind an der Metamorphose des Schnees folgende Vorgänge beteiligt: Schmelzen der Kristalle und Wiedergefrieren, dampfförmige Substanzverlagerungen als Folge lokaler Temperatur- und Dampfspannungsunterschiede und ferner Neuanordnung von Eis durch thermodynamische Instabilität an der Kristalloberfläche. Im einzelnen werden *destruktive (abbauende)* und *konstruktive (aufbauende) Metamorphose* unterschieden.

Durch die destruktive Metamorphose werden die verzweigten Strukturen der Schneekristalle und Flocken durch Schmelzen und Verdunsten abgebaut, und es kommt zu einer Verdichtung. Dabei werden sowohl Diffusions- wie Konvektionsvorgänge wirksam, wobei der Wasserdampftransport von Bereichen höherer zu solchen mit tieferer Temperatur erfolgt. Die Vorgänge sind so gerichtet, daß die freie Oberflächenenergie in einer Schneedecke verringert wird. Sperrige Kristalle erhalten Kornform, aus *Neuschnee* wird *Altschnee* und *Firn*. In der Terminologie herrscht keine Einhelligkeit. H. HOINKES (1970) schlägt vor, nur dann von Firn zu sprechen, wenn die Schneeablagerung eine Ablationsperiode überdauert hat, körnigen Schnee einer Akkumulationsperiode aber als Altschnee zu bezeichnen. Im Ablauf der Metamorphose wachsen die größeren Firnkörner wegen ihrer geringeren Oberflächenspannung auf Kosten der kleineren, wobei die Schneedichte zunimmt (Setzen der Schneedecke). In besonderem Maße wird die Umwandlung von Neu- in Altschnee durch Schmelzvorgänge gefördert. Da somit die Metamorphose in starkem Maße temperaturabhängig ist, erfolgt sie in den Polargebieten sehr viel langsamer als in temperierten Breiten.

Tab. 30: Veränderung der Trockenschneedichte und Zunahme der Altschneekorndurchmesser in 31 Tagen nach Beobachtungen an einer Schneedecke auf Hokkaido (nach Z. YOSIDA, 1963)

Tage	1	5	9	15	24	31
Schneedichte in g/m^{-3}	0,12	0,23	0,27	0,31	0,36	0,37
mittlerer Korndurchmesser in mm	0,09	0,09	0,12	0,16	0,22	0,26

Die konstruktive Metamorphose schafft über die gasförmige Phase auch Kristallneubildungen in Form getreppter Becher, Blättchen, Pyramiden und Säulchen. Diese Kristallneubildungen werden als *Schwimmschnee* bezeichnet. Infolge seiner lockeren Lagerung und geringen Bindigkeit bildet er innerhalb von Altschneedecken mobile Zonen, die beim Abgang von Lawinen als Gleithorizonte wirksam werden können.

Im weiteren Verlauf der Metamorphose wachsen die einzelnen Körner über Eisbrücken zusammen, was zu einer weiteren Verdichtung bei gleichzeitiger Verringerung des Porenvolumens und der Luftdurchlässigkeit führt (*Sinterung der Schneedecke*). Bei einer Dichte von 0,8—0,85 g cm^{-3} wird Firn undurchlässig, und es entsteht weißes Firneis, das durch weitere Rekristallisation zu durchsichtigem Gletschereis mit einer Dichte von 0,91 g cm^{-3} umgeformt wird. Hierbei spielen auch dynamische Vorgänge eine wesentliche Rolle.

Der perennierende Firn wird in den Folgewintern von weiteren Schneemassen überlagert, die auf die Unterlage einen Druck ausüben. Kommt die Firn- und Schneedecke nach Überschreitung eines vom Gefälle und der Mächtigkeit der Schneeansammlung abhängigen Grenzwertes in langsame Bewegung, so gesellt sich zum statischen Überlagerungsdruck noch ein dynamischer. Druckschwankungen innerhalb der Ablagerung führen zur *Regelation*. Darunter versteht man das Schmelzen von Eis bei Druckzunahme (Gefrierpunkterniedrigung 0,0074 °C/bar) und das Wiedergefrieren bei Druckabnahme (Gefrierpunkterhöhung). Dieser Vorgang bewirkt ein weiteres Wachstum der Firn- und Eiskörner unter Aufzehren des zwischengelagerten Schneezementes und der kleineren Firn- und Eiskörner. Dabei zeigt sich, daß in Bereichen mit großen Geschwindigkeitsdifferenzen benachbarter Teile die Gletscherkörner

Tab. 31: Raumgewichte und Porosität von Schneearten (nach W. FLAIG, 1955)

	Schneeart	Raumgewicht in kg/m³	Porosität in %
Neuschnee	Wildschnee	10— 30	99—97
	Pulverschnee	30— 60	97—93
	schwach windgepackter Schnee	60—100	93—89
	stark windgepackter Schnee	100—300	89—62
Altschnee	Schwimmschnee	200—300	78—67
	trockener, gesetzter Schnee	200—400	78—56
	nasser, gesetzter Schnee	400—550	70—50
	trockener Firn	400—700	56—24
	nasser Firn	600—800	50—20
	Eis	917	0

wesentlich kleiner sind als in stagnierendem Eis. Gleichzeitig wird bei der Regelation durch Kompression die ursprünglich in der Schneedecke vorhandene Luft ausgepreßt. Aus einem weißlichen, luftreichen *Firneis* wird grünlich bis bläulich schimmerndes *Gletschereis*. Die Dichte nimmt mit fortschreitender Metamorphose zu.

Nach diesen stark vereinfachenden Ausführungen sind Gletscher Massen körnigen Firn- und Gletschereises, die durch Metamorphose aus mehrjährigen Schneeansammlungen hervorgegangen sind. Die Bewegung ist in dieser Definition eine conditio sine qua non als wichtiges Funktionsglied der Metamorphose.

Lawinen

Lawinen sind in den Hochgebirgen, falls nur hinreichend Schnee fällt, eine weit verbreitete Erscheinung. Unzählige Schadensfälle gaben Anlaß, den Vorgang der Lawinenbildung zu untersuchen, lawinengefährdete Gebiete bei der Anlage von Siedlungen, Wegen usw. zu meiden und wo möglich durch Lawinenschutzbauten das Kulturland zu sichern.

So sind bereits grundlegende Arbeiten am Ende des vergangenen Jahrhunderts durch J. Coaz (1881), V. Pollack (1891) und F. Ratzel (1889) durchgeführt worden. Kurze Zusammenfassungen über den jeweiligen Stand der Forschung finden sich bei W. Paulcke (1938), E. Bucher u. a. (1940), R. Haefeli und M. R. de Quervain (1955), E. la Chapelle (1961), L. Krasser (1964), A. Rock (1966) und C. Jaccard (1966). Umfangreiches Beobachtungsmaterial und Schrifttum sind ferner in der Veröffentlichung des International Symposium on Scientific Aspects of Snows and Ice Avalanches vom 5.—10. Okt. 1965 in Davos (Gentbrügge 1966) zusammengetragen.

Schnee bleibt auf geneigter Unterlage in Ruhe, solange der innere Zusammenhang der Schneepartikel größer ist als die hangab gerichtete Komponente der Schwerkraft (vom *Schneekriechen* bei der Setzung sei hier abgesehen, obwohl auch dabei sehr starke Kräfte wirksam werden). Wann eine Schneedecke in Bewegung kommt, ist abhängig von der Schneeart, der Schneemächtigkeit, den Witterungseinflüssen und der Hangneigung. Das Abgleiten der Schneemassen erfolgt oft plötzlich. Im deutschen Sprachbereich bezeichnet man derart katastrophenartige Schneeabgänge als *Lawinen* (Lahn, Lähne, Laui).

Eine Schneedecke wird um so leichter abrutschen, je größer ihre Neigung ist. Dabei spielen Gleithorizonte innerhalb der Schneemassen, z.B. Harst-(Harsch-)Schichten, die durch Gefrieren von Schmelzoberflächen entstehen, und Schwimmschneelagen eine wichtige Rolle. Eine erhöhte *Lawinenbereitschaft* findet sich bei kräftigen Schneefällen und bei Tauwetter. Nach A. Poggi und J. Plas (1966) besteht erhebliche Lawinengefahr, wenn innerhalb von drei Tagen Schnee mit einem *Wasseräquivalent* von 25 mm gefallen ist. Sicher muß man mit Lawinenabgang bei 50 mm rechnen, und bei 100 mm Wasseräquivalent innerhalb des genannten Zeitraumes brechen Lawinen binnen weniger Stunden ab. Aus dieser Tatsache erklärt sich auch der hohe Anteil an Lawinen bei Neuschneefall. Temperaturanstieg begünstigt den Lawinenabgang vornehmlich durch Abbau der Scherfestigkeit und Bildung von Gleithorizonten durch Schmelzwasserlieferung. Deutlich ist auch eine zeitliche Differenzierung der Lawinenursachen zu erkennen. Im Hochwinter sind die durch Neuschneefall gebildeten Lawinen häufiger, im Spätwinter, vor allem April, Lawinen bei Temperaturzunahme und Insolation. Vielfach wird der Abgang von Lawinen auch durch einen äußeren Anstoß eingeleitet. Als auslösende Momente seien hier nur heftige Sturmböen, das Abbrechen von *Wächten* (an Graten überhängende Schneemassen) oder das Queren lawinengefährdeter Hänge mit Skiern genannt. Formal lassen sich bei Lawinen drei Teilbereiche unterscheiden: der *Anriß*, die *Sturzbahn* und der *Lawinenkegel* im Akkumulationsbereich.

Nach der Schneebeschaffenheit und der Art des Abganges erfahren die Lawinen eine Gliederung in *Lockerschnee-* und *Festschneelawinen*. Erstere

Tab. 32: Ursachen der Lawinenabgänge im Parsenngebiet/Davos, Schweiz, in den Wintern 1955/56—1963/64 (nach T. Zingg, 1966)

		Neuschneefall und Schneedrift	Insolation und Temperaturanstieg	Regen und unbekannte Ursachen	Insgesamt
Dezember	Anzahl	59	11	0	70
	in %	84	16	0	11
Januar	Anzahl	70	16	1	87
	in %	81	18	1	20
Februar	Anzahl	95	22	1	118
	in %	81	18	1	28
März	Anzahl	65	42	0	107
	in %	61	39	0	25
April	Anzahl	7	35	4	46
	in %	15	76	9	11
Insgesamt	Anzahl	296	126	6	428
	in %	69	29,5	1,5	100

Tab. 33: Lawinentypen (nach R. HAEFELI und M. R. DE QUERVAIN, 1955; M. R. DE QUERVAIN, 1958, 1966)

Die in Klammern beigefügten englischen Bezeichnungen wurden von der British Glaciological Society, dem British Alpine Club und dem Alpine Skiing Club vorgeschlagen.

Kriterium	weitere Charakteristika	für die Bezeichnung
A. Typ des Abbruchs	Abbruch an einer Linie Schneebrettlawine (slab avalanche)	Abbruch von einem Punkt Lockerschneelawine (loose snows avalanche)
B. Lage des Gleithorizonts	über Grund innerhalb der Schneedecke Oberlawine (surface layers avalanche)	auf der Bodenoberfläche Bodenlawine (entire snow cover avalanche)
C. Feuchtezustand	trockener Schnee Trockenschneelawine (dry snow avalanche)	feuchter Schnee Naßschneelawine (wet snow avalanche)
D. Form der Lawinenbahn	flächiger Abgang Flächenlawine (unconfined avalanche)	Lawinenkanal Runsenlawine (channeled avalanche)
E. Art der Bewegung	durch die Luft wirbelnd Staublawine (airborne powder avalanche)	am Grund fließend Gleit- und Fließlawine (sliding-flowing avalanche)
F. Auslösungs- faktor	intern ungezwungene Lawine (spontaneous avalanche)	extern natürlich — künstlich ausgelöste Lawine (natural — artificial triggered avalanche)

haben einen punktförmigen, letztere einen linienhaften Anriß. Bei den Locker-schneelawinen sind Staub-, Pulver- und Naßschneelawinen zu unterscheiden. Bei Staublawinen wird der zunächst fließend abgehende Lockerschnee bei Geschwindigkeiten von 15—20 m/sec zu einer stiebenden Wolke, deren Front Walzenform annimmt, aufgewirbelt. Die *Schneeaerosole* strömen dann gleich einem *Dichtestrom (turbidity current)* ab und erreichen Spitzengeschwindig-keiten von 80—100 m/sec. Charakteristisch ist ferner, daß ein ausgeprägter Ablagerungskegel fehlt. Bei der *Pulverschneelawine* sind punktförmiger Anriß, Sturzbahn und Akkumulationskegel voll entwickelt. Die Ablagerung ist locker. Bei den nassen Schneeschlipfen ist dagegen das Akkumulations-material (Schneegerölle) fest verbacken. Die trockenen Festschneelawinen brechen als *Schneebretter* mit lautem Knall entlang einer ausgedehnten Abrißfront ab und stürzen zu Tal, wo sie eine schollenförmige Ablagerung aufhäufen. Bei den nassen Festschneelawinen zeigt sich an der Oberfläche gelegentlich eine Faltung, wie sie u. a. beim Zusammenschieben eines Tischtuches entsteht. Sie werden deshalb auch Schneetuchlawinen genannt.

Aufgrund reicher Erfahrung am Eidgenössischen Institut für Schnee- und Lawinenforschung haben R. HAEFELI und M. R. DE QUERVAIN (1955) eine *Lawinenklassifikation* erarbeitet, die als Gliederungskriterien Typ des Anbruchs, Lage der Gleitfläche, Feuchtezustand, Form der Lawinenbahn und Art der Bewegung heranzieht (M. R. DE QUERVAIN 1958, 1966).

Lawinen sind in den Hochgebirgen ein wesentlicher Gestaltungsfaktor der Landschaft. Es seien hier nur die *Lawinengassen* an der oberen Waldgrenze, die Zerstörung ganzer Siedlungen und die Unterbrechung von Verkehrswegen erwähnt. Aber auch in glaziologischer Sicht haben sie eine hervorragende Bedeutung. Gletscher werden zum Teil vorwiegend durch Lawinen ernährt (Shispargletscher im NW-Karakorum oder Höllentalferner im Wettersteingebirge).

Schneegrenzen und Firnlinie

Nach Definition bilden sich Gletscher dort, wo über längere Zeit mehr fester Niederschlag fällt als abschmilzt. Die Linie oder besser der Saum, der diese Bedingung der Wasserhaushaltsgleichung, $N_S + A = O$ (N_S = schneeiger Niederschlag; A = Ablation, die Summe von Abschmelzung und Verdunstung), erfüllt, wird *Schneegrenze* genannt. Oberhalb der Schneegrenze ist das jährliche Angebot an festen Niederschlägen größer, unterhalb geringer als die Ablation.

Die Höhenlage der Schneegrenze ist wegen des jährlichen Witterungsablaufes großen Schwankungen unterworfen. Im Winter erreicht sie selbst in den mittleren Breiten den Meeresspiegel, im Sommer findet sie sich in Höhen über 2000 m. Die im Frühjahr aus den Tälern gegen die Höhen vorrückenden Ausaperungssäume werden als *temporäre Schneegrenzen* angesprochen. Die höchste Lage, die sie innerhalb eines Gebietes in Abhängigkeit von Strahlungs- und Windexposition erreicht, wird als *lokale, orographische* oder *reale Schneegrenze* bezeichnet. Sie liegt an beschatteten Flanken tiefer als an sonnenbeschienenen. Auch die Luv- und Leelage zu den schneebringenden Winden beeinflussen ihre Höhe. Auf Gletschern verläuft sie wegen der abkühlenden Wirkung der Eismassen und der höheren Albedo in der Regel um 100—300 m tiefer als auf dem umgebenden Schutt- und Felsgelände. Um die unterschiedliche Lage hervorzuheben, spricht man auf den Gletschern von *Firnlinie*. Sie trennt *Nähr-* und *Zehrgebiet* der Gletscher.

In Anlehnung an Ergebnisse russischer Forscher schlägt B. MESSERLI (1967) anstelle von Firnlinie und Schneegrenze den Begriff *Niveau* 365 vor. Bei Massenhaushaltsuntersuchungen an Gletschern wird als Grenze zwischen Bereichen mit positiven und negativen Bilanzwerten die Bezeichnung *Gleichgewichtslinie* verwandt. In temperierten Gebieten stimmt ihr Verlauf weitgehend mit dem der Firnlinie überein. Geringfügige Abweichungen zeigen sich z. B. am Hintereisferner (H. HOINKES, 1970); sie sind in den Subpolargebieten wesentlich größer, da dort das aus Schmelzwasser gebildete *aufgefrorene Eis (superimposed ice)* eine größere Rolle im Massenhaushalt spielt.

Für großräumige Vergleiche von Schneegrenzlagen benötigt man Angaben, die von den orographischen Einflüssen unabhängig sind. Ein solcher Idealwert ist die *klimatische Schneegrenze*. In der Praxis wird sie als Mittel aus den orographischen Schneegrenzen unter Ausscheidung extremer Abweichungen errechnet. Auch aus Temperaturbeobachtungen läßt sich die klimatische Schneegrenze mit einem Fehler von ± 200 m festlegen. Von den Subpolargebieten bis zu 30° N stimmt ihr Verlauf in der angegebenen Grenze gut mit der + 4,5 °-Isotherme des wärmsten Monats überein (B. MESSERLI, 1967). Die Variationsbreite ist dabei gar nicht so extrem, wenn man bedenkt, daß selbst in aufeinanderfolgenden Jahren am Hintereisferner Unterschiede in der Höhenlage der Schneegrenze bis zu 400 m auftreten können (H. HOINKES, 1970). Innerhalb der Tropen gewinnen gegenüber den Temperaturen die Niederschläge für die Lage der Schneegrenze eine größere Bedeutung.

Da die Klimaelemente und ihr gegenseitiges Wirkungsgefüge mit der geographischen Breite einen Wandel erfahren, ändert sich auch die Höhenlage

Abb. 28: Die mittlere Höhenlage der klimatischen Schneegrenze in Abhängigkeit von der geographischen Breite im Schema (nach E. DE MARTONNE, 1948; aus H.-J. SCHNEIDER, 1962).

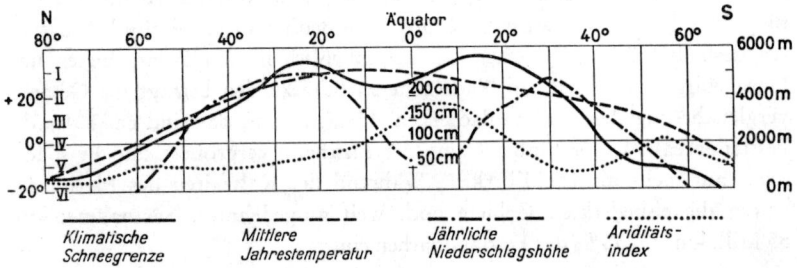

der Schneegrenze. Sie steigt von den polaren Bereichen gegen die Trockengebiete beiderseits des Äquators an und erreicht dort die größten Höhen. In
West- und Zentraltibet (34°—30° N) liegt sie in 5800—6200 m und auf der
Südhalbkugel am Llullaillaco in den chilenisch-argentinischen Anden (24° S)
in ebenfalls 6200 m. Auf der Südhalbkugel nimmt ihre Höhe mit wachsender
Breite rascher ab als auf der Nordhalbkugel; sie erreicht bereits auf 66° S
den Meeresspiegel. Darin drückt sich die geringere Erwärmung der Südhalbkugel aus. Wie Abb. 28 zeigt, besteht zwischen dem Verlauf der Schneegrenze
und dem Gang des Trockenheitsindex eine gute Übereinstimmung. Die Höhenlage der klimatischen Schneegrenze wird danach vornehmlich durch Feuchte-
und Wärmeangebot in den einzelnen Klimazonen bestimmt. Aus diesem
Grunde ist sie auch am Rande geschlossener Gebirge, wo hohe Niederschläge
auftreten, tiefer (beim Säntis wird sie mit 2500 m angesetzt, am Montblanc
in 2800 m) als in den trockeneren Zentralgebieten (Gran Paradiso in den
Grajischen Alpen 3550 m). Aus dem feuchten Küstengebiet nördlich des
Sogne-Fjordes in Norwegen steigt sie von 1200 m nach weniger als 200 km
Horizontalerstreckung auf über 2000 m im Jotunheim-Massiv an. Die Schneegrenze steigt ferner mit zunehmender Kontinentalität des Klimas. Das läßt
sich an Hand von Beispielen aus Eurasien feststellen (H. v. WISSMANN, 1960),
und es wurde von V. PASCHINGER (1912) und H. LOUIS (1934) für den Bereich
der nordamerikanischen Kordilleren beschrieben. Eine weltweite Bearbeitung
der Schneegrenze mit *Isochionenkarten* (Linien gleicher Schneegrenzhöhe) hat
K. HERMES (1955, 1965) durchgeführt.

Verbreitung und Form der Gletscher

Verbreitung der Gletscher

Nach den Ausführungen in den vorangegangenen Kapiteln ist die Verbreitung der Gletscher an bestimmte klimatische Bedingungen geknüpft. Wir tref-
fen deshalb größere Gletscher fast ausschließlich in den Polargebieten und
Hochgebirgen der Erde an. Nach neueren Schätzungen beträgt die Gesamt-
vergletscherung der Festlandflächen ca. 15 Mill. km², das sind ca. 10 % des
Festlandareals. Unter Einbeziehung der Eisschelfe vergrößert sich die Fläche
sogar auf mehr als 16 Mill. km². Während der Kaltzeiten des Pleistozäns
waren die eisbedeckten Gebiete noch weit ausgedehnter. Sie nahmen mit
55 Mill. km² ca. 30 % der Festlandflächen ein.

144

Tab. 34: *Vergletscherte Flächen der Erde gegliedert nach Kontinenten (nach* H. J. SCHNEIDER, *1962,* L. LLIBOUTRY, *1965, und* M. G. GROSWALD *und* V. M. KOTLYAKOV, *1969)*

Verbreitungsgebiet	Vergletscherte Fläche in km²	Anteil der Gletscherflächen in %	Anteil der außerpolaren Gletscherflächen in %
Antarktis und subantarktische Inseln	12 653 000	84,7	
Arktische und subarktische Inseln	2 084 000	13,9	
Nordamerika	93 000		47,2
Asien	72 000		36,6
Südamerika	25 000	1,4	12,6
Europa	6 400		3,1
Ozeanien und Australien	1 000		0,5
Afrika	10		—
Gesamtvergletscherung	14 934 410	100,0	100,0

Die Antarktis trägt die größte zusammenhängende Gletscherfläche mit 12 653 000 km². Die arktischen und subarktischen Inseln weisen dagegen nur 2 084 000 km² auf. Das Eis der Polargebiete nimmt mit 14,73 Mill. km² ca. 98,6 % der Gesamtgletscherfläche der Erde ein. Nur 1,4 % liegen in den außerpolaren Hochgebirgen.

Eine besonders hohe Vergletscherungsdichte zeigt der Karakorum mit 28 % (absolute Gletscherfläche 13 660 km²). Nach den geringen Jahresniederschlägen, die von den Talstationen aufgezeichnet werden (Gilgit 121 mm, Shardu 199 mm), ist sie nicht verständlich. Wenige Eishaushaltsbeobachtungen zeigen aber, daß in der Höhe mit Niederschlägen von 4—6 m zu rechnen ist. Niederschlagswerte von Talstationen können danach nicht als repräsentativ für die Verhältnisse im Einzugsgebiet der Gletscher angesehen werden (H. J. SCHNEIDER, 1962). Die absolute Eisfläche des Himalaya ist mit 33 200 km² zwar größer, jedoch sinkt der prozentuale Anteil auf höchstens 17 % ab. In Hochasien südlich des Alaitales verringert er sich sogar auf 3,1 %. Die Gletscherfläche der Alpen mit 3200 km² bedeckt ca. 2 % des Alpenkörpers mit Eis. Eine sehr kräftige Vergletscherung weisen die pazifischen Ketten von Alaska auf. Dort befindet sich auch das größte zusammenhängende außerpolare

Gletschergebiet. Das Seward-Malaspina-System umfaßt 4275 km², die Zunge des Malaspinagletschers selbst 2200 km². Hier wurde auch die größte Zungenlänge von Gletschern mit ca. 100 km gemessen. Weitere, sehr langgestreckte Gletscher mit Zungen bis zu 80 km Länge werden aus Patagonien beschrieben. Als längste Gletscher Asiens sind der Fedschenkogletscher (NW-Pamir) mit 72 km und der Biafogletscher (NW-Karakorum) mit 62 km zu nennen. Die Alpengletscher nehmen sich dagegen bescheiden aus. Die größten unter ihnen sind der Aletschgletscher (Berner Oberland) mit 25 km Zungenlänge, der Gornergletscher (Walliser Alpen) 14,5 km, das Mer de Glace (Montblanc-Gebiet) 13,5 km und der Pasterzenkees (Glocknergruppe) 10,2 km. Sehr gering ist die Vergletscherung von Afrika. Sie konzentriert sich auf die Hochgebiete des Kilimandscharo, Mt. Kenia und Ruwenzori in Ostafrika.

Für Eishaushalt, Gletscherbewegung und formbildende Vorgänge ist die Eismächtigkeit von Bedeutung. Sie wird entweder direkt durch Bohrungen und reflexions- bzw. refraktionsseismische Aufnahmen gemessen oder sie kann angenähert über eine von M. LAGALLY (1932) entwickelte Formel berechnet werden. Die größten Eismächtigkeiten sind von den Inlandeismassen Grönlands und der Antarktis bekannt. Von Grönland wird eine Eisdicke von über 3000 m berichtet, und in der Antarktis beträgt die größte bis 1959 gemessene Eismächtigkeit nach einer Mitteilung von F. HOINKES (nach R. KELLER, 1961, S. 111) sogar 4200 m. Die meisten außerpolaren Gletscher weisen eine viel geringere Mächtigkeit auf. Vom Muirgletscher in Alaska werden 9 km oberhalb des Zungenendes 725 m, vom Tasmangletscher auf der Südinsel Neuseelands 600 m berichtet. Die größten Gletschertiefen in den Ostalpen wurden von H. MOTHES und B. BROCKAMP (1931) am großen Aletschgletscher mit 500 m gemessen. Bei vielen anderen liegt die Eismächtigkeit zwischen 200 und 450 m (Hintereisferner 224 m, Pasterzenkees 321 m, Gornergletscher 450 m). Zwischen Eismächtigkeit, Gletscherbreite und Oberflächengefälle besteht nach R. KOECHLIN (1944) eine aus den hydraulischen Eigenschaften des Eises abzuleitende funktionale Beziehung. Danach ist die Neigung der Eisoberfläche um so geringer, je mächtiger der Gletscher ist.

Typologie der Gletscher

Nach der Form von Gletschern sind zwei Arten der Vereisung zu unterscheiden: die dem Relief übergeordnete Vergletscherung und eine dem Relief untergeordnete.

Bei der *übergeordneten Vergletscherung* bedecken die Eismassen das Relief weitgehend, und die Bewegung des Eises wird vornehmlich durch seine Mächtigkeit gesteuert. Die Größe der übergeordneten Vergletscherung reicht von den ausgedehnten Inlandeisen Antarktikas und Grönlands über die Eiskappen von Inseln (Nordostland, Weiße Insel; beide im Spitzbergenarchipel) bis zu den Plateaugletschern (Hardangerjökul in Südnorwegen, Übergossene Alm im Steinernen Meer in den österreichischen Alpen). Aber selbst bei der übergeordneten Vergletscherung wird der Einfluß des Reliefs wirksam. Während in der tafelförmigen Ostantarktis die Gestalt des Eisschildes weitgehend der Dynamik nach dem *Glenschen Fließgesetz* entspricht, weist die Westantarktis mit kräftigerem Relief im Untergrund stärkere Abweichungen von der Idealform auf.

Bei der *untergeordneten Vergletscherung* wird die Ausbildung der Gletscher vom Relief vorgezeichnet. Das über der Schneegrenze liegende Nährgebiet dieser Gletscher knüpft sich häufig an flache, muldenförmige Verebnungen in den Hochlagen der Gebirge. Das *Firnbecken*, wie das Nährgebiet auch genannt wird, weisen meist eine (nach unten) konkave Oberfläche auf. Aus dem Einzugsbereich strömt das Eis zungenförmig in die Täler, wo es abschmilzt (Zehrgebiet). Die *Gletscherzunge* ist in der Regel konvex (nach oben) gewölbt. Je nach der Intensität der Vereisung kann Zungenbildung ganz fehlen *(Kargletscher)*, die Zungen können als einzelne Lappen gegen die Täler vorstoßen (*Talgletscher*, auch alpiner Gletschertyp genannt) oder sie vereinigen sich zu talfüllenden *Eisstromnetzen* (Spitzbergentyp). Treten die Zungen aus dem Gebirge aus, so bilden sie *Vorlandgletscher*, wobei sich die Zunge stark verbreitert. Auch an steilen Hängen und Wänden können bei genügend großer Haftung Gletscher auftreten, man spricht dann von *Flankenvereisung* oder *Wandvergletscherung*. Gletscher am Fuße steiler Böschungen bezeichnet H. W:son Ahlmann (1935) als *Fußgletscher* (wall-sided glaciers). Gletscher können auch durch Akkumulation von Schnee und nachfolgende Metamorphose auf Meereis entstehen, wenn nur die Schneegrenze bis zum Meeresspiegel absinkt. In diesem Falle spricht man von *Schelfeis-* oder *Meergletschern*.

Der vielfältige Formenschatz der Gletscher hat zu einer geradezu verwirrenden Fülle von Bezeichnungen geführt. Bei der Benennung der Gletschertypen ging man teils vom Formenschatz des vereisten Areals aus (Kar-, Hang-, Schlucht-, Talgletscher), teils von den Verbreitungsgebieten (alpiner, norwegischer, turkestanischer Typ). H. J. Schneider (1962) hat versucht, in Anlehnung an die Ausführungen von P. C. Visser (1934) eine Gliederung nach einheitlichen Richtlinien zu erarbeiten. Seine Typologie fußt auf dem Grundgedanken, daß die Ernährung eines Gletschers von der Morphologie und dem Klima des Einzugsgebietes abhängig ist, und scheidet zwei Hauptgruppen, die *geschlossenen* und *offenen Gletschertypen* aus. In der Gruppe der geschlossenen Systeme bilden Nähr- und Zehrgebiet eine Einheit. Daneben gibt es viele Gletscherzungen, die unabhängig vom Nährgebiet eigene Namen tragen. Auf der Barentsinsel in Ostspitzbergen stoßen vom zentralen Firnfeld der Freeman-, Raymund-, Hübner-, Willy-, Bessels-, Defantgletscher und andere mehr gegen die umliegenden Seegebiete vor. Auch beim grönländischen Inlandeis, ebenso wie in der Antarktis, führen die abströmenden Gletscherzungen eigene Namen. Die einzelnen Eisströme ohne Einbeziehung des Nährgebietes sind die offenen Gletschersysteme. Sie sind im engeren Sinne nur Zungentypen.

Bei den geschlossenen Gletschersystemen kann nach unter- und übergeordneter Vergletscherung unterschieden werden. Die dem Relief übergeordnete Vergletscherung wird durch den Typ der *zentralen Firnhaube* repräsentiert. Von einem mehr oder weniger zentral gelegenen Nährgebiet fließen nach allen Seiten, im Idealfall radial (Hardangerjökul), Gletscherzungen ab. Die Firnlinie grenzt das Nährgebiet vom Zehrgebiet in einer etwa konzentrisch um den Vereisungsmittelpunkt verlaufenden Linie ab. Zu dieser Art zählen die *Inlandeise* (Grönlandtypus)*, die *Eiskappen der Inseln* (Inseleis) sowie die *Plateaugletscher* (norwegischer Typ).

Die dem Relief untergeordnete Vergletscherung weist eine stärkere Gliederung auf. An erster Stelle sei der *Firnmuldentyp* genannt. Bei ihm erfolgt die Glaziation des festen Niederschlages in einer geeigneten Flachform des Gebirges über der Schneegrenze (Senke, Mulde, Kar, Hangstufe usw.). Ist die Eisbildung auf das Sammelbecken beschränkt, fehlt also eine ausgeprägte Zunge, so spricht man von Kargletschern (Pyrenäentyp). Auch bei den Fußgletschern (wall-sided glaciers) ist meist keine Zunge vorhanden. Beim Firnmuldentyp können aber auch gut ausgebildete Zungen auftreten (alpiner Typus). Zunge und Sammelbecken werden durch die Firnlinie getrennt.

Unter günstigen Vereisungsbedingungen, bei tieferer Lage der Schneegrenze, werden auch die höheren Teile der Zunge zum Nährgebiet. Die Firnlinie liegt dann irgendwo im Zungenbereich. Da das Firngebiet einen Teil der Zunge umfaßt, spricht H. J. SCHNEIDER (1962) von *Firnstromgletschern*. Die meisten Riesengletscher Zentralasiens (Fedschenkogletscher) und die großen Eisstromnetze der subpolaren und polaren Breiten, z. B. das Seward-Malaspina-System (Spitzbergentypus), gehören dieser Gruppe an.

Die Ernährung der bisher genannten Gletschertypen erfolgt unmittelbar durch schneeigen Niederschlag. Es gibt aber viele Gletscher — vor allem in den außerpolaren Hochgebirgen Himalaya, Hindukusch, Karakorum u. a. —, die überwiegend durch Lawinen neben dem festen Niederschlag in Firnbecken

---

* Diese Bezeichnungen in Klammern geben ältere Namen und morphologische Typenbegriffe wieder.

über der Schneegrenze gespeist werden. Die unterschiedliche Ernährung soll durch die Bezeichnung *Firnkesselgletscher* (Mustaghtyp) hervorgehoben werden. Grundsätzlich verschieden davon ist der *Lawinenkesselgletschertyp* (turkestanischer Typ). Bei ihm liegen Lawinensammelbecken und Gletscherzunge unterhalb der klimatischen Schneegrenze. Die Ernährung erfolgt fast ausschließlich durch Eis- und Schneelawinen. Als Beispiel seien aus dem Karakorum der Shispargletscher und aus den Alpen der Höllentalferner im Wettersteingebirge genannt. Zu diesem Typ gehören auch die *regenerierten Gletscher.* Sie entstehen, wenn ein Gletscherstrom über einer Felsstufe abbricht und unterhalb des Steilstückes ein neuer Gletscher gebildet wird.

Eine besondere Art der Vergletscherung bildet die *Flankenvereisung.* Sie kann nicht zum Typ der zentralen Firnhaube gerechnet werden, da sie eindeutig dem Relief untergeordnet ist, besitzt aber auch kein ausgeprägtes Firnsammelbecken. Eine weite Verbreitung hat dieser Typ im Himalaya und Karakorum, vor allem aber auch in den Anden (zentralandiner Gletschertyp oder tropischer Kegelberggletschertyp).

Eine weitere Gliederungsmöglichkeit hat H. W:SON AHLMANN (1948) an Hand der Topographie der Gletscheroberfläche vorgestellt. Er geht bei der Darstellung von der Hypsographischen Kurve aus, bei der die Flächenareale der einzelnen Höhenstufen in Prozent ihres Anteiles aufgetragen sind. Um für die bei jedem Gletscher verschiedene Vertikalerstreckung ein einheitliches Maß zu erhalten, teilt er die Höhendifferenz von Zungenende bis Firnfeldoberkante in zehn gleiche Teile, die er im Typendiagramm in gleichen Abstän-

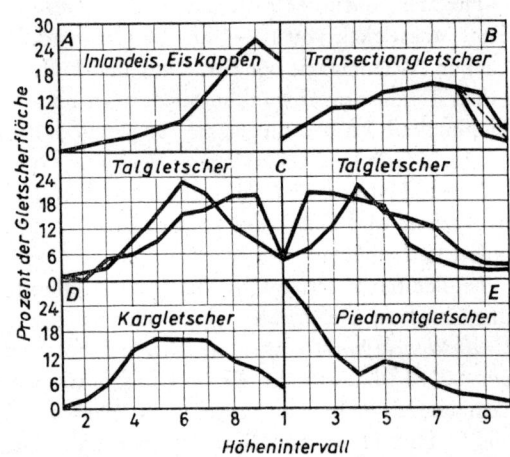

Abb. 29: Charakteristische hypsographische Kurven einiger Gletschertypen (nach AHLMANN, *1948; aus R.* KELLER, *1961)*

den auf der Abszisse aufträgt. Auf der Ordinate sind die prozentualen Flächenanteile der jeweiligen Höhenstufe angegeben. Das auf diese Weise konstruierte Diagramm nennt er *Normalkurve*. Die Normalkurven unterscheiden sich um so klarer voneinander, je reiner ein morphologischer Gletschertyp ausgebildet ist.

Physikalische Eigenschaften der Gletscher

Temperatur des Gletschereises

Als Wärmelieferanten für Gletscher und Eisschilde sind zu nennen: kurz- und langwellige Strahlung, der fühlbare Wärmestrom, latente Wärme des Wasserdampfes, Regelationsvorgänge, innere Reibung sowie der geothermische Wärmestrom am Grunde. Trotz der hohen Albedo, sie beträgt für Blankeis 10—50 %, Firn 35—60 %, Altschnee 55—75 % und für Neuschnee 75—95 %, ist die Strahlung die wichtigste Energiequelle für den Wärme- und Massenhaushalt der Gletscher. Obwohl die Beobachtungen der Temperaturverteilung in Eismassen schwierig und kostspielig sind, liegen aus allen Klimagebieten Daten vor, die eine Behandlung dieser Frage zulassen. Für die theoretische Deutung seien vor allem die Arbeiten von G. Q. DE ROBIN (1955, 1970) hervorgehoben.

Für alle Zonen der Erde gilt, daß in einem oberflächennahen Bereich mit einer Mächtigkeit von 10—15 m die Firn- und Eistemperaturen einen Jahresgang in Abhängigkeit von Strahlung und Lufttemperatur aufweisen. Die täglichen Temperaturschwankungen dringen noch sehr viel weniger tief in das Eis ein. Nach Beobachtungen am Jungfraujoch beeinflussen sie nur die obersten 10 cm, in Grönland bei geringerer Verfirnung 70—80 cm.

Bereits M. LAGALLY (1932) und H. W:SON AHLMANN (1933) unterscheiden *temperierte* und *kalte* oder *polare Gletscher*. Letztere werden noch in hochpolare und subpolare gegliedert.

Bei den temperierten Gletschern ist die Jahresmitteltemperatur des Eises in den einzelnen Tiefenstufen gleich oder nur wenig niedriger als die jeweilige *Druckschmelzpunkttemperatur*. Da der Schmelzpunkt mit wachsendem Druck um 0,0074 °/bar absinkt, ist bei Gletschereis mit der Tiefe eine geringfügige Temperaturabnahme zu verzeichnen. Nach den Messungen von A. BLÜMCKE und H. HESS (1899) am Hintereisferner in den Ötztaler Alpen beträgt die Eistemperatur in 18 m Tiefe $-0,012\,°C$, in 42 m $-0,038\,°C$ und in 82 m $-0,062\,°C$. Daraus errechnet sich ein Temperaturgradient von $0,078\,°C/$ 100 m, was sehr genau der Schmelzpunkterniedrigung entspricht. Eine Folge der genannten Temperaturverteilung temperierter Gletscher ist, daß sie ganzjährig *Schmelzwasser* führen. Schon geringe Druckunterschiede liefern über die Regelation Schmelzwasser. Das in einem temperierten Gletscher abfließende Schmelzwasser kann wegen der herrschenden Temperaturverhältnisse um den Druckschmelzpunkt nicht wieder gefrieren. Der Abfluß von intraglazial entstandenem Schmelzwasser führt deshalb zu einem Wärme- und Wasserverlust des Gletschers.

Ganz anders verhalten sich die kalten, vor allem die hochpolaren Gletscher. Bei ihnen liegen die Eistemperaturen in allen Tiefen weit unter dem jeweiligen Druckschmelzpunkt. Für die hochpolaren trifft das ganzjährig zu, für die subpolaren nur in der kalten Jahresperiode. Daraus folgt, daß bei hochpolaren Gletschern im Regelfall ein Gletscherbach fehlt. Bei den subpolaren kommt der Schmelzwasserabfluß nur im Winter zum Erliegen. Zum Abbau des *Frostinhaltes (cold content)* der subpolaren Gletscher trägt nach H. U. SVERDRUP (1936) wesentlich der Schmelzwasseranfall bei. Bei einer Schmelzwärme von 80 cal und der spezifischen Wärme von Eis mit 0,5 kann 1 g Schmelzwasser beim Wiedergefrieren 160 g Eis um $1\,°C$ erwärmen.

So einleuchtend zunächst die Gliederung in temperierte und kalte Gletscher erscheinen mag, so wenig erfüllen die Messungen die gestellten Bedingungen für einen Gesamtgletscher. Je nach Höhenlage können auf einem Gletscher temperierte und kalte Zonen auftreten. Selbst in den Mittelbreiten sind kalte Gletscher nicht selten. Besonders in kontinentalen Bereichen wie im Tienschan wurden an der Stirn des Tuyuksu-Gletschers in 10 m Tiefe mit $-2,5\,°C$ (E. N. VILESOV, 1961) oder am Breithorn in 4000 m mit $-5,5\,°C$ (J. E. FISCHER, 1963) Temperaturen erheblich unter dem Druckschmelzpunkt gemessen. Die günstigsten Voraussetzungen für temperierte Gletscher finden sich dagegen in hochozeanischen Gebieten, wie am Blue Glacier (Washington/ USA), der nach E. R. LA CHAPELLE (1961) diese Bedingungen erfüllen soll.

Tab. 35: Vergleich von Firn- und Lufttemperaturen in Trockenschneegebieten (nach W. S. B. PATERSON, *1969)*

Ort	Breite	Länge	Tiefe in m	Temperatur in °C	
				Firn	Luft
Northice	78° 04′ N	38° 29′ W	15	-28	-30
Eismitte	76° 59′ N	56° 04′ W	16	-29	-30
Südpol	90° 00′ S	—	10	-51	-51

Tab. 36: Änderung der Eistemperatur mit der Höhenlage unter Einfluß von Schmelzwasser (nach W. S. B. PATERSON, *1969)*

Gletscher	Höhenstufe	Tiefe in m	Temperatur in °C
White Glacier auf	Firnbecken	8	− 9,5
Axel Heiberg in	nahe Firnlinie	8	−16
Kanada	Ablationsgebiet	8	−13

In *Trockenschneegebieten* stimmen die Firntemperaturen in 10 m Tiefe mit dem Jahresmittel der Lufttemperatur gut überein. In Bereichen mit Schmelzwasseranfall können aber höher gelegene Firngebiete als Folge der Zufuhr latenter Wärme durch wiedergefrierendes Schmelzwasser wärmer als Zungenbereiche sein.

Eine Besonderheit bei den kalten Gletschern bildet der *negative Temperaturgradient* in den höheren Eisschichten. Wie bereits A. WEGENER in Station Eismitte/Grönland feststellte, nimmt die Temperatur in den oberen Partien zunächst ab. Erst in größerer Tiefe steigen dann die Temperaturen wieder an. Ganz gleiche Beobachtungen sind auch in der Antarktis angestellt worden. E. SORGE (1933) hat diese Temperaturabnahme mit der Tiefe zunächst als Kriterium für eine Klimaschwankung angesehen. Jede neue Schneeschicht sei danach bei höheren Temperaturen sedimentiert worden. Ohne daß dafür eine klimatische Erwärmung erforderlich ist, erklärt G. Q. DE ROBIN (1955) den negativen Temperaturgradienten aus der Massenverlagerung des Gletschereises selbst. Durch die Gletscherbewegung wird Eis von höheren zu tieferen Gebieten transportiert, kommt also in wärmere Umgebung. Die aufeinanderfolgenden Jahresschichten des Firns wurden also bei jeweils höheren Temperaturen abgelagert. Diese Deutung erklärt auch, daß die negativen Temperaturgradienten in der zentralen Antarktis mit sehr geringem Gefälle kleiner sind als am Rande, wo höhere Böschungswerte bei gleichzeitig schnellerer Gletscherbewegung auftreten. Unterhalb dieser Zone nehmen die Temperaturen durch Zustrom *geothermischer Wärme* wieder zu. Die *Temperaturgradienten* liegen in der Größenordnung von 1,0—2,4 °C/100 m Höhendifferenz. Aufgrund thermodynamischer Berechnungen kommt S. A. ZOTIKOV (1963) zu dem Ergebnis, daß rund die Hälfte der Basisfläche des antarktischen Inlandeises Druckschmelzpunkttemperatur erreicht. Für das grönländische Inlandeis wird angenommen (J. I. HOLZSCHERER und A. BAUER, 1954, G. Q. DE ROBIN, 1955), daß es bis zum Grunde kalt ist, ja noch von einer Permafrostdecke bis 200 m Mächtigkeit unterlagert wird. Da die *Eisschelfe* kaum ein Oberflächengefälle aufweisen, fehlt bei ihnen der Bereich mit negativem Temperaturgradienten. An ihrer Basis findet sich bei diesen im Meer schwimmenden Eismassen die Schmelztemperatur von Seewasser, die bei 34,5 ‰ Salzgehalt —1,7 °C beträgt.

Gletscherbewegung

Die Bewegung der Gletscher wurde schon frühzeitig erkannt. So berichtete G. S. GRUNER (1760) über das Abwärtswandern eines Gesteinsblockes mit dem Gletschereis. Eine Leiter, die bei der Besteigung des Montblanc durch H. B. DE SAUSSURE 1788 am Mer de Glace verlorenging, schmolz 1832 4050 m abwärts wieder aus. Daraus errechnet sich ein jährlicher Vorschub des Eises von 92 m. Die Hütte von Hugi auf dem Unteraargletscher bewegte sich 1827 bis 1830 um 330 m talwärts, also um ca. 110 m pro Jahr. Bereits in den letzten Jahrzehnten des vergangenen, in vermehrtem Umfange im 20. Jh. wurden die Zufallsbeobachtungen durch systematische Messungen ergänzt. Einen Überblick über die Meßmethoden mit Hilfe von Theodoliten und terrestrischer Photogrammetrie gibt R. FINSTERWALDER (1931).

Die Messungen an Alpengletschern erbrachten fast durchweg einen parabolischen Verlauf der Geschwindigkeitsverteilung im Querprofil. Die höchsten Werte liegen in den randfernsten Bereichen, die niedrigsten nahe dem Ufer.

Abb. 30: Vernagtferner als Beispiel zur Erläuterung der geometrischen Theorie der Gletscherbewegung (nach S. FINSTERWALDER, 1897; aus H. LOUIS, 1960)

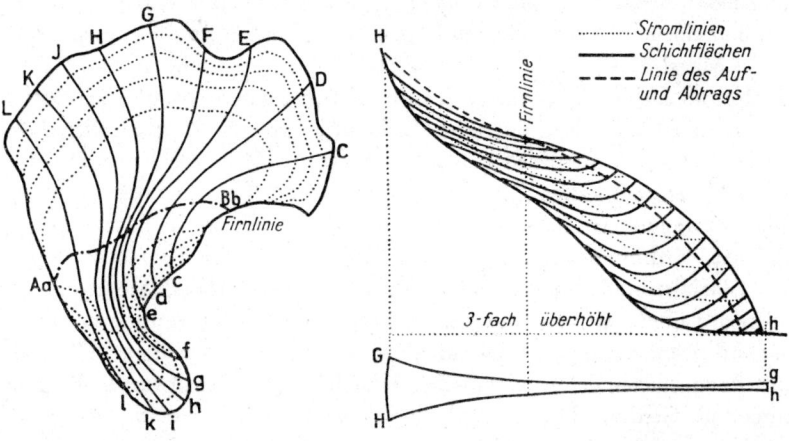

Die Beobachtung ergab ferner aus dem Verlauf von Mittel- und Seitenmoränen, daß die relativen Lagebeziehungen einzelner Eispartien beim Fließen nicht verändert werden. Unter Berücksichtigung dieser Tatsache und der Voraussetzung eines stationären Massenhaushaltes entwickelte S. FINSTERWALDER (1897) die geometrische oder kinematische Theorie der Gletscherbewegung. Die Theorie basiert auf der Kontinuitätsgleichung, die besagt, daß die in einem Querschnitt ein- und ausfließenden Massen gleich sind der Massenänderung pro Zeiteinheit durch Dichteänderung. Bestimmte Flächen und Punkte des Nährgebietes können danach entsprechenden Flächen und Punkten des Zehrgebietes zugeordnet werden. Nach Abb. 30 sinkt dabei ein Schnee- und Eispartikel um so tiefer unter die Gletscheroberfläche, je höher es im Akkumulationsgebiet eingetreten ist. Die Firnlinie bildet sich in sich selbst ab, d. h., an dieser Stelle gefallener Schnee schmilzt dort auch wieder ab. Die Theorie berücksichtigt nicht den Eisverlust am Grunde des Gletschers. Dadurch wird ein Teil der Stromlinien gekappt.

Die geometrische Theorie von S. FINSTERWALDER gibt nur eine Vorstellung vom Ablauf der Bewegung, sagt jedoch nichts über die mechanischen Vorgänge und die auftretenden Kräfteverhältnisse aus. Beim Strömungsbild eines laminaren Fließens schrieben C. SOMIGLIANA (1921, 1931) und M. LAGALLY (1932, 1933) dem Eis *viskose* Eigenschaften zu. Nach den Untersuchungen von M. F. PERUTZ (1948), G. P. RIGSBY (1951), J. W. GLEN (1952, 1958) und anderen verhält sich Eis wie viele reale Stoffe weder elastisch noch viskos, sondern *strukturviskos*, also *plastisch*. Die *Fließgrenze* liegt bei einer Schubbeanspruchung von etwa 1 bar. Aufgrund dieser Kenntnisse formulierte W. GLEN (1958) das *Fließgesetz* für Eis, wonach dessen *Deformationsgeschwindigkeit* ($d\gamma/dt$) abhängig ist von der *Schubspannung* (τ), einem temperaturvariablen Faktor (k) und einem materialbedingten Exponenten (n mit Werten zwischen 2 und 4, im Mittel 3), $d\gamma/dt = k\tau^n$. Die Werte für k nehmen mit sinkender Temperatur ab. Demnach bewegen sich kalte Gletscher unter sonst gleichen Bedingungen langsamer als temperierte. Es besteht also nur ein gradueller, kein grundsätzlicher Unterschied (E. v. DRYGALSKI, 1942) in der Bewegung von temperierten und kalten Gletschern. Aufgrund der Randeinflüsse von Gletscherbettwandungen, für die E. F. NYE (1965) eine numerische Lösung gefunden hat, wird die Bewegung gegen die seitliche und untere Begrenzung Null. Die Glazialerosion ist nach dem Glenschen Fließgesetz nicht erklärbar.

In den dreißiger Jahren erfaßte R. FINSTERWALDER im Karakorum einen wesentlich anderen Typ der Gletscherbewegung schärfer, der schon früher von den Randgebieten des grönländischen Inlandeises beschrieben wurde. Bei ihm nimmt die Geschwindigkeit innerhalb eines schmalen Randbereiches sehr rasch zu und bleibt dann weitgehend über den Gletscherquerschnitt konstant. R. FINSTERWALDER (1937) bezeichnet diese Art des Gletscherabflusses als *Blockbewegung*, weil sich das Eis innerhalb äußerst mobiler Zonen wie ein starrer Block vorschiebt. W. PILLEWIZER (1938, 1957, 1958) konnte an Hand von Beobachtungen in Westspitzbergen und im Karakorum nachweisen, daß sich Blockbewegung in der Regel bei Gletschern mit sehr großem Einzugsgebiet und hohen Niederschlägen, also bei reichlicher Ernährung, und ferner bei steilem Relief des Felsuntergrundes einstellt.

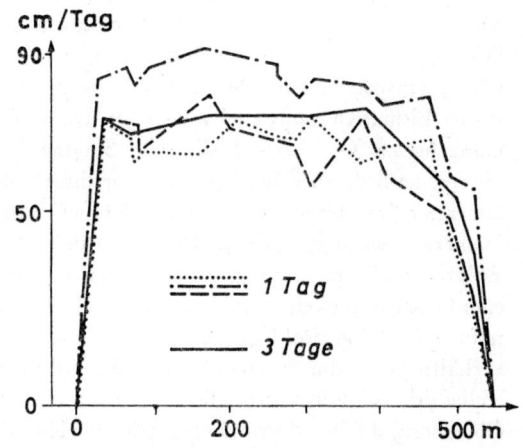

Abb. 31: Blockschollenbewegung am Shispargletscher im NW-Karakorum (nach W. PILLEWIZER, 1957; aus H. LOUIS, 1960).

Bei dieser Art von Bewegung ist die Geschwindigkeit an der Bettwandung ungleich Null, d. h. es findet ein aktives *Gleiten* an der Felsoberfläche, die zur Glazialerosion führt, statt. Nach J. WEERTMAN (1957, 1964, 1967), der diese Art der Gletscherbewegung theoretisch fundierte, werden die Gleitvorgänge hervorgerufen durch Schmelzwasseranfall über Regelation am Gletscherboden und Zunahme der Schubspannung vor größeren Hindernissen. B. KAMB und E. LA CHAPELLE (1964) haben die Theorie durch direkte Beobachtungen in Stollen unter dem Eis bestätigt. Besonders *glacier-surges* (katastrophale Gletschervorstöße) sind nur durch Gleitvorgänge zu erklären. So stieß der Black Rapids Glacier in Alaska um 5 km in fünf Monaten (J. H. HANCE, 1937), der Muldrow-Gletscher in weniger als einem Jahr um 7 km vor (A. S. POST, 1960). Der Schmelzwasseranfall erklärt auch die Geschwindigkeitsvariationen an Gletschern in Abhängigkeit vom Strahlungsgewinn (W. PILLEWIZER, 1939, F. WILHELM, 1963). An Tagen mit bedecktem Himmel ist die Bewegung geringer als an Strahlungstagen. Gleiten am Grund ist bei jedem

Gletscher neben der druckbedingten Eisdeformation an der Bewegung, wenngleich in unterschiedlichem Maße, beteiligt. Nach einer Zusammenstellung bei W. S. B. PATERSON (1969) beträgt das Verhältnis von Grund- zur Oberflächengeschwindigkeit, also der Gleitanteil, am Aletschgletscher 0,5, Tuyuksugletscher 0,65, Athabascagletscher 0,75 und Blue Glacier 0,9.

Auch im Längsprofil weist ein Gletscher eine typische Geschwindigkeitsverteilung auf. Sieht man von den Störungen in Gletscherbrüchen bei steilem Untergrund ab, so nimmt die Fließgeschwindigkeit zunächst vom Firngebiet gegen einen mittleren Zungenteil zu und gegen das Gletscherende wieder ab. Diese Sachlage läßt sich leicht aus den Kontinuitätsbedingungen erklären. Durch jeden Querschnitt eines gleichförmigen, z. B. parabolischen Gletscherbettes müssen entsprechend den Massenhaushaltsgegebenheiten der einzelnen Höhenstufen Eismassen transportiert werden. Da von der oberen Gletscherumrahmung bis zur Gleichgewichtslinie die Summe des akkumulierten Schnees zunimmt, muß durch jeden tieferen Querschnitt mehr Material als durch einen höheren gefrachtet werden. Bleiben die Querschnitte gleich, kann das nur durch raschere Bewegung erfolgen. Unterhalb der Gleichgewichtslinie wachsen die Ablationsverluste, die Jahresmassenbilanz wird negativ; daraus resultiert eine Geschwindigkeitsabnahme. Im einzelnen wird die Geschwindigkeitsverteilung im Längsprofil darüber hinaus in starkem Maße durch die Gefällsverhältnisse bestimmt. Die Geschwindigkeitsabnahme wurde bisher fast ausschließlich bei Gletschern, die auf fester Unterlage enden, beobachtet. Bei Gletschern, die ins Meer münden, tritt gewöhnlich eine beachtliche Geschwindigkeitszunahme gegen das Zungenende ein. Der Freemangletscher erhöht seine Geschwindigkeit gegen die Kalbungsfront von 40 cm/Tag auf 54 cm/Tag (F. WILHELM, 1965). Am Königsgletscher in Westspitzbergen stellte W. PILLEWIZER (1938) eine Geschwindigkeitszunahme von 3 m auf 12 m/Tag fest. Die größte Steigerung der Mobilität wird von den westgrönländischen Gletschern berichtet, von wo E. v. DRYGALSKI (1898) einen Anstieg der Geschwindigkeit von 7—9 m/Tag in 250 m ü. M. auf 18—19 m/Tag an der Kalbungsfront nennt. DRYGALSKI hat die Zunahme der Geschwindigkeit durch Querschnittsverringerung erklärt. Diese Deutung trifft für einen Teil der Spitzbergengletscher nicht zu. H. W:son AHLMANN (1935) und W. PILLEWIZER (1939) führen den Mobilitätszuwachs an der Kalbungsfront auf Durchdringung des Gletschers mit Meerwasser zurück. F. WILHELM (1961, 1963) erblickt darin einen Ausdruck unterschiedlicher jahreszeitlicher Bewegung unter Mitwirkung der anfallenden Schmelzwassermenge. Nach der Theorie von J. WEERTMAN sind gerade bei Gletschern, die im Meer enden, ausgezeichnete Bedingungen für Gleitvorgänge gegeben.

Die *Gletschergeschwindigkeiten* sind abhängig vom Gefälle, von der Mächtigkeit der Gletscher, von der Masse des Firnnachschubes aus dem Nährgebiet und von der Eistemperatur. An Ostalpengletschern wurden Jahresbewegungen von 30—150 m beobachtet. Im Karakorum und in Spitzbergen liegen die Werte zwischen 130 und 800 m pro Jahr. Die höchsten Geschwindigkeiten treten zweifellos in den verengten Auslässen der großen Inlandeise auf. Mehrere Kilometer pro Jahr sind hier keine Seltenheit. Wenig bekannt sind bisher die Fließgeschwindigkeiten des Inlandeises und der Eisschelfe. Die flächenhafte Bewegung in der Antarktis beträgt im westlichen Droning Maud Land 1—15 m/Jahr, an den Küsten von Mc Robertson Land 20 m/Jahr und von Terre Adelie 30 m/Jahr. Die Geschwindigkeit der Eisschelfe ist wesentlich größer. Die Nachmessung einer von W. HOFMANN, E. DORRER und K. NOTTARP (1964) ausgelegten Tellurimeterstrecke erbrachte Maximalbewegungen von 935 m/Jahr (E. DORRER, 1970). Die Mobilität nimmt auch hier landeinwärts ab. Die Geschwindigkeitsbestimmung an derart großflächigen Eisschelfen und Eisschilden bereitet, da Fixpunkte ferne sind, große meßtechnische Schwierigkeiten.

Tab. 37: Jahreszeitliche Geschwindigkeitsschwankungen des Mittelbergferners (Pitztal) (nach W. PILLEWIZER, 1938)

Meßzeit	Tagesbewegung in cm	Jahreszeit
8. 8. 1938—24. 9. 1938	6,9	Sommer, keine Schneebedeckung
13. 10. 1938—4. 1. 1939	6,0	Frühwinter, 1 m Schnee
6. 1. 1939—6. 3. 1939	6,0	Hochwinter, 1—2 m Schnee
6. 3. 1939—30. 5. 1939	6,6	Spätwinter, 3—4 m Schnee

Die Gletscherbewegung ist, da Druck und Temperatur die plastischen Eigenschaften des Eises beeinflussen, über das Jahr nicht konstant. Auf der Zunge des Mittelbergferners ist die Sommergeschwindigkeit bei hohen Temperaturen am größten. Erst im Spätwinter, wenn durch Schneeauflage der Druck ansteigt, werden wieder ähnliche Werte erreicht. Dieses Beobachtungsergebnis weist darauf hin, daß sich Zunge (Zehrgebiet) und Firnbecken (Nährgebiet) in den jahreszeitlichen Geschwindigkeitsvariationen unterschiedlich verhalten. Nach Tab. 38 (Seite 158 oben) sind im unteren Zungengebiet die Sommergeschwindigkeiten, in den höheren Gletscherabschnitten die Wintergeschwindigkeiten höher.

Auch W. S. B. PATERSON (1964) zeigt für den unteren Zungenteil des Athabasca-Gletschers, daß die Wintergeschwindigkeit um 10—15 % geringer ist

Tab. 38: Verhältnis der Sommer- zur Jahresgeschwindigkeit in einzelnen Höhenstufen des Hintereisferners (nach S. FINSTERWALDER und A. BLÜMCKE, 1905)

Mittlere Höhe ü. M. (in m)	2 405	2 430	2 460	2 600	2 710	2 780	2 840
Entfernung vom Zungenende (in m)	300	400	700	1 750	2 700	4 000	4 800
$\dfrac{\text{Sommergeschwindigkeit}}{\text{Jahresgeschwindigkeit}}$	1,337	1,329	1,173	0,890	0,773	0,637	0,693

als die Sommerbewegung. Die wöchentlichen bis monatlichen Schwankungen sind mit 40 % schon wesentlich größer. Sie werden aber noch erheblich von kurzfristigen Variationen im Stunden- bis Tagesbereich übertroffen. Dies legt den Schluß nahe, daß sich die Gletscherbewegung über kurzfristige Rucke einzelner Partien vollzieht, deren Summe über eine längere Periode gleichmäßiges Fließen ergibt.

Nach diesen knappen Darlegungen ist die Gletscherbewegung eine komplexe Erscheinung aus interner Eisdeformation (Glensches Fließgesetz) und Gleitvorgängen. Zur Bewegung in Längsrichtung treten noch solche quer und senkrecht zur Oberfläche. Die Querbewegung ist im Regelfall geringer als die in Längsrichtung. Noch kleiner ist die Vertikalkomponente. Sie ist im Nährgebiet nach unten *(Submergenzgeschwindigkeit)*, im Zehrgebiet nach oben *(Emergenzgeschwindigkeit)* gerichtet. Ihre Größenordnung liegt bei einigen Metern pro Jahr.

Aufgrund der theoretisch geforderten und auch gemessenen Geschwindigkeitsverteilung in einem Gletscher ist es möglich, allein aus der Kenntnis der Oberflächenbewegung die mittlere Geschwindigkeit über einen Gesamtquerschnitt zu berechnen. Näherungsweise sind beide für einen parabolischen Querschnitt in einer Fehlergrenze von einigen Prozenten gleich. Diese Feststellung gilt auch für Gletscher mit Blockschollenbewegung. Aus der Messung der Oberflächengeschwindigkeit kann somit der Eisdurchfluß durch einen Querschnitt bestimmt werden, ohne daß dafür Bohrungen erforderlich sind.

Gletschergefüge

Schichtung, Bänderung oder Blätterung, Scherflächen und Spalten sind die vorherrschenden Formenelemente des Gletschergefüges. *Schichtung* entsteht im Firngebiet durch Akkumulation von festem Niederschlag. Primäre Dichteunterschiede der Schneedecke, Harst-(Harsch-)Bildungen als Folge von Tauen und Wiedergefrieren, äolische Staubsedimentation und Einwehung von Pollen bieten Möglichkeiten zur weiteren Unterteilung der schneeigen Ablagerungen. Generell sind die Winterschichten lockerer gepackt als die wasserhaltigeren festen Niederschläge des Sommers. Die Mächtigkeit der in einem Jahr im Nährgebiet verbleibenden Schicht ist vom Verhältnis Akkumulation/Ablation der jeweiligen Höhenstufe abhängig. Eine primär gleichmäßig über den Gletscher gebreitete Schneedecke wird durch Abschmelzen, Windverfrachtung und Abgleitvorgänge derart verändert, daß eine diskordante Schnittfläche entsteht. Die an der Oberfläche ausbeißenden Schichten (Sommer-/Winterschichten, Schmutzeinlagerungen) werden dort wegen der bestehenden Dichte- und Farbunterschiede sichtbar. Die mit mehr oder minder gewundenem Verlauf über die Gletscher hin verfolgbaren Grenzsäume der Schichten werden primäre *Schichtflächenogiven* genannt.

Auch im körnigen Gletschereis ist eine Art Schichtung zu erkennen. Es wechseln Millimeter bis Dezimeter dicke Partien weißen, lufthaltigen Eises mit blauem bis grünblauem Gletschereis ab. Diese Erscheinung wird als Bänderung oder Blätterung bezeichnet. Man spricht von *Blau-* und *Weißblättern*. V. VARESCHI (1935) konnte anhand von Pollen nachweisen, daß auch in der Blätterung zum Teil noch die primäre Firnschichtung erhalten ist. Die Pollenzahl pro Volumeneinheit steigt im Eis durch Verdichtung bei der Metamorphose gegenüber dem Firngebiet beträchtlich an. In der Firnmulde des Gepatschferners in den Ötztaler Alpen fand VARESCHI 83, in einem mittleren Gletscherabschnitt 327 und im untersten Teil 704 Pollenkörner/dm^3. Die Blätter müssen nicht immer den primären Firnschichten entsprechen. Bei den regenerierten Gletschern am Fuße hoher Abstürze und beim Lawinenkesselgletschertyp wird die ursprüngliche Primärschichtung völlig zerstört. Trotzdem treten auch bei diesen Gletschern Blätter auf. Die Lage der Blätter — an den Seiten uferparallel streichend und steil gegen das Gletscherinnere einfallend, am Zungenende löffelförmig ausbhebend — zeigt eine deutliche Beziehung zur Druckverteilung in den Gletschern. In gleiche Richtung weist die zur Oberfläche der Blätter parallele Einregelung der Luftblasen und eingeschlossenen Mineralkörner. Die an der Oberfläche ausbeißenden Blätter, die vornehmlich am Zungenende umlaufend gut zu erkennen sind, werden als *Blätter-* oder *Bänderogiven* bezeichnet.

Nach der Plastizitätstheorie vollzieht sich die Gletscherbewegung entlang von *Scherflächen*. Sie treten dann auf, wenn die elastischen Eigenschaften des Eises nicht mehr ausreichen, um die Beanspruchung durch Zerr- und Schubspannungen über Formänderung auszugleichen. Scherflächen größeren Ausmaßes werden *Schubflächen* genannt. Sie treten im Nährgebiet in Form von Abschiebungen, im Zehrgebiet als Überschiebungen auf. Messungen an kleinen Scherflächen erbrachten Relativbewegungen von übereinander lagernden Eispartien von 1,0—1,5 cm/Tag. Nach Überwindung der Zone mit unterschiedlichen Geschwindigkeiten schließt sich die Scherfläche unter Bildung eines Blaublattes wieder. An den Schubflächen ist gelegentlich von der Gletschersohle aufgeschlepptes Grundmoränenmaterial zu beobachten. Hierin liegt ein Hinweis, daß im unteren Zungenteil die Gletscherbewegung eine gegen die Oberfläche gerichtete Komponente haben kann. Die Texturlinien der feinen Scherrisse werden auf dem Gletscher *Scherflächenogiven* genannt.

An Stellen mit großen Geschwindigkeitsdifferenzen benachbarter Eismassen treten *Spalten* auf. Da sich mit wachsendem Druck die Eigenschaften des Eises ändern und die plastische Verformbarkeit zunimmt, ist die Spaltenbildung nach der Tiefe begrenzt. R. F. GOLDTHWAIT (1938) nennt eine kritische Tiefe von 38 m. Sie ist selbstverständlich von den klimatischen Gegebenheiten abhängig und in Polargebieten mit kaltem Eis und großer Firnmächtigkeit mit 100 m und mehr wesentlich größer. Die Spaltenbildung ist danach auf die oberen, starren Bereiche eines Gletschers beschränkt. An der Oberfläche klaffen die Spalten weit. Sie schließen sich nach der Tiefe. Nach den Gesetzen der Gletschermechanik sind Spalten ortsfest sowie an bestimmte, vom Relief des Untergrundes und von der Bewegung vorgezeichnete Stellen auf dem Gletscher gebunden.

Das höchstgelegene, ortsfeste Spaltensystem auf einem Gletscher ist der *Bergschrund*. Er kann über 30 m breit und bis zu 100 m tief sein. Die große Vertikalerstreckung ist dadurch zu erklären, daß im obersten Nährgebiet wegen der geringen Dynamometamorphose eine Umwandlung von Firn zu Gletschereis erst in sehr großen Tiefen erfolgt. Der Bergschrund reißt an der Stelle eines Gletschers auf, an der sich ein tieferer, stärker bewegter Teil von dem an der Karumwandung festgefrorenen absetzt. Vom Bergschrund ist grundsätzlich die *Randkluft* zu unterscheiden (L. DISTEL, 1925). Sie ist keine Spalte im eigentlichen Sinn, sondern eine Abschmelzfuge an der *Schwarz-Weiß-Grenze* zwischen Fels und Firn.

Der Bergschrund ist strenggenommen eine Querspalte. *Querspalten* treten überall dort auf, wo im Längsprofil eines Gletschers große Geschwindigkeitsdifferenzen zwischen benachbarten Eispartien vorhanden sind. Nach Überwindung dieser Zone schließen sich die Spalten wieder, und es entsteht häufig ein Weißblatt. Besonders große Spaltensysteme finden sich in Gletscherbrüchen über Steilstellen im Felsuntergrund. Gelegentlich ist dort die Oberfläche in einzelne *Eis-* und *Firntürme*, sogenannte *Séracs*, aufgelöst.

160

Am Gletscherende, an dem die Zunge nach allen Seiten divergiert, können *Radialspalten* auftreten. *Längsspalten* kommen dort vor, wo quer zum Gletscher Bewegungsunterschiede vorhanden sind. Die Längsspalten sind mechanisch wie die Querspalten zu erklären. Da die Spalten immer senkrecht zu den herrschenden Zugspannungen aufreißen, sind die *Randspalten* im Übergangsbereich von niedrigen zu hohen Geschwindigkeiten mit etwa 30—45° vom Rand aus gletscheraufwärts gerichtet. Sie sind in den ufernahen Teilen weit aufgerissen und schließen sich mit wachsendem Randabstand. Gletscherspalten sind danach Ausdruck einer differenzierten Bewegung benachbarter Eismassen.

Moränengehalt der Gletscher

Moränen sind das durch Gletscher transportierte Fremdmaterial. Sie bestehen vorwiegend aus Gesteinsschutt des Felsuntergrundes und der die Gletscher umrahmenden Höhen. Nach ihrer Lage auf, im oder unter dem Gletscher werden mehrere Moränenarten unterschieden. Das im Einzugsgebiet der Gletscher von den Rahmenhöhen durch Steinschlag, Bergsturz, Lawinengang usw. auf die Gletscheroberfläche gelangende Gestein wird als *Obermoräne* angesprochen. Es besteht meist aus blockreichem Material und Scherbenschutt der Frostverwitterung. Durch die ständige Akkumulation von Schnee im Firnfeld wird der Schutt überlagert und kommt immer tiefer unter die Gletscheroberfläche. Aus einer Obermoräne wird eine *Innenmoräne*. Auch an ihrer Sohle führen Gletscher Gesteinsmaterial als *Grundmoräne* mit. Infolge der starken mechanischen Beanspruchungen beim Transport am Grunde des Gletschers ist der Anteil an Feinmaterial größer als bei der Obermoräne. Die gröberen Stücke zeigen durchweg eine starke Kantenrundung, und ihre Oberflächen sind gekritzt. Das Feinmaterial führt in den Gletscherbächen zur Trübung des Wassers *(Gletschermilch)*. Innen- und Grundmoränen werden unterhalb der Firnlinie, wenn sie an der Oberfläche ausschmelzen, zur Obermoräne.

Die parallel zum Gletscherrand mitgeführten Schuttmengen werden als *Seitenmoränen* angesprochen. Nach Ablagerung wird aus der Seitenmoräne eine *Ufermoräne*. Am Zusammenfluß zweier Gletscherzungen entsteht aus den beiden Seitenmoränen eine *Mittelmoräne*. Mittelmoränen treten auch dann auf, wenn irgendwo subglazial in einem Gletscher von einer Felsaufragung Gesteinsschutt abgegeben wird. Das Material wird zunächst als Innenmoräne weitertransportiert und schmilzt unterhalb der Firnlinie als geradlinig verlaufende Mittelmoräne aus. Bei Seiten- und Mittelmoränen ist häufig zu beobachten, das besonders plattige Gesteinsstücke hochkant stehen und sich somit den Marginaltexturen, die sich aus der Druckbeanspruchung im Gletschereis ergeben, anpassen.

Die dem Relief untergeordnete Vergletscherung weist eine sehr viel stärkere Moränenführung auf, als die übergeordnete Vergletscherung, bei der die schuttliefernden umrahmenden Höhen fehlen. Besonders in den sehr hohen Gebirgen — Himalaya, Karakorum u. a. — ist die Schuttführung so groß, daß die unteren Zungenabschnitte völlig mit Moräne bedeckt sind. Die Moränenüberlagerung kann so mächtig werden, daß auf den untersten Zungenteilen, wenn die Geschwindigkeit hinreichend klein geworden ist, Wälder stehen, wie aus den feuchten pazifischen Ketten des südlichen Alaskas bekannt ist. In den schuttreichen Hochgebirgen finden sich zungenförmige Anhäufungen von Blockwerk, das sich mit geringer Geschwindigkeit hangab bewegt. Diese Formen werden *Blockgletscher* genannt. E. GROETZBACH (1965) unterscheidet weiter zwischen *Blockzungen*, die aus den von Schutt überwältigten Zungenenden von Gletschern hervorgegangen sind, und *Blockgletschern* aus Hangschuttmaterial, unabhängig von ehemals aktiven Gletschern. In der Bezeichnung wäre ein Vertauschen der Namen günstiger. Unbeschadet der Tatsache, ob die Blockgletscher aus ehemals aktiven Gletschern oder aus Hangschutt entstanden sind, ist Eis im Inneren für ihre Mobilität entscheidend. Die Temperatur der Quellbäche am unteren Ende der Blockgletscher, mit 0—1 °C, weist auf Eisinhalt hin.

Ablationsformen

Aus dem Zusammenwirken von Einstrahlung und Warmluftzufuhr einerseits und einer unterschiedlichen Widerständigkeit von Firn und Eis gegenüber den Tauprozessen andererseits entstehen an der Gletscheroberfläche charakteristische *Schmelzformen*. Genetisch lassen sich drei Grundtypen der Ablationsformen unterscheiden: Strukturlinien, die durch abrinnendes Schmelzwasser entstehen, Hohl- und Vollformen durch selektive Schmelzvorgänge unter Mitwirkung von Fremdmaterial sowie differenzierter Firn- und Eisabbau infolge unterschiedlicher Dichte.

Das anfallende Schmelzwasser fließt, nachdem die Neuschneedecke oder die Firnunterlage mit Wasser gesättigt ist, dem Gefälle folgend an der Oberfläche ab. Dabei entstehen zahlreiche parallele Rillen, die rasch bis zu 0,5 m tief werden können. Nach Aufhören des Schmelzvorganges fallen die Rinnen trocken und überziehen sich mit einer glasigen Eisschicht. Auch auf dem Blankeis der Gletscheroberfläche kommen Bäche vor. Nach einem meist stark mäandrierenden Lauf unterschiedlicher Länge stürzen die Bäche in Spalten in die Tiefe und strudeln *Gletschermühlen* aus.

Die Schmutzteilchen im Gletscher beeinflussen in vielfältiger Weise die Ablationsformen. In geringer Mächtigkeit fördern sie durch ihre stärkere Erwärmung gegenüber dem Eis (geringere spezifische Wärme) das Abschmelzen. In großer Schichtdicke schützen sie den unterlagernden Eiskörper vor Ablation.

Allgemein ist bekannt, daß kleine Steine in die Eisoberfläche einsinken. Die stärkere Erwärmung von Fremdmaterial gegenüber Eis führt zur Bildung der *Kryokonitlöcher*. Das sind senkrechte Röhren mit einer lichten Weite von 5—10 cm und einer Tiefe bis zu 1 m. Auf ihrem Grunde ist stets feiner Schlamm angereichert, der das rasche Tieftauen bei einfallender Strahlung verursacht. Da mit zunehmender Tiefe der in die enge Röhre eindringende Anteil der Strahlung geringer wird, ist dem Längenwachstum der Kryokonitlöcher eine Grenze gesetzt. Bei niedrigem Sonnenstand im Herbst verringert sich ihre Tiefe wieder, da wohl das Eis der Oberfläche schmilzt, die Strahlen aber nicht mehr in die enge Röhre einfallen. Die schönsten Kryokonitlöcher finden sich nördlich 68° N. Nach H. HOINKES (1970) treten sie bei Alpengletschern vorwiegend im Bereich des aufgefrorenen Eises (superimposed ice) auf. Auch die Schmutzbänder der Marginaltexturen nahe dem Gletscherrand führen zu einer selektiven Ablation. Die dabei entstehenden Furchen werden als *Wagengleise* bezeichnet.

Mächtige Schuttablagerungen auf Gletschern und große Steine schützen das darunterliegende Eis vor dem Abschmelzen. Ein Beispiel dafür bieten *Gletschertische*, bei denen meist plattige Gesteine auf einem Eissockel über die benachbarte Gletscheroberfläche emporragen. Die Felsplatten auf dem Eisfuß sind auf der Nordhalbkugel in der Regel nach Süden (Sonnenstand) geneigt. Auch die Mittel- und Seitenmoränen täuschen oft eine größere Schuttmächtigkeit vor, als wirklich vorhanden ist. Bei näherer Beobachtung zeigt sich, daß unter einer hinreichend dicken Moränenablagerung sehr bald das körnige Gletschereis ansteht. Durch den schuttbedingten Strahlungsschutz liegt die Eisoberfläche unter Moränenbedeckung höher als in der Umgebung, wo sie stärker abschmilzt. Besonders nahe dem Zungenende, bei starker Anreicherung von feinem Grundmoränenmaterial an der Oberfläche, treten gelegentlich mehrere Meter hohe Schuttkegel auf. Auch hier bildet das Moränenmaterial nur einen Deckmantel der kegelförmigen Eisaufragung.

Durch rein selektive Ablation infolge von Dichte- und Albedounterschieden entstehen die *Mittagslöcher*. Bei meist streng W—E orientierter Basis bilden sich auf der Nordhalbkugel nach Norden ausbuchtende, halbkreisförmige Vertiefungen. Die Form der Schmelzschalen spiegelt die wechselnde Intensität der Einstrahlung im Laufe des Tages wider. Auch die Unterschiede zwischen den Weiß- und Blaublättern können zu einer Furchen- und Kammbildung Anlaß geben. Dabei entstehen sowohl aus Weiß- wie auch aus Blaublättern Voll- und Hohlformen. Der höheren Dichte und größeren Widerstandsfähigkeit der Blaublätter steht die verstärkte Albedo der Weißblätter gegenüber. Lang hinziehende Kämme aus Weißblättern werden auch als *Reidsche Kämme* bezeichnet. Neben Mittagslöchern finden sich im Nährgebiet gelegentlich W—E gestreckte Ablationsfurchen *(Furchenfirn)*. Im Rinnentiefsten liegt dabei lockerer, nasser Firn, die zwischen den einzelnen Tiefenlinien aufragen- den Kämme tragen dagegen eine Harstschicht, die gegenüber der Ablation stabilisierend wirkt. Diese Formen sind der erste Ansatz zur Bildung von *Büßerschnee,* über den C. TROLL (1942) ausführlich berichtet hat. Der Büßer- schnee, *Nieve de los Penitentes,* besteht aus kegelförmigen, turmartigen, schräg geneigten Schnee-, Firn- oder Eismassen, die in Reihen angeordnet sind. Je nachdem spricht man von Zackenschnee, Zackenfirn oder Zackeneis. Die Neigung der Furchenebenen entspricht ungefähr der Kulminationshöhe der Sonne. Die Penitentes stehen deshalb in Äquatornähe steil. Ihr Neigungs- winkel gegen die Horizontale verringtert sich mit wachsender Breite. Eine wichtige Voraussetzung für die Entstehung von Büßerschnee sind Trocken- perioden im Ablauf des Jahres mit hoher Strahlungsintensität und großer Frostwechselhäufigkeit. Entsprechend diesen Bildungsbedingungen liegt das Hauptverbreitungsgebiet des Nieve de los Penitentes in den Hochgebirgen der Tropen und Subtropen. Je nach der Dauer der Schneedecke sind kurz- fristige, ganzsömmerige und perennierende Penitentes zu unterscheiden. Klein- formen des Büßerschnees können im Frühjahr gelegentlich auch in unseren Breiten beobachtet werden. Eine hervorragende theoretische Behandlung der freien und bedeckten Ablation hat aufgrund sorgfältiger meteorologischer Beobachtungen im Himalaya unter besonderer Berücksichtigung der Penitentes- bildung H. KRAUS (1966) durchgeführt.

Eishaushalt der Gletscher und Gletscherschwankungen

Der Eishaushalt der Gletscher errechnet sich aus der Summe der Akkumula- tions- und Ablationshöhen. Bei der allgemeinen Wasserhaushaltsgleichung Abfluß (A) + Verdunstung (V) + Rücklage (R) — Aufbruch (B) + Nieder- schlag (N) = 0 ist der Ausdruck R — B gleich dem Massenhaushalt eines

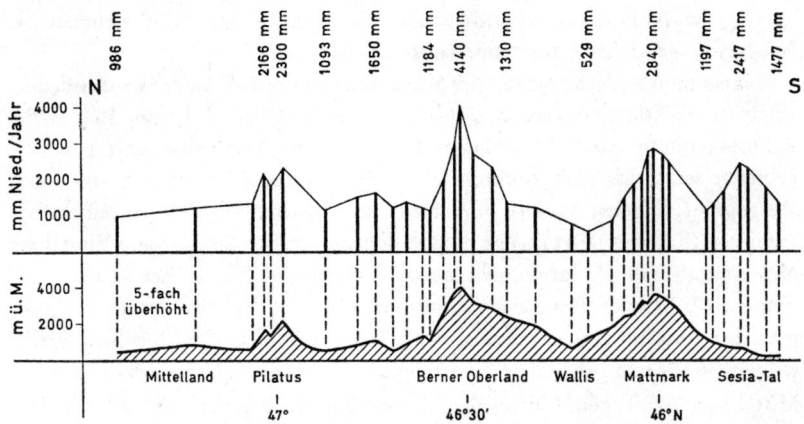

Abb. 32: Zunahme der Niederschläge mit der Höhe auf einem Profil Schweizer Mittelland—Sesia-Tal (nach W. WEISCHET, 1965)

Gletschers. Wird der Wert R — B positiv, so liegt eine Volumenzunahme vor, bei negativer Größe ein Massenschwund. Der Grenzfall R — B = 0 ist die Definition für einen stationären Gletscher.

Tab. 39: Abhängigkeit des nivometrischen Koeffizienten (S/N · 100 · S = Schneefall in mm Wasser, N = Gesamtniederschlag in mm) von der Höhenlage in den Westalpen und den pazifischen Ketten Nordamerikas (nach L. LLIBOUTRY, 1964, und J. CORBEL, 1962)

Höhe in m Gebiet	100	1000	1500	2000	2500	3000	3500
Schweiz	13	27	40	60	75	90	96
Savoien	10	23	37	55	70	84	92
Nord-Dauphiné	8	20	33	48	64	80	89
British Columbia (52° N)	—	40	60	80	100	100	100

Als wichtigste Größe für die Ernährung der Gletscher sind die festen Niederschläge zu nennen. Wie die Beobachtung lehrt, wechseln in der Höhe die Niederschlagsmengen von Station zu Station sehr stark. Es ist demnach nicht angebracht, von Beobachtungen in Talstationen auf den wirklichen Firn-

165

auftrag im Nährgebiet zu schließen (s. S. 145). In der Regel nehmen die Niederschläge in den Außertropen mit der Höhe zu.

Zudem muß auch der Anteil des Schneefalls an der Höhe der Gesamtniederschläge berücksichtigt werden. Auch er wächst mit der Höhe an. In gleicher Richtung nimmt aber die Ablation stark ab. Der Massenhaushalt von Eisgebieten setzt sich also zusammen aus *Einnahmen* (*Akkumulation* c) und *Ausgaben* (*Ablation* a). Die *Bilanz* zu einer bestimmten Zeit, an einem bestimmten (fixierten) Ort (b_t) ist danach die algebraische Summe von Einnahme plus Ausgabe (die Ablation geht stets mit negativem Vorzeichen in die Gleichung ein), $b_t = c_t + a_t$. Als Zeitintervall für die *Nettobilanz* (b_n) nimmt man den Abstand zweier aufeinander folgender Minima. Im Regelfall weicht es von 365 Tagen ab. Über eine längere Zeitspanne ergibt sich jedoch ein Mittel von 365 Tagen. Nur in den Tropen können innerhalb eines Kalenderjahres als Folge der doppelten Regenzeit auch zwei Bilanzjahre auftreten. Die Nettobilanz eines Gletschers kann in eine *Winterbilanz* (b_w) und eine *Sommerbilanz* (b_s) gegliedert werden. Die Winterbilanz reicht vom vorangehenden Minimum bis zu dem Zeitpunkt, wo $b_t = c_t + a_t$ ein Maximum wird. Die Sommerbilanz wird von diesem Maximum bis zum folgenden Minimum gerechnet. Für die Nettobilanz ergibt sich daraus $b_n = b_w + b_s = c_t + a_t = c_w + a_w + c_s + a_s$. Werden die Einzelelemente der Massenbilanz über die Gesamtgletscherfläche S integriert, so erhält man aus $\int c\, dS = C$, das *Akkumulationsvolumen,* $\int a\, dS = A$, das *Ablationsvolumen* und $\int b_n\, dS = B_n$, das *Bilanzvolumen.* Den Quotienten $B_n : S = b_n$ bezeichnet man als *mittlere spezifische Nettobilanz,* in der Dimension g/cm^2 oder cm Wassersäule.

So einleuchtend die Definition des natürlichen Haushaltsjahres und seine Unterteilung in eine Winter- und Sommerbilanz ist, so schwierig ist sie messend zu erfassen. Besonders die Eintrittszeit des Maximums ist in den einzelnen Höhenstufen unterschiedlich. Nach H. HOINKES (1970) tritt es am Hintereisferner in 2400—2700 m häufig im April, in 2700—3100 m im Mai oder Juni auf, und oberhalb 3100 m ist es in manchen Jahren kaum ausgeprägt, weil dort der feste Niederschlagsanteil auch im Sommer sehr hoch bleibt. Aus rein praktischen Gründen wird deshalb statt der Nettobilanz meist die *jährliche Bilanz* ermittelt. Für die Mittelbreiten hat sich das *hydrologische Jahr* vom 1. Oktober bis zum 30. September als günstig erwiesen. Die Jahresbilanzwerte werden zur Kennzeichnung gegenüber der Nettobilanz mit dem Index a (b_a, c_a, a_a usw.) versehen.

Für die Ermittlung der Massenbilanz stehen drei Verfahren zur Verfügung: das *glaziologische,* das *hydrologische* und das *geodätische.* Beim glaziologischen werden im Nährgebiet in Schneeschächten der Massengewinn und im Zehrgebiet mit Ablationsstäben der Massenverlust ermittelt. Auf diese Weise erhält man die genauesten und detailliertesten Ergebnisse, da alle Größen direkt bestimmt werden. Die hydrologische Methode gibt nur Auskunft über das Verhalten des Gesamtgletschers. Der Niederschlag wird durch Totalisatoren (z. T. sehr unsichere Messungen) erfaßt, der Abfluß an Pegelstellen im Gletscherbach. Das geodätische Verfahren beruht auf einem Vergleich exakter topographischer Karten des vergletscherten Gebietes. Da die Änderungen von Jahr zu Jahr meist gering sind, eignet sich dieses Vorgehen nur für langfristige Messungen über mehrere Jahre. Bei Anwendung aller drei Arbeitstechniken ergeben sich sehr gute Kontrollmöglichkeiten. Die Ergebnisse können in Tabellenform untergliedert in Höhenstufen von 50 oder 100 m, kartographisch oder in Diagrammen dargestellt werden. Wie Abb. 33 zeigt, weisen die Bilanzwerte von Jahr zu Jahr erhebliche Unterschiede auf. Auffallend ist der ähnliche Verlauf der einzelnen Kurven, die sich durch Verschiebung parallel zur x-Achse nahezu zur Deckung bringen lassen. Dabei ist die Ablation in den Bereichen unterhalb der Gleichgewichtslinie wesentlich stärker als oberhalb. Die Unterschiede werden durch Temperaturanstieg mit abnehmender Seehöhe, vor allem aber durch unterschiedlichen Strahlungsgewinn erklärt, da die Albedo auf Blankeis wesentlich geringer als auf Altschnee oder gar Neuschnee ist (s. S. 150). Die Änderung des *Ablationsgradienten* ist sowohl für die Höhenstufen als auch für Klimagebiete zutreffend.

Tab. 40: Ablationsgradient (m H₂O/100 m ü. M.) an Gletscherzungen in verschiedenen Klimagebieten (nach R. HAEFELI, 1963)

Jahr	Gletscher	°N	Firnlinie in m ü. M.	Zungenende i. m ü. M.	Ablationsgradient
1950/51	Aletschgletscher (Schweiz)	46	2834	1500	1,02
1959	Blue Glacier (Washington/USA)	47	1700	1300	1,08
1958/59	Grönländische Eiskappe	70	1200	600	0,40
1960	White Glacier (Axel Heiberg, Kanada)	80	1120	70	0,27

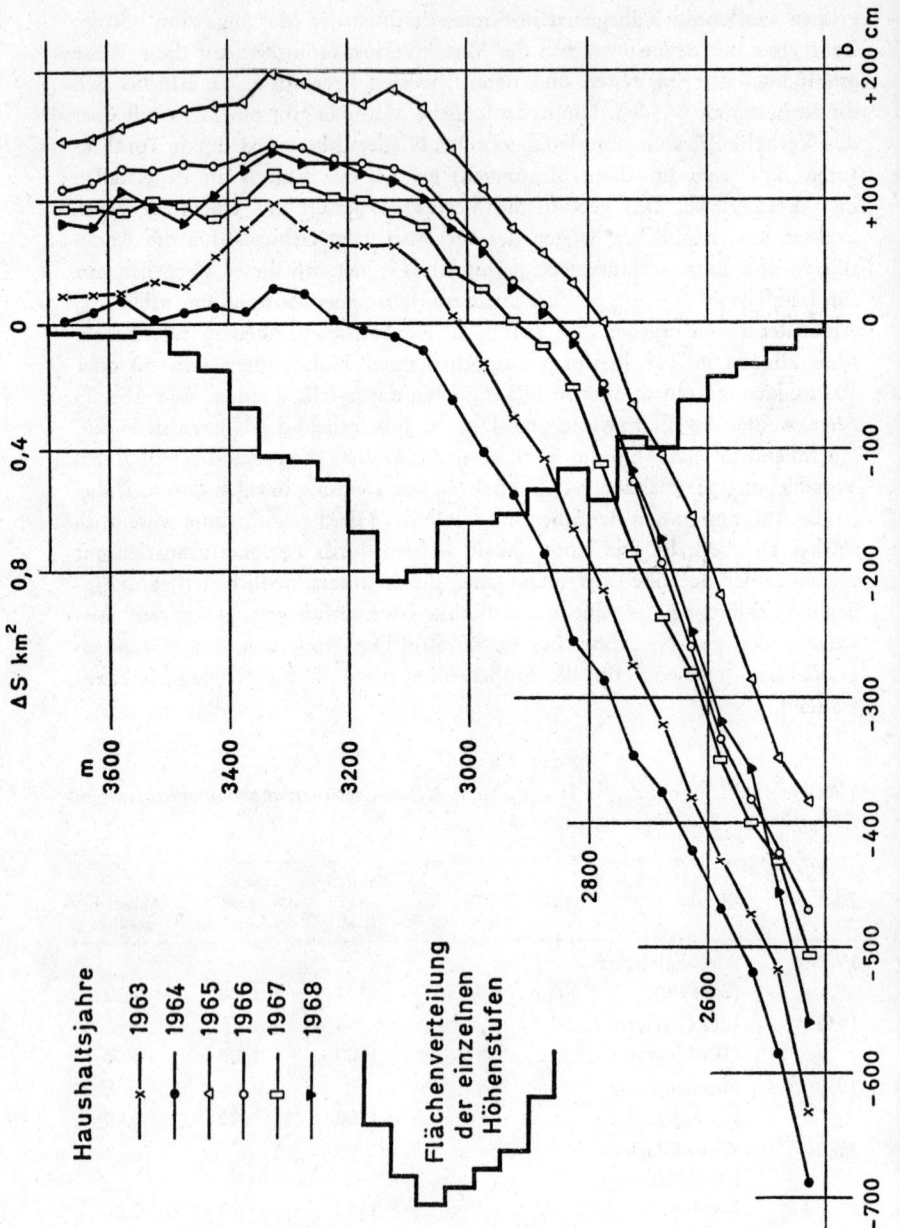

Haushaltsjahre

1963
1964
1965
1966
1967
1968

Flächenverteilung
der einzelnen
Höhenstufen

◁ *Abb. 33: Spezifische Massenbilanz b_n (cm Wasser) als Funktion der Höhe am Hinter-*
eisferner für die Zeit 1962/63 bis 1967/68. Die Höhe der Gleichgewichtslinie ist der
Schnittpunkt der Kurven mit der Ordinatenachse b = O (nach H. HOINKES, *1970)*

Da die gegenseitigen Relationen einzelner Klimaelemente innerhalb eines
Jahres und über mehrere Jahre hinweg variieren, muß auch die Massenbilanz
und damit die Vergletscherung im ganzen Schwankungen aufweisen. Wegen
der Trägheit der Gletscherbewegung lassen sich sehr kurzfristige Pulsationen
innerhalb eines oder binnen weniger Tage nur schwer mit Sicherheit feststellen. Deutlich zeichnen sich aber die jährlichen Schwankungen ab. Beim
Rhônegletscher beträgt der winterliche Vorstoß im Mittel etwas über 2 m.
Im Sommer dagegen schmilzt er um über 18 m zurück. Die Unterschiede zwischen Winter- und Sommerhaushalt des Rhônegletschers weisen ebenso wie
die mitgeteilten negativen Bilanzen des Hintereis- und Kesselwandferners auf
eine charakteristische Schwankung der Vergletscherung der Erde in den letzten
Jahrzehnten hin. Aus fast allen vergletscherten Gebieten wird eine bedeutende
Verringerung der Gletscherfläche berichtet. Nach R. KELLER (1961) nahm die
Gletscherfläche der Ostalpen von 1875/80 bis 1925/30 um 89 km² von 523,4
auf 434,4 km², also um ca. 0,2 %/Jahr, ab. Nachmessungen an acht Gletschern
der Ötztaler, Stubaier und Zillertaler Alpen erbrachten von 1920 bis 1950
einen weiteren Rückgang um 0,56 %/Jahr. Der Gletscherschwund hat sich hier
also in den letzten Jahrzehnten noch verstärkt. Besonders stark war der
Massenverlust nach dem Gletscherhochstand zu Beginn der zwanziger Jahre
im Jahrzehnt 1940 und 1950. In den letzten Jahren wurden aber wieder
positive Bilanzwerte in größerer Häufung gemessen.

Ungleich schwieriger ist die Erfassung der Massenbilanz großer Eisschilde
und Eisschelfe. Neben Akkumulation (Zunahme) und Verdunstung sowie
Schmelzen, das nur randlich in diesen Räumen vorkommt, erfolgen erhebliche
Massenumlagerungen durch *Schneedrift* über den Rand der Antarktis und
durch *Kalben* von im Meer mündenden Gletschern. Beide Vorgänge lassen
sich nur schwer quantifizieren. Das *Kalben* erfolgt häufig mit lautem Knall,
und der sich lösende Eisberg erzeugt eine hohe Kalbungswelle im Meeres-
wasser. Die *Eisberge* treiben mit den Meeresströmungen und schmelzen in
wärmeren Gebieten ab. Da die Dichte des Gletschereises bei 0,9, die des Meer-
wassers aber bei 1,1 liegt, ragt etwa nur ein Neuntel bis ein Achtel der Eis-
masse aus dem Wasser empor. Aufgrund sorgfältiger Detailuntersuchungen
ist es aber gegenwärtig schon möglich, Abschätzungen über den Massenhaushalt
der großen Eisschilde durchzuführen. Nach M. B. GIOVINETTO (1970) ist das
Bilanzvolumen der Antarktis mit $(3 \pm 1) \cdot 10^{17}$ g/Jahr schwach positiv, ebenso

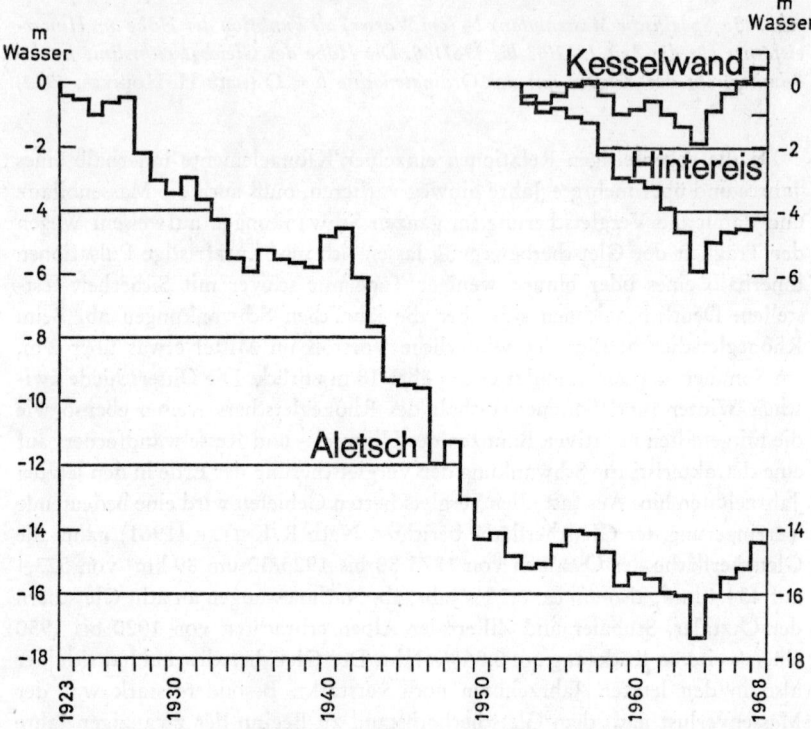

Abb. 34: Vergleich der Summenkurven der mittleren spezifischen Massenbilanz (m) von Hintereis-, Kesselwandferner und dem Großen Aletschgletscher (nach H. HOIN-KES, *1970)*

wie das des Rosseisschelfs mit $(18 \pm 5) \cdot 10^{16}$ g/Jahr. Von ähnlichen Größenordnungen berichten F. LOEWE (1961) und M. MELLOR (1964). Da die Massenbilanz des grönländischen Inlandeises etwa ausgeglichen ist, schwanken die Angaben zwischen positiven und negativen Werten (Tab. Seite 171 oben).

Mit dem Arealverlust ist gleichzeitig ein Mächtigkeitsschwund verbunden. R. FINSTERWALDER (1953) stellt fest, daß das Einsinken der Gletscheroberfläche mit wachsender Höhe geringer wird. In großer Höhe kann selbst bei negativem Eishaushalt eine Firnerhöhung aufgrund der Verringerung der Bewegungsaktivität eintreten. Wenngleich von einzelnen subarktischen und arktischen Gletschern ein Vorrücken berichtet wird (H. W:SON AHLMANN, 1933; W. PILLEWIZER, 1939; F. WILHELM, 1961, 1965), so ergibt die Summe aller Flächenänderungen auch für diese Gebiete einen negativen Eishaushalt.

Tab. 41: *Massenbilanz des grönländischen Inlandeises (nach* A. BAUER, *1966, und* F. LOEWE, *1964)*

		Akku-mulation	Ablation	Verlust durch Eisberge	Insgesamt
Fläche	BAUER	1,47	0,25	—	1,72
in Mill. km²	LOEWE	1,47	0,25	—	1,72
Massen-bilanz	BAUER	+ 500	— 280	— 165	+ 55
in km³	LOEWE	+ 500	— 330	— 280	— 110

Fassen wir die zahlreichen Berichte über *Gletscherschwankungen* in den letzten Jahrzehnten zusammen, so zeigt sich, daß der gegenwärtige Eisschwund das Ausklingen einer stärkeren, vom 16. bis ins 19. Jh. dauernden Vergletscherungsphase vorstellt. Vom Ende des 16. Jh. werden die ersten Gletscherseeausbrüche in den Archiven bekundet. Seit dieser Zeit sind die Gletscher wiederholt weit vorgestoßen. Mächtige, noch frische Wallendmoränen weit vor den heutigen Zungenenden und Ufermoränen hoch über den gegenwärtigen Gletschern dokumentieren diese Vorstöße. Besonders schön zeigen die Moränen aus den Jahren 1820 und um 1850 die weitaus größere Vergletscherung in den Alpen zu jener Zeit. Die jüngeren Gletscherhalte um 1890 und um 1920 weisen aber bereits auf den Rückgang der Vereisung hin.

In Norwegen und Island wird ebenfalls von sehr kräftigen Vorstößen aus der Mitte des 18. Jh. berichtet. Zahlreiche hochgelegene Bauernhöfe wurden dabei zerstört (H. KINZL, 1958). Für den ganzen nordatlantischen Raum hat H. W:SON AHLMANN (1948) die Ausbreitung der Gletscher im 19. Jh. festgestellt. Auch die Gletscher Alaskas sind erst in diesen Vorstoßperioden neu gewachsen. Nach C[14]-Datierungen hatte der Malaspinagletscher seine größte Ausdehnung vor ca. 200 Jahren (R. P. SHARP, 1958). Die weltweite Vergrößerung der Gletscherflächen vom 16. bis 19. Jh. hat diesem Zeitabschnitt auch die Bezeichnung *little ice age* eingebracht. Früher aber waren die Gletscherflächen kleiner. Für die Alpen ist als sicher nachgewiesen, daß die heutigen Gletscher keine Relikte der Eiszeit sind. Baumstubben in hochgelegenen Mooren der Alpen belegen einen Waldwuchs in Höhe der heutigen Schneegrenze zur Zeit des postglazialen Wärmeoptimums (vor 6000—4000 Jahren). Erst an der Wende vom Subboreal zum Subatlantikum, im 1. Jt. v. Chr., setzte nach H. HEUBERGER (1954) und L. AARIO (1944) eine Gletscherneubildung ein.

171

Die großräumigen Gletscherschwankungen sind Ausdruck sich ändernder Klimabedingungen. Bei den kleineren Oszillationen werden darüber hinaus auch orographische Gegebenheiten wirksam. Für die großen Schwankungsperioden zeigt sich u. a. eine gute Übereinstimmung zwischen der zunehmenden Winterstrenge seit dem 16. Jh. und dem Anwachsen der Gletscher im little ice age (R. SCHERHAG, 1969). Der gegenwärtige Gletscherschwund wird dagegen durch eine Erwärmung erklärt, die R. LANGE (1959) für den ganzen Bereich der atlantischen Arktis nachgewiesen hat. Im einzelnen sind die Zusammenhänge zwischen Klima und Gletscherschwankung sehr komplex. Wie H. HOINKES (1968, 1970) zeigt, führt die Analyse des jahreszeitlichen Ablaufs von Großwetterlagen zu sehr sicheren Erkenntnissen für die Deutung der Zusammenhänge der Massenbilanz von Gletschern und Klima.

Exakte Erfassung des Massenhaushaltes an Gletschern hat auch eine erhebliche praktische, wasserwirtschaftliche Bedeutung. In vergletscherten Gebieten werden die Extremunterschiede von sommerlichem Hoch- und winterlichem Niedrigwasser größer. Gletscherschmelzwasser ist nach O. LANSER (1963) am Abfluß des Jambaches bei Galtür zu 6,7%, an der Venter Ache mit 11%, am Staudamm Kaunertal zu 15% beteiligt. Vergletscherte Areale liefern in sommertrockenen Gebieten die höchsten Abflußspenden und sind damit grundlegende Voraussetzung u. a. für die Bewässerung, z. B. in den zentralen Alpentälern (Wallis). Durch den Schwund der Alpengletscher in den vergangenen Jahrzehnten wurde für die Energieproduktion ein Mehr an Abfluß verfügbar. Die Abflußspende wird erheblich zurückgehen, wenn sich wieder stationäre Zustände oder gar Vorrückungsphasen einstellen sollten.

Der Mensch und die Gewässer

Das Studium der Geomorphologie lehrt, daß das Wasser das wichtigste formschaffende Agens auf der Erde ist. Am Beispiel des Alpenrheins, also im Niederschlagsgebiet bis zur Mündung der Tamina bei Bad Ragaz, sei die Abtragsleistung durch Zahlenwerte belegt. Jährlich werden 4,07 Mill. t Feststoffe und 0,584 Mill. t Gelöstes durch den Querschnitt transportiert. Das entspricht einem mittleren Jahresabtrag von 0,58 mm. Der Betrag mag zunächst gering erscheinen. Für die Dauer des Pleistozäns mit rund 600 000 Jahren errechnet sich aber eine Reliefeniedrigung von 350 m. Eine nicht minder große Bedeutung nimmt es in der Biosphäre ein. Ohne Wasser gibt es kein Leben. Für die Pflanzenwelt stellt es neben der Temperatur einen ausschlaggebenden Minimumfaktor dar. Deutlich kommt die Tatsache in der Verteilung der natürlichen Vegetationszonen zum Ausdruck. Bei den Kulturgewächsen ist der Wasserbedarf sehr unterschiedlich.

Tab. 42: Niederschlagsbedarf ausgewählter Kulturpflanzen in einzelnen Monaten (nach H. ZÖLSMANN, 1964)

Pflanze	IV	V	VI	VII	VIII	IX
			mm Regenhöhe			
Wintergetreide	40	70	70—80	40—60		
Sommergetreide	50	80	80	50—70		
Kartoffeln	40	60	70	80—90	80—90	60
Wiese	60	90—120	90—120	90—120	90—120	70—80

Auch die Menschheit muß sich in ihrer Lebens- und Wirtschaftsweise nach dem Minimumfaktor Wasser richten. Nur selten entspricht das Wasserangebot den gewünschten Optimalbedingungen. Häufig ist ein Zuviel (Überschwemmungen) vorhanden, noch öfter mangelt es an dem lebensnotwendigen Grundstoff. Es ist daher verständlich, daß die Menschen schon frühzeitig damit begannen, Wassermangel und Überschuß nach Kräften zu regeln. Mit dem Fortschritt der Technik wurden die Eingriffe in den natürlichen Wasserhaushalt großartiger, aber auch gewagter. Auf kaum einem anderen Gebiet wurden die ursprünglichen Bedingungen in einem solchen Maße verändert wie im Bereich der Wasserwirtschaft.

Am augenfälligsten sind die Veränderungen bei den Oberflächengewässern, Flüssen und Seen. In den hochzivilisierten Ländern der Erde gibt es heute kaum noch einen natürlichen Fluß. Angefangen von den Rückhaltesperren für Schutt und den Wasserüberleitungen in den Quellgebieten zur Wasserversorgung ferner Städte, über Sohlschwelleneinbau zum Vermeiden von Tiefenerosion bis zur Errichtung von Leit- und Hochwasserdämmen sind die Flüsse heute vielfach in ein „festes" Bett gespannt. Auch die ursprünglichen Seen wurden durch Staudämme, Spiegelabsenkungen, Uferbefestigungen usw. verändert. Am bekanntesten ist wohl die Umgestaltung des Tennessee-Tales mit einem Niederschlagsgebiet von 106000 km^2 bei einer mittleren Jahresniederschlagshöhe von 1300 mm. Die ständig auftretenden Hochwässer machten aus dem Tal ein Notstandsgebiet mit Bevölkerungsabwanderung. Heute sichern 26 Talsperren in den Quellflüssen bis Knoxville, bei denen stets ein Hochwasserschutzraum von 3 km^3 frei bleiben muß, den Abfluß. Die gefährlichen Untiefen im Gerinnebett wurden beseitigt, und durch Kanalisierung wird eine Mindestfahrwassertiefe von 2,75 m garantiert. Der Tennessee ist heute in eine Seenkette — the Great Lakes of the South — mit 15 km^3 Inhalt umgewandelt. Seit 1958 ist die Wasserkraft mit 4000 MW installierter Leistung und 20 Mrd. kWh Jahresarbeit fast vollständig ausgebaut. Alle 40 Kraftwerke der Tennessee Valley Authority werden elektronisch von Chattanooga aus gesteuert.

Die Korrektionsmaßnahmen erfolgen unter einer vielfachen Zielsetzung. In den steileren Einzugsgebieten der Flüsse versucht man durch Stützverbauungen an den Hängen der Quelltrichter und durch Errichtung von Rückhaltesperren im oberen Laufabschnitt die Gefahr von Vermurungen in den vielfach dicht besiedelten Talschaften zu verringern. Der Materialentzug in einem Laufabschnitt führt zwangsweise zu einer Betteintiefung im folgenden Talstück, so daß dort zur Vermeidung von stärkerer Tiefenerosion Sohlschwellen in die Gerinne eingebaut werden müssen. Dieses einfache Beispiel zeigt bereits, daß jeder Eingriff in den natürlichen Haushalt der Gewässer eine Reihe von Folgeerscheinungen auslöst, die ihrerseits weitere Korrekturmaßnahmen erforderlich machen. Die großen Tieflandströme überfluten häufig ausgedehnte Gebiete. Durch Begradigung von Flußschlingen, was zu einer Erhöhung des Gefälles führt, und durch den Bau von Hochwasserdämmen sucht man dieser

Gefahr Herr zu werden. Bei der Regulierung der Theiß wurde durch das Abschneiden von Mäanderschlingen die Lauflänge um fast 32 % von ursprünglich 1429 km auf 977 km verkürzt. Gleichzeitig wurde durch den Bau von Hochwasserdämmen mit einer Länge von insgesamt 3420 km 17000 km^2 fruchtbares Land erschlossen. Am unteren Mississippi versucht man durch 2500 km Dämme sogar 70000 km^2 vor Schadenshochwässern zu schützen. Zweifellos gut gemeinte Regulierungen haben das erstrebte Ziel nicht immer ganz erreicht. Durch die Begradigung des Oberrheins nach den Plänen von J. G. TULLA stellte sich eine kräftige Tiefenerosion ein. Der Rhein schnitt sein Flußbett im Abschnitt von Basel um 3 m, an der Isteiner Schwelle um 6—7 m und zwischen Kehl und Mainz um 2 m ein. Sicherlich war damit eine Überschwemmung der Rheinaue weitgehend verhindert. Es sank aber gleichzeitig — vor allem durch Wasserüberleitung in den Rheinseitenkanal — der Grundwasserspiegel erheblich ab, so daß in der Vegetation Trockenschäden auftraten. Durch Staumaßnahmen soll künftig der Grundwasserspiegel wieder angehoben werden. In den Mündungsgebieten wurden ganze Flußläufe verlegt, um u. a. die Verlandung wichtiger Hafenplätze zu vermeiden. So wurde z. B. der Axios (Vardar), der zwischen 1906 und 1934 ein Delta in den inneren Golf von Thessaloniki vorbaute, durch Kanäle zu seiner alten Mündung aus der Zeit vor 1906 umgelenkt.

Zunehmende Industrialisierung und wachsende Technisierung der Haushalte führen zu gesteigertem Energiebedarf. Seit 1959 stieg der jährliche Energieverbrauch von 95,8 TWh (Terawattstunden = 10^{12} Wattstunden) bis 1969 um mehr als das doppelte auf 202,8 TWh (P. HARTMANN, 1970). In zahlreiche Flüsse sind Laufkraftwerke zur Erzeugung von Elektrizität eingebaut. Der Anteil der Hydroelektrizität an der Gesamtstromerzeugung der Bundesrepublik Deutschland — Lauf- und Speicherkraftwerke — betrug nach H. SCHUHMANN (1962) für 1960 11,2 %, in den USA sogar 19,2 %. Die Kapazität der verfügbaren Wasserkräfte der Erde — W. HAHN (1950) schätzt sie auf $355 \cdot 10^3$ Megawatt — sind im Mittel erst zu 19 % ausgeschöpft. Die Anteile für Europa (34 %) sowie Nord- und Mittelamerika (42 %) heben sich überdurchschnittlich heraus. In Südamerika und Asien liegen die Werte bei 6 % und in Afrika sogar nur bei 0,2 %. Selbst in den einzelnen Kulturländern ist die Wasserkraftnutzung sehr unterschiedlich. Während in Österreich noch ca. 70 % ausbaufähig sind, werden in der Schweiz schon 65 % genutzt.

Im Rahmen des Energieausbaus unserer Flüsse und Seen ergaben sich zum Teil beträchtliche Veränderungen der Einzugsgebiete. Das ursprüngliche Einzugsgebiet des Walchensees betrug nur 74 km^2, mit einem mittleren Abfluß von

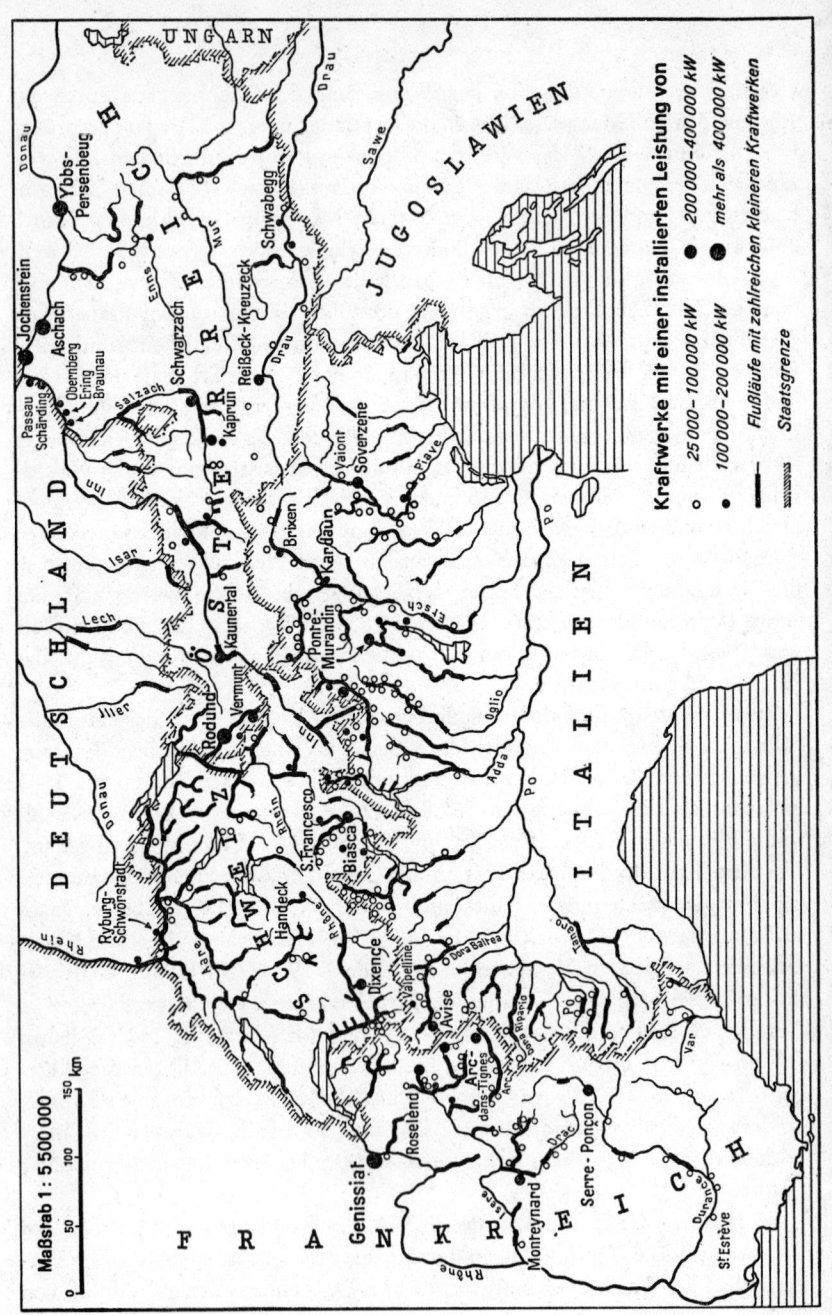

UNGARN

JUGOSLAWIEN

DEUTSCHLAND

ITALIEN

FRANKREICH

Donau

Drau

Sawe

Ö S T E R R E I C H

Ybbs-Persenbeug

Jochenstein

Aschach

Obernberg
Ering
Braunau

Passau
Schärding

Donau

Inn

Isar

Lech

Iller

Enns

Mur

Salzach

Schwarzach
Kaprun

ReißBeck-Kreuzeck

Schwabegg

Drau

Drau

Vajont
Soverzene

Plave

S Ü D T I R O L

Brixen

Kaunertal
Vermunt

Karjaun

Ponte Murandin

Etsch

Rodund

Inn

Oglio

Adda

Po

Po

Po

S C H W E I Z

Rybung-Schwönstadt

Handeck

S.Francesco
Biasca

Dixence

Rhein

Rhein

Aare

Rhone

Rhone

Var

Arve

Valpelline

Dora Baltea

Arc-dans-Tignes
Arc

Avise
Avise

Dora Riparia

Roselend

Genissiat

Monteynard

Isère

Serre-Ponçon

Ubaye

Drac

St.Estève

Durance

Kraftwerke mit einer installierten Leistung von

○ 25 000 – 100 000 kW   ● 200 000 – 400 000 kW

◦ 100 000 – 200 000 kW   ◉ mehr als 400 000 kW

〰 Flußläufe mit zahlreichen kleineren Kraftwerken

〰 Staatsgrenze

◁ *Abb. 35: Die Kraftwerke in den Alpen (nach* GABERT *und* GUICHONNET, *1965, aus Westermann Lexikon der Geographie)*

2,3 m³/sec. Durch die Turbinen des Walchenseekraftwerkes fließen heute im Mittel 23 m³/sec. Die zusätzliche Wassermenge wurde durch die Isarüberleitung bei Krün 1924 (13 m³/sec) und die Rißbachzuführung 1949 (8 m³/sec) sichergestellt (E. FELS, 1950/51). Das Einzugsgebiet des Walchensees wurde so rund verzehnfacht (heute 770 km²). Durch Überleitungen zum Achensee, der als Speicher für das Jenbacher Kraftwerk im Inntal dient, wurde dessen Einzugsgebiet von 107 km² auf 220 km² vergrößert. Durch die Einschaltung von Stauseen wird gleichzeitig der Wasserhaushalt wesentlich verändert. Während der Abfluß unter sonst gleichen Bedingungen in humiden Gebieten zunimmt, verringert er sich in ariden.

Tab. 43: Der Einfluß von Stauseen auf den Wasserhaushalt von Flußgebieten (nach R. J. M. DE WIEST, *1965)*

Stausee US-Staat	Mead Ariz.	Shasta Cal.	Norris Tenn.
Fläche in km²	615,3	109,2	168,0
Niederschlag in mm	180	1020	1270
Abflußkoeffizient	0,05	0,2	0,3
Abfluß vor Errichtung des Stauwerkes in Mill. m³	5,5	22,3	64,0
Verdunstung von freier Wasserfläche in mm	2135	1155	780
Abfluß nach Errichtung des Stauwerkes in Mill. m³	— 202,9	— 14,7	82,3
Wasserhaushaltsänderung = Endabfluß — Anfangsabfluß in Mill. m³	— 208,4	— 37	+ 18,3

Flüsse und Ströme waren und sind wichtige Verkehrsträger. Bereits im Mittelalter wurden in Frankreich und Norditalien zusätzlich schiffbare Kanäle gebaut. Zuerst freilich in ebenem Gelände. Bald aber verstand man es auch,

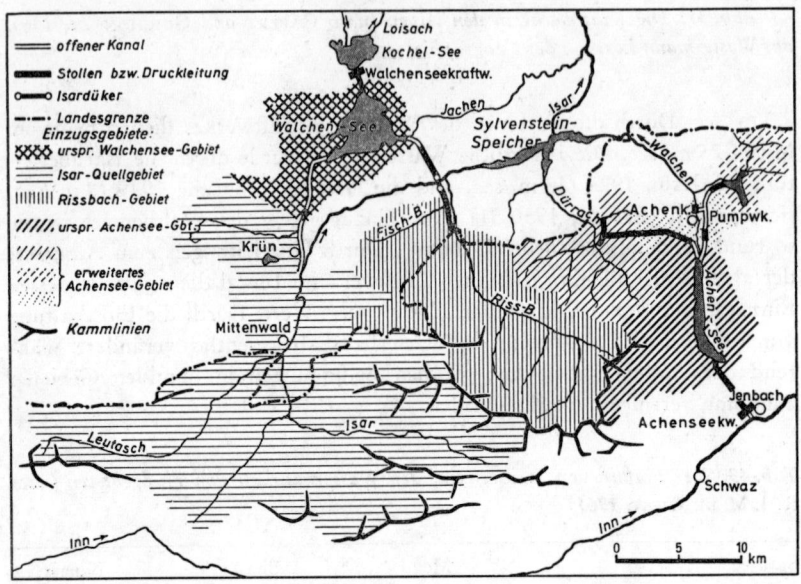

Abb. 36: Veränderung der Einzugsgebiete von Walchensee und Achensee durch Kraftwerksbauten in den letzten Jahrzehnten (nach E. FELS, 1950/51)

über höhere Wasserscheiden hinweg einzelne Flußgebiete zu verbinden. Der Canal de l'Est überwand im Auf- und Abstieg mit 98 Schleusen insgesamt 302 m Höhenunterschied. Mailand hatte über Kanäle, die zum Comer See und zum Lago Maggiore führten, schiffbaren Zugang zu Alpenpässen (Gotthard, San Bernardino, Splügen, Septimer, Maloja, Julier). Die alten Kanäle und Schleusen wurden für die Schiffahrt der Neuzeit zu eng. Der Eriekanal verband den Hudson River mit dem Eriesee zunächst auf einer 560 km langen Strecke mit 83 Schleusen. Im Rahmen einer Modernisierung wurde er auf 542 km verkürzt, und die Zahl der kostspieligen und für die Schiffahrt zeitraubenden Schleusen hat man auf 35 reduziert. Aber nicht allein Binnenwasserstraßen wurden gebaut. Auch Ozeane (Suez- und Panamakanal), Nebenmeere (Nordostseekanal) und Meeresteile (Kanal von Korinth) wurden durch Kanäle verbunden, um die Fahrstrecken zu verkürzen und damit die Frachtkosten zu senken. Gegenüber Landtransport sind auf dem Tennessee die Frachtkosten pro Auto aus den Produktionsgebieten um 40,— DM billiger, der Transportpreis für Getreide, von dem 0,18 Mill. t aus Minneapolis oder Chicago ins Tennesseegebiet kommen, verringert sich um 110,— DM/t, und bei der Verfrachtung von Eisenerz aus Muscle Shoals nach Pittsburgh errechnet sich eine Ersparnis von 20,— DM/t (R. Rössert, 1969). Die Binnenschiffahrtswege stellen jedoch nur einen kleinen Teil aller Kanäle dar. Die meisten dienen der Be- und Entwässerung. Ihre Gesamtlänge auf der Erde geht in die Millionen Kilometer (E. Fels, 1954).

Nach E. Fels (1965) wird ein Fünftel bis ein Viertel der Menschheit vom Bewässerungsfeldbau ernährt. Seine Fläche wird auf 2 Mill. km² geschätzt. An erster Stelle ist Asien (China, Pakistan, Indien) mit einem Bewässerungsareal von 1 423 000 km² oder 70,3 % der Bewässerungsfläche der Erde zu nennen. Hier sei nur auf die ausgedehnten Bewässerungsgebiete des Fünfstromlandes und der Ostabdachung des Hochlandes von Dekkan erinnert. Allein für Pakistan und Indien beläuft sich die Länge der Bewässerungskanäle auf 125 000 km. Die Bewässerung kann auch zu nachteiligen Folgen führen. Das ist z. B. dann der Fall, wenn der Elektrolytgehalt des Wassers bei der Verdunstung im Boden zurückbleibt und Versalzungen hervorruft (Punjab). Auch Vernässung, die eine ungenügende Durchlüftung des Bodens bedingt, kann die Fruchtbarkeit herabsetzen.

In den Naßreisgebieten der Erde ist die Bewässerung der dominierende Faktor in der Landschaft. Die Reisfläche Javas nahm 1922 mit 3 Mill. ha ca. 23 % der gesamten Inselfläche ein. A. Thienemann (1955) schreibt dazu: „Die Limnologie solch tropischer Gebiete, wie Javas, Balis usw., ist recht eigentlich eine Limnologie der Sawahs (Reisfelder), alle übrigen Gewässer treten diesen gegenüber ganz zurück." In der Stromoase Ägyptens wird Nilwasser in Kanäle geschöpft bzw. gepumpt und auf die Felder geleitet. Mit Hilfe der Bewässerung können in diesen Gebieten mehrere Ernten im Jahr eingebracht werden. Durch den Bau des Sadd-el-Ali-Dammes bei Assuan im Nil mit einem Fassungsvermögen von 130—150 Mrd. m³ ist der Century Storage Plan, über mehrere Jahre hinweg einen Wasserausgleich zu schaffen, Wirklichkeit geworden. Die großen Staudämme in Verbindung mit Bewässerungsanlagen z. B. im Binnendeltagebiet des Niger, bei Sennar im Bereich der Gezira oder in der Nilstromoase stellen nicht nur einen Eingriff in den Wasserhaushalt der betroffenen Gebiete dar, sondern ändern auch grundlegend das sozialgeographische Gefüge dieser Landschaften. Da hier nicht auf Einzelheiten der großartigen Projekte eingegangen werden kann, sei wenigstens auf weiterführende Schriften von H. Schamp (1959, 1966), P. Simons (1968), J. H. Schultze (1963) und J. Shaw (1965) hingewiesen.

In den USA liegen die Bewässerungsgebiete hauptsächlich westlich des 100. Meridians. Die ersten Bewässerungsanlagen betrieben die Indianer im Süden des Landes schon in vorspanischer Zeit. Die Spanier und etwas später die Mormonen in Utah haben die Bewässerungsflächen stark vergrößert. Heute werden u. a., um die Fruchtbarkeit der Great Plains am Ostabfall des Felsengebirges zu erhöhen, selbst über die kontinentale Hauptwasserscheide 14 m³/sec aus dem oberen Coloradogebiet von der pazifischen auf die atlantische Abdachung gepumpt. Eine völlige Umwandlung der Hydrographie erfuhr das Kalifornische Längstal durch menschliche Eingriffe. Der wasserreiche Sacramento im Norden liefert über eine Reihe von Kanälen Wasser in das Trockengebiet des San-Juan-Flusses. Was früher Steppe war, ist heute blühende Fruchtlandschaft mit hochspezialisierten Agrarbetrieben. Auf das ausgedehnte Columbia-River-Bewässerungsprojekt in Washington kann hier nur hingewiesen werden.

In Europa befindet sich die Bewässerung vor allem im Bereich des Etesienklimas. Aber selbst in der niederschlagsreichen Poebene tritt neben den Naßreiskulturen Wiesenbewässerung (Winterrieselwiesen, Marcite) auf. Durch die Bewässerung werden auf den Marciteflächen bis zu acht Grasschnitte im Jahr möglich. Auch in Mitteleuropa ist die Wiesenbewässerung verbreitet (Bayerischer Wald, Spessart). Letztlich ist auch der Gartenbau eine Bewässerungskultur. Die nördlichsten Bewässerungsanlagen in Europa treten in 62° N im Gudbrandsdal in Norwegen auf (Wiesen). Über das Ausmaß der Ertragssteigerung bei zusätzlicher Wassergabe in humiden Gebieten berichtet H. ZÖLSMANN (1964). Danach soll auf leichtem Boden einer Mähweide nach Bewässerung der Milchertrag je Kuh und Jahr von 2790 kg auf 4773 kg, die Butterleistung von 86 kg auf 187 kg gestiegen sein. Der Hektarertrag stieg mit Bewässerung bei Körnerfrüchten von 4,0 auf 5,1 t, bei Hackfrüchten von 22,7 auf 32,6 t, bei Futterpflanzen von 45,2 auf 60,3 t.

Kanäle werden auch gebaut, um ein Überangebot an Wasser abzuführen. Schon in römischer Zeit versuchten die Kaiser CLAUDIUS, TRAJAN und HADRIAN, später FRIEDRICH II. (1240), den Fuciner See durch Kanäle zu entwässern, was aber mißlang. Er wurde 1852—1875 trockengelegt. Aus dem ehemaligen See entstand eine Kulturfläche von 17 500 ha, die Conca del Fucino, mit dem Hauptort Avezzano. Mit der Meliorierung des Agro Pontino gewann man nicht nur fruchtbares Ackerland, es wurde gleichzeitig auch die Malariagefahr beseitigt. Unter FRIEDRICH DEM GROSSEN erbrachte die Drainierung der Oderbrüche 640 km² Neuland. Zahlreich sind die Berichte über Moorkultivierungen im 19. und 20. Jh. Der Wasserentzug führt in den Moorgebieten zu Sackungen. Nach J. BÜDEL (1936) erreichten sie in den kultivierten Moorgebieten Niedersachsens innerhalb von 30 Jahren Beträge bis zu 1,75 m. Besonders nachteilig wirken sich die Sackungen nahe dem Meeresspiegel aus. In den Fenlands am Wash in England kamen kultivierte Moorflächen unter den Meeresspiegel. Nur mit Hilfe von Deichbauten und durch Entwässerung über Schleusenanlagen konnte eine Transgression des Meeres verhindert werden (G. FOWLER, 1933).

Besonders eindrucksvoll dokumentiert sich die technische Leistung bei der Schaffung künstlicher Seen. In den USA betrug ihre Gesamtfläche 44 701 km² (1954). E. FELS (1964) schätzt, daß sie bei dem derzeit raschen Ausbau der Anlagen schon auf 60 000 km² gewachsen ist. Von den 113 großen Stauseen der USA, die bei E. FELS (1970) angeführt sind, bedecken zwei je ein Areal von über 1000 km² (Oahe/Missouri in South und North Dakota 1520 km², Garrison/Missouri in North Dakota 1478 km². Zehn weitere sind größer als der Bodensee (538,5 km²).

Tab. 44: Die großen Stauseen der Erde mit einer Fläche von mehr als 100 km² (nach E. FELS, 1970)

Erdteil bzw. Teilgebiet	Gesamt- zahl	Flächen bekannt Zahl	Fläche in 1000 km²	Volumen in km³	Flächen unbekannt Zahl	Volumen in km³
Europa	7	4	1,4	42,4	3	5,6
Sowjetunion	40	29	63,4	728,2	11	370,2
Indien	23	11	4,2	72,9	12	34,3
übriges Asien	18	8	4,9	125,7	10	116,8
Australien	11	3	0,4	8,6	8	32,6
Afrika	16	13	26,3	623,7	3	6,8
Kanada	45	19	23,4	367,2	26	153,3
USA	113	93	28,1	353,7	20	53,3
Lateinamerika	32	10	8,2	139,8	22	163,5
Erde	305	190	160,3	2462,2	115	936,4

Das Gesamtvolumen errechnet sich danach zu 3398,6 km³.

Die Anlage von Stauseen erfolgt aus vielerlei Gründen. Durch die Einschaltung von Seenflächen in Flüsse wird eine Glättung des Abflusses und damit eine gleichmäßigere Wasserführung bewirkt. Das hat für die Bewässerung und die Schiffahrt Vorteile. Sie dienen damit gleichzeitig dem Hochwasserschutz. Die Seenkette des Tennesseetales in den USA, der 920 km² große Schasisee im Jangtsegebiet oder der Sylvensteinspeicher in Oberbayern sind dafür Beispiele. In der Elektrizitätswirtschaft gewinnen die Staubecken vornehmlich zur Erzeugung von Spitzenstrom hervorragende Bedeutung. Da vielfach in den hoch gelegenen kleinen Einzugsgebieten der Staubecken die

Abflußspenden zum laufenden Betrieb der Kraftwerke nicht ausreichen, hat man Pumpspeicherwerke angelegt (Schluchseekraftwerk im Schwarzwald). In Zeiten großer Stromentnahme erzeugen diese Kraftwerke Strom, in Tagesabschnitten mit geringer Netzbelastung pumpen sie Wasser aus den Vorflutern wieder in die Speicher zurück.

In jüngster Zeit wird das Wasser der Seen in vermehrtem Umfang auch für die Trink- und Brauchwasserversorgung herangezogen. Chicago bezieht sein Wasser aus dem Michigansee, Stuttgart zum Teil aus dem Bodensee. Los Angeles wird über eine 547 km lange Wasserleitung vom Owens Lake und vom Mono Lake am Ostabfall der Sierra Nevada mit Trinkwasser versorgt. Die Deckung des Brauch- und Trinkwassers aus Oberflächenwasser ist in den USA mit 80 % weit größer als etwa in der BR Deutschland, wo nur 23 % erreicht werden (H. KÖNIG, 1964).

Wenngleich die Eingriffe der Menschen in die Oberflächengewässer am deutlichsten sichtbar sind, so ist doch die Nutzung des unterirdischen Wassers nicht minder groß. Nach R. KELLER (1952) werden in der Bundesrepublik Deutschland von im Mittel 100 mm versickernden Niederschlägen 23 mm durch Wasserwerke für Trink- und Brauchwasser wieder entnommen. Das Grundwasser wird wegen seiner höheren hygienischen Qualitäten durch Filterung dem Oberflächenwasser vorgezogen. Von den Verbrauchsmengen stammen rund 65 % aus echtem, etwa 35 % aus uferinfiltriertem Grundwasser.

Der Wasserbedarf hat mit den wachsenden Ansprüchen der Menschen zugenommen. Nach H. PLETT (1956) stieg der Wasserverbrauch in der Bundesrepublik Deutschland von 1,9 Mrd. m^3 (1936) auf 3,2 Mrd. m^3 (1955), und er hat 1967 3,71 Mrd. m^3 erreicht. Die Zahlen geben nur die Leistungen der öffentlichen Wasserwerke wieder; hinzuzurechnen sind ferner 4,3 Mrd. m^3, die aus Industrieanlagen gewonnen werden. Der Wasserbedarf der Städte mit über 50 000 Einwohnern nahm von 1911 bis 1929 von 120 auf 160 l je Kopf der Bevölkerung und pro Tag zu. Heute muß bei der Anlage von Wasserversorgungswerken mit 300—600 l je Tag und Kopf gerechnet werden. Dabei sollte nicht vergessen werden, daß bereits im kaiserzeitlichen Rom bei rd. 1 Mill. Einwohnern der Wasserverbrauch pro Tag und Kopf bei 230 l lag. In der Regel gilt, daß kleinere Siedlungen einen geringeren Prokopfverbrauch aufweisen als größere. Einen erhöhten Wasserverbrauch verursacht vor allem die Industrie. Zur Gewinnung von 1 t Koks braucht man ca. 5 m^3 Wasser, für 1 t Roheisen sogar 10—12 m^3, und bei der Kohlehydrierung sind für die Gewinnung von 1 t Benzin 50—90 m^3 Wasser nötig. Der Bedarf steigt bei Zucker auf 120 m^3/t, Papier auf 120—190 m^3/t und bei gebleichter Zellulose sogar auf 800 m^3/t an. Der Wasserbedarf wurde teilweise in den Ballungszentren der Bevölkerung so groß, daß er durch die einsickernden Niederschläge nicht mehr gedeckt werden kann. Die Folge sind bei zu kräftiger Entnahme Grundwasserspiegelabsenkungen. Nach A. THIENEMANN (1955) sank der Grundwasserspiegel von 1903 bis 1948 bei Köln um 31 cm, Düsseldorf um 99 cm, Orsay 126 cm, Wesel 154 cm und bei Ruhrort um 185 cm. Fernwasserversorgungen sind längst durchgeführt (Stuttgart aus dem Bodensee, Bremen vom Harz, Los Angeles aus dem Owens Lake und dem Kalifornischen Längstal). Zukunftspläne weisen darauf hin, aus den niederschlagsreichen Überschußgebieten Nordeuropas und der Alpen Trinkwasser in die Ballungsräume der Bevölkerung durch Pipelines zu transportieren (V. PANTENBURG, 1970). Wie wichtig gutes Trinkwasser ist, wird daraus ersichtlich, daß in Entwicklungsländern, in denen 90 % der Bevölkerung nur eine unzureichende Wasserversorgung besitzen, jährlich rd. 500 Mill. Menschen an schlechtem Trinkwasser erkranken.

Vom Grundwasser werden auch ausgedehnte Bewässerungsflächen gespeist. Es seien hier nur die Grundwasseroasen der Sahara, die Bourkulturen, die weitverzweigten Grundwasserkanäle der Foggaras in der Sahara und die Qanate im Hochland von Iran erwähnt. Im Becken von Roswell am Rio Pecos in New Mexico speisen ebenso wie in Australien (Queensland) artesische Brunnen Bewässerungsfelder oder stellen für die Schaf- und Rinderzucht Wasser zur Verfügung.

Die Menschen nehmen aber nicht nur Einfluß auf die Gewässer durch Wasserentnahme. Ungefähr 70 % des Brauchwassers geht als Abwasser wieder in die Flüsse. Für die BR Deutschland sind das täglich 22,91 Mill. m³. Davon stammen aus Haushalten ungereinigt 2,79 Mill. m³, mechanisch gereinigt 4,70 Mill. m³, biologisch gereinigt 2,00 Mill. m³. Die Industrie trägt dazu mit 2,84 Mill. m³ ungereinigtem, 3,00 Mill. m³ aufbereitetem Abwasser und 7,49 Mill. m³ Kühlwasser bei. Auch Kühlwasser darf nicht in unbegrenzten Mengen den Flüssen ohne Schaden für die Biotope zugeführt werden. Nach H. FISCHERHOF (1971) soll durch Kühlwassereinleitung am Hochrhein aus Kernkraftwerken die Temperaturzunahme 3 °C nicht überschreiten, der Fluß insgesamt darf auf nicht mehr als 25 °C erwärmt werden. Allein im Emschergebiet fließen dem Rhein täglich 20 000—30 000 kg Phenole zu (A. THIENEMANN, 1955). Im Herbst 1951 wurden bei Köln 14 000 t Industriesalze festgestellt, die täglich stromab ziehen. Etwa 4 Mill. t Abwasserschlamm werden jährlich durch den Rhein in die Niederlande verfrachtet. Zweifellos gehört der Rhein infolge der Industrieballung zu den am stärksten verschmutzten Gewässern. Aber gerade dieses drastische Beispiel soll zeigen, in welchem Umfang der Mensch natürliche Gewässer zu schädigen vermag. Entsprechend sind die Meldungen über Verunreinigung von Seen. Noch relativ günstig liegen die Verhältnisse bei den großen bayerischen Seen. Andere, wie z. B. der Luganer See oder der Lago Maggiore, wurden 1971 für den Badebetrieb teilweise gesperrt. Eine besondere Belastung bringen hier u. a. auch häusliche Abwässer, die neben mineralischen Stoffen erhebliche organische Bestandteile aufweisen.

Tab. 45: Belastung häuslicher Abwässer in g/m³ (nach F. KIESS, 1964)

Beimengungen	mineralisch	organisch	gesamt
Sinkstoffe	130	270	400
Schwebstoffe	70	130	200
Gelöstes	330	330	660
insgesamt	530	730	1260

Durch Sanierungsmaßnahmen können sich aber ehemals verschmutzte Gewässer wieder erholen. Der Bau eines Seitenkanals zur Ableitung der Abwässer hat den Stoffhaushalt der Ruhr wesentlich geändert. 1911 betrug der Gesamtgehalt an Gelöstem im Mittel 4205 mg/l, davon 2148 mg/l Chlor. 1952, nach dem Bau des Seitenkanals, lagen die entsprechenden Werte bei 508 bzw. 120 mg/l. Diese Werte sind noch sehr hoch, aber es ist eine deutliche Entlastung zu erkennen.

Auch mittelbar greift der Mensch vielfältig in den natürlichen Wasserhaushalt ein. Durch Rodung und Inkulturnahme eines Gebietes wird das ursprüngliche Gleichgewicht von Wasserzufuhr und Wasserabgabe gestört und muß sich neu einstellen. Wald, Grünland und die einzelnen Ackerfrüchte weisen einen sehr unterschiedlichen Wasserbedarf auf. Durch eine völlige Überbauung in Städten und bei Straßen wird die Versickerung verringert. Eine Änderung des Wasserhaushaltes — Niederschlag, Oberflächenabfluß, Versickerung und Verdunstung — kann aber auch für die Gestaltung der Landoberfläche nicht ohne Folgen bleiben.

Diese Bemerkungen über die wasserwirtschaftlichen Maßnahmen zeigen deutlich, wie der Mensch in vielfältiger Art in den Wasserhaushalt der Natur eingreift und in welchem Umfange er durch Kulturbauten die Hydrographie bestimmt. Die Eingriffe dürfen — will man ärgste Schäden vermeiden — nicht ohne Kenntnis der natürlichen Gesetze der Gewässer durchgeführt werden.

Literatur

Lehrbücher

BOGOMOLOW, G. W., *Grundlagen der Hydrogeologie;* Berlin 1958.

CHARLESWORTH, J. K., *The Quaternary Era. With Special Reference to its Glaciation;* London 1957.

CHOW, T. (Hrsg.), *Handbook of applied hydrology;* New York 1964.

CORBEL, J., *Neiges et Glaciers;* Paris 1962.

DAVIS, S. N., und DE WIEST, R. J. M., *Hydrogeology;* New York 1967.

DRYGALSKI, E. v., und MACHATSCHEK, F., *Gletscherkunde;* in: Enzyklopädie der Erdkunde; Wien 1942.

FLAIG, W., *Lawinen. Abenteuer und Erfahrung, Erlebnis und Lehre;* Wiesbaden 1955.

FOREL, F. A., *Handbuch der Seenkunde. Allgemeine Limnologie;* Stuttgart 1901.

FURON, R., *Le Problème de l'Eau dans le monde;* Paris 1963.

GIESSLER, A., *Das unterirdische Wasser;* Berlin 1957.

GRAVELIUS, H., *Flußkunde;* Berlin, Leipzig 1914.

GROSS, E., *Handbuch der Wasserversorgung;* München, Berlin 1930.

GUILCHER, A., *Precis d'Hydrologie Marine et Continental;* Paris 1965.

HALBFASS, W., *Das Süßwasser der Erde.* Bücher der Naturwissenschaften; Leipzig 1908.

Ders., *Grundzüge einer vergleichenden Seenkunde;* Berlin 1923.

HEIM, A., *Handbuch der Gletscherkunde;* Stuttgart 1885.

HESS, H., *Die Gletscher;* Braunschweig 1904.

HÖFER, H. v., *Grundwasser und Quellen. Eine Hydrologie des Untergrundes;* Braunschweig 1912.

HUTCHINSON, G. E., *A Treatise on Limnology.* Vol. I, *Geography, Physics and Chemistry;* New York 1957.

KEILHACK, K., *Lehrbuch der Grundwasser- und Quellenkunde;* Berlin 1935.

KELLER, R., *Gewässer und Wasserhaushalt des Festlandes;* Berlin 1961.

KLEBELSBERG, R. v., *Handbuch der Gletscherkunde und Glazialgeologie;* Wien 1948.

KOECHLIN, R., *Les Glaciers et leur Mécanisme;* Lausanne 1944.

KOEHNE, W., *Grundwasserkunde;* Stuttgart 1948.

LEHMANN, O., *Hydrographie des Karstes;* in: Enzyklopädie der Erdkunde; Leipzig 1932.

LLIBOUTRY, L., *Traité de glaciologie.* Bd. I: *Glace-Neige, hydrologie nivale;* Bd. II: *Glaciers, variations du climat, Sols gelés;* Paris 1964 und 1965.

MACHATSCHEK, F., *Physiogeographie des Süßwassers.* Aus Natur und Geisteswelt 628; Allg. Geogr. IV; Leipzig, Berlin 1919.

MEINZER, O. E., *Physics of the Earth;* Bd. IX, *Hydrology;* New York 1928.

MEINARDUS, W., *Der Kreislauf des Wassers;* Göttingen 1928.

NUSSBAUM, F., *Das Wasser des Festlandes;* in: Handb. Geogr. Wiss.; Hrsg. F. KLUTE, Bd. I; Berlin 1936.

PARDE, M., *Fleuves et Rivières;* Paris 1947.

PATERSON, W. S. B., *The physics of glaciers;* Oxford, Braunschweig 1969.

PAULCKE, W., *Praktische Schnee- und Lawinenkunde;* Berlin 1938.

PFAFF, F., *Das Wasser;* München 1870.

PFALZ, R., *Grundgewässerkunde;* Halle 1951.

PRINZ, E., *Hydrologie;* Berlin 1923.

ROCHEFORT, M., *Les Fleuves*. Que sais-je? Nr. 1077; Paris 1963.

RODE, A. A., *Das Wasser im Boden;* Berlin 1959.

RÖSSERT, R., *Grundlagen der Wasserwirtschaft und Gewässerkunde;* München 1969.

RUTTNER, F., *Grundzüge der Limnologie;* Berlin 1940.

SCHAFFERNAK, F., *Hydrographie;* Graz 1960.

SCHOELLER, H., *Les Eaux Souterraines;* Paris 1962.

SCHUMSKII, P. A., *Principles of structural glaciology;* New York 1964.

STINY, J., *Die Quellen;* Wien 1933.

THIENEMANN, A., *Die Binnengewässer in Natur und Kultur*. Verständl. Wissensch. Bd. 55; Berlin 1955.

THURNER, A., *Hydrogeologie;* Wien 1967.

TOLLMANN, C. F., *Groundwater;* New York, London 1937.

ULE, W., *Physiographie des Süßwassers;* in: Enzyklopädie der Erdkunde; Wien 1925.

WARD, R. C., *Principles of hydrology;* 1967.

WECHMANN, A., *Hydrologie;* Wien 1964.

WIEST, R. J. M. DE, *Geohydrology;* London 1965.

WUNDT, W., *Gewässerkunde;* Berlin 1953.

Weitere im Text zitierte Literatur

AARIO, L., *Ein nachwärmezeitlicher Gletschervorstoß in Oberfernau in den Stubaier Alpen;* in: Acta Geogr.; Helsinki 1944.

AHLMANN, H. W:SON, *Scientific Results of the Swedish-Norwegian Arctic Expedition;* in: Geografiska Annaler; Stockholm 1934.
Ders., *Contribution to the Physics of Glaciers;* in: Geogr. Journ.; London 1935.
Ders., *Glaciological Research on the Northatlantic Coasts;* in: Roy. Geogr. Soc. Res. Ser. Nr. 1; London 1948.

APEL, R., *Hydrologische Untersuchungen im Malmkarst der Südlichen und Mittleren Frankenalb;* in: Geologica Bavarica 1971.

BADER, H., HAEFELI, R., BUCHER, E., NEHER, J., ECKEL, O. U., und THAMS, C., *Der Schnee und seine Metamorphose;* in: Beitr. z. Geol. d. Schweiz, Geotech. Serie, Hydrologie 1939.

BATSCHE, H., u. a., *Kombinierte Karstwasseruntersuchungen im Gebiet der Donauversickerung (Baden-Württemberg) in den Jahren 1967—1969;* in: Steirische Beiträge zur Hydrogeologie 1970.

BAUER, A., *Le bilan de masse de l'inlandsis du Groenland n'est pas positiv;* in: Bull. I. A. S. H. 1966.
Ders., *Contribution à la Connaissance de l'Inlandsis du Groenland.* Exped. Polaires Françaises; Paris 1954.

BLÜMCKE, A., und HESS, H., *Untersuchungen am Hintereisferner.* Wiss. Erg. Heft D. Ö. A. V. Bd. I/2; München 1899.

BLÜTHGEN, J., *Allgemeine Klimageographie; Lehrbuch der Allgemeinen Geographie;* Bd. II, hrsg. v. E. OBST; Berlin 1966.

BRECHTEL, H. M., *Gravimetrische Schneemessungen mit der Schneesonde „Vogelsberg";* in: Die Wasserwirtschaft 1969.

BRENKEN, G., *Versuch einer Klassifikation der Flüsse und Ströme der Erde nach wasserwirtschaftlichen Gesichtspunkten;* Düsseldorf 1960.

BRINKMANN, R., *Abriß der Geologie;* Stuttgart 1950.

BRÜCKNER, E., *Die Bilanz des Kreislaufes des Wassers auf der Erde;* in: Geogr. Z.; Leipzig 1905.

BRUNS, E., *Ozeanologie. Bd. I: Einführung in die Ozeanologie und Ozeanographie;* Berlin 1958.

BUCHER, E., HAEFELI, R., HESS, E., JOST, W., und WINTERHALTER, R. V., *Lawinen, die Gefahr für den Skifahrer;* Bern 1940.

BÜDEL, J., *Landesplanung und Moorkolonisation in Niedersachsen und den Niederlanden;* in: Z. Ges. f. Erdkunde Berlin; Berlin 1936.
Ders., *Die Frostschuttzone Südost-Spitzbergens;* Colloquium Geogr. 6; Bonn 1960.

CANTOR, M. L., *A world geography of irrigation;* Edinburgh 1967.

CHOLNOKY, E. v., *Limnologie des Plattensees;* Wien 1897.

COAZ, J., *Die Lawinen der Schweizer Alpen;* Bern 1881.

CVIJIĆ, J., *Das Karstphänomen;* in: Geogr. Abh.; Wien 1893.
Ders., *Hydrographie Souterraine et Evolution Morphologique du Karst;* Grenoble 1918.

DANSGAARD, W., *The isotopic composition of natural waters with special reference to the Greenland ice cape;* in: Meddelelser om Grönland 1961.

Ders., JOHNSEN, S. J., MÖLLER, J., und LANGWAY, C. C., *One thousand centuries of climatic records from Camp Century on the Greenland ice sheet;* in: Science 1969.

DAVIS, W. M., *On the Classification of Basins;* Proc. Boston Soc. Nat. Hist. 21; Boston 1882.

DELEBECQUE, A., *Les Lacs Françaises;* Paris 1898.

DELFS, J., FRIEDRICH, W., u. a., *Der Einfluß des Waldes und des Kahlschlages auf den Abfluß-vorgang, den Wasserhaushalt und den Boden-abtrag;* in: Mitt. aus d. Nieders. Landesforst-verw. „Aus dem Walde", 3; Hannover 1958.

DISTEL, L., *Bergschrund und Randkluft;* in: Erich v. Drygalski-Festschrift, München 1925.

DORRER, E., *Movement determination of the Ross Ice Shelf, Antarctica;* in: I.U.G.G., I.A.S.H., Symposium Hanover/N. H. 1968; Gentbrügge 1970.

DRYGALSKI, E. v., *Die Eisbewegung, ihre physi-kalischen Ursachen und ihre geographischen Wirkungen;* in: Pet. Mitt.; Gotha 1898.

DÜCKER, A., *Untersuchungen über die frostge-fährlichen Eigenschaften nichtbindiger Böden;* Forsch. a. d. Straßenwesen 17; Berlin 1939.

ECKEL, O., und REUTER, H., *Zur Berechnung des sommerlichen Wärmeumsatzes in Fluß-läufen;* in Geografiska Annaler 1950.

EIDMANN, F. E., *Die Interzeption in Buchen- und Fichtenbeständen. Ergebnisse mehrjähriger Un-tersuchungen im Rothaargebirge (Sauerland).* Coll. de Harm.-Münden 8. — 14. 9. 1959. Publ. Nr. 48 de l'Ass. Intern. d'Hydrol. Scientif.; Gentbrügge 1959.

ELSTER, H. J., *Beiträge zur Hydrographie des Bodensees;* in: Intern. Rev. Hydrobiol.; Leip-zig 1938.

ENDRÖS, A., *Seeschwankungen (Seiches) beob-achtet am Chiemsee.* Diss. T. H. München; Traunstein 1903.

EXNER, F., *Zur Dynamik der Bewegungsformen;* in: Gerl. Beitr. Geophys., Suppl. Bd. I; Leip-zig 1931.

FELS, E., *Die großen Stauseen der Erde;* in: Ztschr. f. Wirtschaftsgeographie 1970.

Ders., *Walchensee, Achensee und Isar;* in: Die Erde; Berlin 1950/51.

Ders., *Die Stauseen der Vereinigten Staaten von Amerika;* in: Die Erde; Berlin 1964.

Ders., *Die Bewässerungsfläche der Erde;* in: Festschrift Leopold Scheidl; Wiener Geogr. Schr.; Wien 1965.

Ders., *Der wirtschaftende Mensch als Gestalter der Erde; Erde und Weltwirtschaft;* Bd. V; hrsg. v. R. LÜTGENS; Stuttgart 1967.

FINSTERWALDER, R., *Geschwindigkeitsmessungen an Gletschern mittels Photogrammetrie;* in: Z. f. Gletscherkd.; Leipzig 1931.

Ders., *Die Gletscher des Nanga Parbat;* in: Z. f. Gletscherkd.; Leipzig 1937.

Ders., *Die zahlenmäßige Erfassung des Gletscher-rückgangs an Ostalpengletschern;* in: Z. f. Gletscherkd. und Glazialgeol.; Innsbruck 1953.

FINSTERWALDER, S., *Der Vernagtferner;* in: Z. D. Ö. A. V. Erg.-H. 1/1; Graz. 1897.

Ders. und BLÜMCKE, A., *Zeitliche Änderungen in der Geschwindigkeit der Gletscherbewegung;* in: Sitz.-Ber. Bayer. Akad. Wiss., Math. Nat. Kl.; München 1905.

FISCHER, J., *Pressure melting points of ice and their control on the profile of glaciated valleys;* in: I.U.G.G., I.A.S.H., Gen. Assembly Oslo 1948; Löwen 1948.

FISCHER, J. E., *Two tunnels in cold ice at 4000 m on the Breithorn;* in: Journ. Glaciol. 1963.

FISCHERHOF, H., *Die Belastbarkeit von Gewäs-sern mit eingeleitetem Warmwasser (Kühl-wasserkapazität) im internationalen Recht unter besonderer Berücksichtigung der Beanspruchung des Rheinstroms durch Kernkraftwerke;* in: Energiewirtschaftliche Tagesfragen 1971.

FOREL, F. A., *Le Léman;* Lausanne 1892—1901.

FOWLER, G., *Shrinkage of the Peatcovered Fen-lands;* in: Geogr. Journ.; London 1933.

GABERT, P., und GUIECHONNET, P., *Les Alpes et les états alpins;* Paris 1965.

GENTILLI, J., *Die Ermittlung der möglichen Ober-flächen- und Pflanzenverdunstung, dargelegt am Beispiel von Australien. Das Suchen nach einer Formel;* in: Erdkunde; Bonn 1953.

GERMANN, R., *Taldichte und Flußdichte in SW-Deutschland. Ein Beitrag zur klimabedingten Oberflächenformung;* in: Friedrich Hutten-locher-Festschr.; Bad Godesberg 1963.

GIOVINETTO, M. B., *The antarctic ice sheet and its probable bi-modal response to climate;* in: I.U.G.G., I.A.S.H., Symposium Hanover/N. H. 1968; Gentbrügge 1970.

GLEN, J. W., *Experiments on the deformation of ice;* in Journ. Glacial. 1952.

Ders., *The mechanical properties of ice;* in: Philos. Mag. Suppl. 7, 1958.

GOLDTHWAIT, R. F., *Seismic Soundings on South Crillon and Klooch Glaciers;* in: Geogr. Journ.; London 1938.

GRIMM, F. D., *Zur Flußhydrologie Sibiriens und des Fernen Ostens der Sowjetunion;* in: Wiss. Veröff. d. Geogr. Inst. d. D. Akad. d. Wiss., N. F. 27/28; Leipzig 1970.

Ders., *Zur Typisierung des mittleren Abfluß-ganges (Abflußregime) in Europa;* Freiburger Geogr. Hefte, H. 6; Freiburg 1968.

GROSWALD, M. G., und KOTLYAKOV, V. M., *Present-day glaciers in the U.S.S.R. and some dates on their mass balance;* in: Journ. Glaciol. 1969.

GRÖTZBACH, E., *Beobachtungen an Blockströmen im afghanischen Hindukusch und in den Ostalpen;* in: Mitt. Geogr. Ges. München 1965.

GRUND, A., *Die Karsthydrographie. Studien aus Westbosnien;* in: Pencks Geogr. Abh.; Wien 1903.

HAEFELI, R., *The ablation gradient and the retreat of a glacier tongue;* in: I.U.G.G., I.A.S.H., Comm. of Snow and Ice, Symposium Obergurgl 1962; Gentbrügge 1963.

Ders. und DE QUERVAIN, M. R., *Gedanken und Anregungen zur Benennung und Einteilung von Lawinen;* in: Die Alpen 1955.

HÄUSER, J., *Die Wassertemperaturen der Isar in München-Bogenhausen;* in: Wasserkraft und Wasserwirtschaft; München 1933.

HAHN, W., *Die Wasserkräfte der Erde;* in: Österr. Z. f. Elektrizitätswirtschaft; 1950.

HALBFASS, W., *Die Seen der Erde;* in: Pet. Mitt. Erg.-H. 185; Gotha 1922.

HANCE, J. H., *The Recent Advance of Black Rapids Glacier, Alaska;* in: Journ. of Geol.; Chicago 1937.

HARTMANN, P., *Pumpspeicherwerke in der öffentlichen Elektrizitätsversorgung;* in: Energiewirtschaftliche Tagesfragen 1970.

HEIM, A., *Über die Erosion im Gebiet der Reuß;* in: Jhb. Schweizer Alpen-Club 1878/79.

HENDRICKSON, B. H., BARNET, A. P., u. a., *Runoff and Erosion Controll Studies on Cecil Soil in the Southern Piedmont.* USDA Technical Bull. Nr. 1281; Washington 1963.

HENSELMANN, R., *Der Abflußabgleich durch die Wasserschwankungen eines natürlichen Sees.* Schriftenreihe der Bayerischen Landesstelle für Gewässerkunde, München, H. 4; München 1970.

HERMES, K., *Die Lage der oberen Waldgrenze in den Gebirgen der Erde und ihr Abstand zur Schneegrenze;* Kölner Geogr. Arb., H. 5; Köln 1955.

Ders., *Der Verlauf der Schneegrenze;* in: Geogr. Taschenbuch 1964/65; Wiesbaden 1964.

HESS, H., *Das Eis der Erde;* in: Handbuch der Geophysik (Gutenberg); Berlin 1933.

HESSELMANN, H., *Studier över skogsväxt på mossar.* Meddel. från Statens Skogsförsöksanstalt 3; 1906.

HEUBERGER, H., *Gletschervorstöße zwischen Daun- und Fernaustadien in den nördlichen Stubaier Alpen (Tirol);* in: Z. f. Gletscherkd. und Glazialgeol.; Innsbruck 1959.

HJULSTRÖM, F., *The Morphological Activity of Rivers;* Uppsala 1935.

HOFIUS, K., *Das Temperaturverhalten eines Fließgewässers, dargestellt am Beispiel der Elz;* Freiburger Geogr. Hefte, H. 10; Freiburg 1971.

Ders., *Das Temperaturverhalten von Fließgewässern;* in: Verh. d. Dt. Geographentages, Bd. 37; Wiesbaden 1970.

HOFMANN, W., *Die geodätische Lagemessung über das grönländische Inlandeis der Internationalen Glaziologischen Grönland-Expedition (EGIG) 1959.* Exped. Glaciol. Intern. Grönland (EGIG) 1957—1960, Vol. 2, Nr. 4; Kopenhagen 1964.

Ders., DORRER, E., und NOTTARP, K., *The Ross Ice Shelf Survey (R.I.S.S.) 1962/63;* in: Antarctic snow and ice studies, Antarctic Research Series, 1964.

HOINKES, H., *Die Antarktis und die geophysikalische Erforschung der Erde;* in: Die Naturwissenschaft; Berlin 1961.

Ders., *Glacier variation and weather;* in: Journ. Glaciol. 1968.

Ders. und LANG, H., *Der Massenhaushalt von Hintereis- und Kesselwandferner (Ötztaler Alpen) 1957/58 und 1958/59.* Arch. f. Meteorol., Geophys. u. Bioklimatol. Ser. B. 12/1; Wien 1962.

Ders., *Methoden und Möglichkeiten von Massenhaushaltsstudien auf Gletschern. Ergebnisse der Meßreihe Hintereisferner (Ötztaler Alpen) 1953—1968;* in: Ztschr. f. Gletscherkd. u. Glazialgeol. 1970.

Ders., *Über Messungen der Ablation und des Wärmeumsatzes auf Alpengletschern, mit Bemerkungen über die Ursachen des Gletscherschwundes in den Alpen.* Ass. Intern. d'Hydrol. Assemb. Gén. de Rome, Publ. Nr. 39/4; Gentbrügge 1956.

HORMANN, K., *Morphometrie der Erdoberfläche;* Schr. d. Geogr. Inst. d. Univ. Kiel, Bd. 36; Kiel 1971.

Ders., *Rechenprogramme zur morphometrischen Kartenauswertung;* Schr. d. Geogr. Inst. d. Univ. Kiel, Bd. XXIX, H. 2; Kiel 1968.

HORTON, R. E., *Erosional development of streams and their drainage bassins: Hydrophysical approach to quantitative morphology;* in: Bull. Geol. Soc. Am. 1945.

JACCARD, C., *Neue Erkenntnisse der Lawinenforschung;* Umschau 1966.

KADAR, L., *Das Problem der Flußmäander;* in: Abh. Geogr. Inst. Kossuth Univ. Debrecen 21; Debrecen 1955.

KAISER, E., *Höhenschichtenkarte der Deflationslandschaft in der Namib Südwestafrikas;* in: Abh. Bayer. Akad. Wiss., Math. Nat. Kl. 30; München 1926.

KALLE, K., *Der Stoffhaushalt des Meeres;* Leipzig 1943.

KAMB, B., und LA CHAPELLE, E., *Direct observations of the mechanism of glacier sliding over bedrock;* in: Journ. Glaciol. 1964.

KATZER, F., *Karst und Karsthydrographie;* in: Zur Kunde der Balkanhalbinsel; Sarajewo 1909.

KELLER, H., *Niederschlag, Abfluß und Verdunstung in Mitteleuropa;* in: Jhb. f. Gewässerkunde, Bes. Mitt. 1/4; 1906.

Ders., *Untersuchungen über den industriellen Wasserbedarf in der Bundesrepublik Deutschland;* Remagen 1952.

Ders., *Die Großen Seen Nordamerikas;* in: Erdkunde; Bonn 1959.

KELLER, R., *Die Regime der Flüsse der Erde;* Freiburger Geogr. Hefte, H. 6; Freiburg 1968.

KERN, H., *Niederschlags-, Verdunstungs- und Abflußkarten von Bayern (Jahresmittel 1901 bis 1951).* Veröff. a. d. Arbeitsbereich d. Bayer. Landesst. f. Gewässerkunde; München 1959.

Ders., *Große Tagessummen des Niederschlages in Bayern;* Münchener Geogr. H. 21; Kallmünz 1961.

KERNER, F., *Über die Abnahme der Quelltemperatur mit der Höhe;* in: Meteorol. Z.; Wien 1905.

KESTNER, H., *Die kritische Tiefe bei Meeresteilen und Binnenseen;* in: Aus d. Archiv d. dt. Seewarte; Hamburg 1930.

KIESS, F., *Abwasser aus den Städten;* in: Wasser — bedrohtes Lebenselement; Zürich 1964.

KING, C. A. M., *Oceanography for Geographers;* London 1962.

KINGERY, W. D., *On the metamorphism of snow;* in: Intern. Geol. Cong. Rep. Part. XXI; Kopenhagen 1960.

KINZL, H., *Die Gletscher als Klimazeugen;* in: Verh. Wiss. Abh. 31. dt. Geographentag Würzburg; Wiesbaden 1958.

KÖNIG, H., *Wasserversorgung für die Bevölkerung;* in: Wasser — bedrohtes Lebenselement; Zürich 1964.

KÖPPEN, W., und GEIGER, R., *Handbuch der Klimatologie.* Bd. 1: *Allgemeine Klimalehre;* Berlin 1936.

KÖRNER, H., *Gletschermechanik und Gletscherbewegung;* in: Z. f. Gletscherkd. und Glazialgeol.; Innsbruck 1954.

KOKKONEN, P., *Beobachtungen über die Struktur des Bodenfrostes;* in: Acta Forestalia Fennica; Helsinki 1926.

KOSSINNA, E., *Die Erdoberfläche;* in: Handb. d. Geophysik (Gutenberg), Bd. 2; Berlin 1933.

KRAUS, H., *Freie und bedeckte Ablation;* in: Ergebn. Forsch.-Unternehmen Nepal Himalaya; Berlin 1966.

KRETSCHMER, G., *Das Verhalten gefrierenden Bodenwassers im Acker;* in: Z. f. angew. Meteorol.; Berlin 1956.

Ders., *Die Ursachen für Eislinsenbildung in Böden;* in: Wiss. Z. d. Friedr.-Schiller-Univ. Jena, Math. Nat. Reihe; Jena 1958.

KREUTZ, W., *Wasserhaushalt und Sickerwasser des Bodens;* in: Geogr. Taschenbuch 1951/52; Stuttgart 1951.

LAATSCH, W., *Dynamik der deutschen Acker- und Waldböden;* Dresden, Leipzig 1954.

LA CHAPELLE, E. R., *The control of snow avalanches;* in: Scientific American 1966.

Ders., *Energy exchange measurements on the Blue Glacier, Washington;* in: I. U. G. G., I. A. S. H., Gen. Assembly of Helsinki 1960; Gentbrügge 1961.

LAGALLY, M., *Mechanik und Thermodynamik der stationären Gletscher;* in: Beitr. z. Geophysik, Suppl. Bd. 2, 1933.

Ders., *Zur Thermodynamik der Gletscher;* in: Z. f. Gletscherkd.; Leipzig 1932.

LANG, R., *Versuch einer exakten Klassifikation der Böden in klimatischer und geologischer Hinsicht.* Intern. Mitt. f. Bodenkunde 1915.

LANGE, R., *Zur Erwärmung Grönlands und der atlantischen Arktis;* in: Ann. Meteorol.; Hamburg 1959.

LANSER, O., *Die technische und wirtschaftliche Bedeutung der Gletscher;* in: Bull. I. A. S. H. 1963.

LAUER, W., *Humide und aride Jahreszeiten in Afrika und Südamerika und ihre Beziehungen zu den Vegetationsgürteln;* in: Bonner Geogr. Abh.; Bonn 1952.

Ders., *L'Indice Xérothermique (Zur Frage der Klimaindizes);* in: Erdkunde; Bonn 1953.

LAUTENSACH, H., und MAYER, E., *Humidität und Aridität insbesondere auf der iberischen Halbinsel;* in: Pet. Mitt.; Gotha 1960.

LOEWE, F., *Beiträge zum Massenhaushalt des antarktischen Inlandeises;* in: Pet. Mitt. 1961.

Ders., *Das grönländische Inlandeis nach neuen Feststellungen;* in: Erdkunde 1964.

LOUIS, H., *Die Verbreitung der Glazialformen im Westen der USA;* in: Z. f. Geom.; Berlin 1928.

Ders., *Der Bestrahlungsgang als Fundamentalerscheinung der geographischen Klimaunterscheidung;* in: Geogr. Forsch., Festschrift z. 60. Geb. von H. Kinzl; Innsbruck 1958.

Ders., *Allgemeine Geomorphologie; Lehrbuch der Allg. Geographie;* Bd. I, hrsg. v. E. OBST; Berlin 1968.

LÜTSCHG, O., *Beiträge zur Hydrologie des Hochgebirges;* in: Verh. Natf. Ges. Schweiz; Thun 1932.

MARLOTH, S., *Über die Wassermengen, welche Sträucher und Bäume aus treibendem Nebel und Wolken auffangen;* in: Meteorol. Z.; Leipzig 1906.

MARTONNE, E. DE, *Une nouvelle function climatologique. L'Indice d'Aridité;* in: La Météorologie; 1926.

MAURER, J., *Prozentueller Anteil des Schnees an der gesamten Niederschlagsmenge;* in: Meteorolog. Z.; Leipzig 1909 und 1910.

MELLOR, M., *Remarks concerning Antarctic mass balance;* in: Polarforschung 1964.

MENDEL, H. G., *Das Unit-Hydrograph-Verfahren und seine Anwendung auf zwei deutsche Flußgebiete;* in: Deutsche Gewässerkundliche Mitt. 1968.

MERZ, A., *Die Sprungschicht der Seen;* in: Mitt. Verh. d. Geogr. a. d. Univ. Leipzig; Leipzig 1911.

MESSERLI, B., *Die eiszeitliche und gegenwärtige Vergletscherung im Mittelmeerraum;* in: Geogr. Helvetica 1967.

MÖLLER, L., *Hydrographische Arbeiten am Sakrower See bei Potsdam.* Z. d. Ges. f. Erdk. Berlin, Sonderband, Berlin 1928.
Dies., *Der Sakrower See bei Potsdam;* in: Verh. Intern. Ver. Limnol. 1933.
Dies., *Geographische Verteilung der Konzentration gelöster Substanzen von Grund- und Oberflächenwässern Südwestdeutschlands in limnologischer Sicht;* in: Verh. Intern. Ver. f. theor. u. angew. Limnologie; 1955.

MONHEIM, F., *Beiträge zur Klimatologie und Hydrologie des Titicacabeckens;* in: Heidelberger Geogr. Arb.; Heidelberg 1956.

MORDZIOL, C., *Der Rhein.* Hrsg. v. d. Wasser- und Schiffahrtsdirektion Duisburg i. A. d. Bundesminist. f. Verkehr; 1952.

MORTENSEN, H., und HÖVERMANN, J., *Filmaufnahmen der Schotterbewegung im Wildbach;* in: Geom. Studien. Festschrift F. Machatschek, Pet. Mitt. Erg. H. 262; Gotha 1957.

MOSER, H., NEUMAIER, F., und RAUERT, W., *Die Anwendung radioaktiver Isotopen in der Hydrologie;* in: Atomenergie 1957.

MOSER, H., und STICHLER, W., *Deuterium measurements on snow samples from the Alps;* in: Isotope Hydrology 1970.

MOTHES, H., und BROCKAMP, B., *Seismische Untersuchungen am Pasterzenkees (Glocknergruppe);* in: Z. f. Gletscherkd.; Leipzig 1931.

MÜLLER, F., *Beobachtungen über Pingos; in:* Meddel. om Grönland; Kopenhagen 1959.

MURRAY, J., *On the Effects of Wind on the Distribution of Temperature;* in: Scott. Geograph. Mag.; 1888.

NIPPES, K. R., *Die Bedeutung der monatlichen Abflußschwankungen unter besonderer Berücksichtigung Spaniens;* in: Verh. d. D. Geogr. Tages, Bd. 37; Wiesbaden 1970.

NOLZEN, H., *Der Unit Hydrograph am Beispiel von Schwarzwaldflüssen;* Freiburger Geogr. Hefte, H. 10; Freiburg 1971.

NYE, E. F., *The flow of a glacier in a channel of rectangular, elliptic or parabolic cross-section;* in: Journ. Glaciol. 1965.

OHLE, W., *Der labile Zustand der ostholsteinischen Seen;* in: Der Fischwirt; 1951.

OSEEN, O., *Das Turbulenzproblem;* in: Proc. 3. Intern. Congr. Appl. Mechan. Bd. 1; Stockholm 1931.

PANTENBURG, V., *Sorge um gutes Wasser;* in: Ztschr. f. Wirtschaftsgeogr. 1970.

PASCHINGER, V., *Die Schneegrenze in den verschiedenen Klimaten;* Pet. Mitt. Erg.-H. 173; Gotha 1912.

PATERSON, W. S. B., *Variations in velocity of Athabasca Glacier with time;* in: Journ. Glaciol. 1964.

PAULCKE, W., *Eisbildungen I. Der Schnee und seine Diagenese;* in: Ztschr. f. Gletscherkd. 1934.

PEISL, H., *50 Jahre Grundwasserbeobachtungen am Brunnen Eglfing;* in: Bes. Mitt. z. dt. Gewässerkdl. Jhb. 9; München 1953.

PENCK, A., *Morphologie der Erdoberfläche;* Stuttgart 1894.
Ders., *Untersuchungen über Verdunstung und Abfluß von großen Landflächen;* in: Geogr. Abh. 5,5; Berlin 1896.
Ders., *Versuch einer Klimaklassifikation auf physiographischer Grundlage;* in: Sitz.-Ber. d. Preuß. Akad. Wiss. 12; Berlin 1910.

PENMAN, H. L., *The water cyle;* in: Scientific American 1970.

PFALZ, R., *Hydrologie der deutschen Kolonien in Afrika;* Berlin 1944.

PILLEWIZER, W., *Photogrammetrische Gletscheruntersuchungen im Sommer 1938;* in: Z. d. Ges. f. Erdkunde Berlin; Berlin 1938.

Ders., *Die kartographischen und gletscherkund-lichen Ergebnisse der Deutschen Spitzbergen-expedition 1938;* in: Pet. Mitt. Erg.-H. 238; Gotha 1939.

Ders., *Bewegungsstudien an Karakorumglet-schern;* in: Geom. Studien. Machatschek-Fest-schrift. Pet. Mitt. Erg.-H. 262; Gotha 1957.

Ders., *Neue Erkenntnisse über die Blockbewegung der Gletscher;* in: Z. f. Gletscherkd. und Gla-zialgeol.; Innsbruck 1958.

PLETT, H., *Die Entwicklung der öffentlichen Wasserversorgung in der Bundesrepublik Deutschland;* in: Geogr. Taschenbuch 1956/57; Wiesbaden 1956.

POGGI, A., und PLAS, J., *Conditions météorolo-giques critiques pour le déclechement des avalanches;* in: I. U. G. G., I. A. S. H., Comm. of Snow and Ice, Symposium Davos 1965; Gentbrügge 1966.

POLLACK, V., *Über die Lawinen Österreichs und der Schweiz und deren Verbauungen;* in: Ztschr. u. Wochenschrift d. österr. Ing.- u. Architektenvereins 1891.

POST, A. S., *The Exceptional Advances of the Muldrow, Black Rapids, and Susitna Glaciers;* in: Journ. Geophys. Res.; 1960.

QUERVAIN, M. R. DE, *Avalanche classification;* in: I. U. G. G., I. A. S. H., Comm. of Snow and Ice, Gen. Assembly of Toronto 1957; Gentbrügge 1958.

Ders., *On the metamorphism of snow;* in: L. D. KINGERY, Ice and snow; Cambridge/Mass. 1963.

Ders., *Problems of avalanche research;* in: I. U. G. G., I. A. S. H., Comm. of Snow and Ice, Symposium Davos 1965; Gentbrügge 1966.

RATZEL, F., *Die Schneedecke besonders in deut-schen Gebirgen;* in: Forsch. z. dt. Landes- u. Volkskd., Bd. 4, H. 3, Stuttgart 1891.

REICHEL, E., *Der Stand des Verdunstungspro-blems;* in: Ber. d. dt. Wetterdienstes in der US-Zone; Bad Kissingen 1952.

REINWARTH, O., und STÄBLEIN, G., *Die Kryo-sphäre, das Eis der Erde und seine Unter-suchung;* in: Würzburger Geogr. Arb., H. 36, 1972.

RICHTER, E., *Die Temperaturverhältnisse der Alpenseen;* in: Verh. IX. Dt. Geographentag in Wien; Wien 1891.

RINSUM, A. VAN, *Die Schwebstofführung der bayerischen Flüsse;* in: Beitr. z. Gewässer-kunde. Festschr. z. 50jähr. Bestehen d. Baye-rischen Landesstelle f. Gewässerkunde 1898 bis 1948; München 1950.

Ders., *Die Eisverhältnisse der Donau;* in: Mitt. Geogr. Ges. München; München 1962.

ROBIN, G. Q. DE, *Ice movement and tempera-*

ture distribution in glaciers and ice sheets; in: Journ. Glaciol. 1955.

Ders., *Stability of ice sheets as deduced from deep temperature gradients;* in: I. U. G. G., I. A. S. H., Comm. of Snow and Ice, Sym-posium Hanover/N. H., 1968; Gentbrügge 1970.

ROCK, A., *An approach to the mechanism of avalanche release;* in: Alpine Journ. 1965.

ROWE, P. B., *Influence of Woodland Chaparral on Water and Soil in Central California;* in: Cal. Forest and Range Experiment Station U. S. Forest Service; 1947.

RUTTNER, F., *Hydrographische und hydroche-mische Beobachtungen auf Java, Sumatra und Bali;* in: Arch. f. Hydrobiol., Suppl. Bd. 8; 1931.

SCHAMP, H., *Der Hohe Damm von Assuan und das Gabgaba-Projekt;* in: Geogr. Rdsch. 1966.

Ders., *Der Nil und seine wasserwirtschaflichen Probleme;* in: Geogr. Rdsch. 1959.

SCHENK, E., *Die Mechanik der periglazialen Strukturböden;* in: Abh. Hess. Landesamt f. Bodenforsch.; Wiesbaden 1955.

SCHERHAG, R., *Einführung in die Klimatologie.* Das Geographische Seminar; Braunschweig 1969.

SCHMIDT, W., *Absorption der Sonnenstrahlen im Wasser;* in: Sitz.-Ber. Akad. Wiss. Wien, Math. Nat. Kl. 107, Abt. II a; Wien 1908.

SCHMIDTLER, K., *Eisbeobachtungen am Starnber-ger See;* in: Int. Rev. ges. Hydrobiol.; Leip-zig 1942.

SCHNEIDER, J., *Die außerarktischen Gletscher der Erde;* in: Geogr. Taschenbuch 1962/63; Wies-baden 1962.

SCHOKLITSCH, A., *Der Wasserbau;* Wien 1930.

SCHROEDER, G., *Die Wasserreserven des oberen Emsgebietes. Ein Beitrag zur wasserwirtschaft-lichen Rahmenplanung;* in: Bes. Mitt. z. dt. Gewässerkundl. Jbb.; Hamburg 1952.

SCHUBACH, K., *Wasserhaushaltsuntersuchungen an verschiedenen Bodenarten unter besonderer Berücksichtigung der Verdunstung;* in: Ber. Dt. Wetterdienstes in der US-Zone; Bad Kissingen 1952.

SCHUHMANN, H., *Elektrizitätswirtschaft in der Bundesrepublik Deutschland;* in: Geogr. Ta-schenbuch 1962/63; Wiesbaden 1962.

SCHULTZ, G. A., *Die Anwendung von Com-puter-Programmen für das Unit-Hydrograph-Verfahren am Beispiel eines Donauzubringers (Iller);* in: Konferenz der Donauländer für hydrologische Vorhersagen, Nr. 1, 1967.

SCHULTZE, J. H., *Der Ostsudan — Entwicklungs-land zwischen Wüste und Regenwald.* Abh. d. 1. Geogr. Inst. d. Freien Univ. Berlin, Bd. 7; Berlin 1963.

SCHUMANN, W., *Wasserstandsschwankungen der oberbayerischen Seen;* in: Abh. Bayer. Akad. Wiss., Math. Nat. Kl. N. F. 72; München 1955.

SHAW, J., *Managil — eine Erweiterung des Geziraprojektes;* in: Ztschr. f. ausländ. Landwirtschaft 1965.

Ders., *Relation of Hydrographs of Runoff to Size and Character of Drainage Basins;* in: Americ. Geophys. Union Transac.; 1932.

SHERMAN, L. K., *The Unit Hydrograph Method;* in: Physics of the Earth IX, Hydrology; New York 1942.

SIMONS, P., *Die Entwicklung des Anbaus und die Verbreitung der Nutzpflanzen in der ägyptischen Nilstromoase von 1800 bis zur Gegenwart;* Kölner Geogr. Arb. H. 20; Köln 1968.

SIOLI, H., *Sedimentation im Amazonasgebiet;* in: Geol. Rdsch.; Stuttgart 1957.

SOMIGLIANA, C., *Sulla profondita dei ghiacciai;* in: Rendiconti Acc. Lincei, Math. Phys. Cl. 30; Rom 1921.

Ders., *Sulla teoria del movimento glaciale;* in: Boll. Comm. Glac. Ital. 1931.

STINY, J., *Randbemerkungen zur Frage der Entstehung der Höhlen;* in: Geologie und Bauwesen; Wien 1951.

STRAHLER, A. N., *Quantitative analysis of watershed geomorphology;* in: Trans. Am. Geophys. Union, Vol. 38; Richmond/Va. 1957.

Ders., *Quantitative geomorphology of drainage basins and channel networks;* in: Handbook of applied Hydrology; New York 1964.

STREIF-BECKER, R., *Zwanzig Jahre Firnbeobachtung;* in: Z. f. Gletscherkd.; Leipzig 1936.

SÜRING, R. (HANN/SÜRING), *Lehrbuch der Meteorologie.* Bd. 1; Leipzig 1939.

SÜSS, E., *Über heiße Quellen;* in: Verh. d. Ges. dt. Nat.-Forsch. u. Ärzte 1902. Teil I; Leipzig 1903.

SVERDRUP, H. U., *The Temperature of the Firn on Isachsenplateau;* in: Geografiska Ann.; Stockholm 1936.

THIENEMANN, A., *Physikalische und chemische Untersuchungen in den Maaren der Eifel;* in: Verh. d. Naturhist. Ver. d. preuß. Rheinlande und Westf. 70, 71; Bonn 1915.

THORNTHWAITE, C. W., *Report of the Committee on Transpiration and Evaporation 1943 bis 1944;* in: Trans. Americ. Geophys. Union; 1945.

Ders., *An Approach toward a Rational Classification of Climate;* in: Geogr. Review; New York 1948.

TIETZE, W., *Über die Erosion von unter Eis fließendem Wasser;* in: Mainzer Geogr. Studien (Panzer-Festschr.); Braunschweig 1961.

TROLL, C., *Büßerschnee (Nieve de los Penitentes) in den Hochgebirgen der Erde. Ein Beitrag zur Geographie der Schneedecke und ihrer Ablationsformen;* in: Pet. Mitt. Erg.-H. 240; Gotha 1942.

Ders., *Strukturböden, Solifluktion und Frostklimate der Erde;* in: Geol. Rdsch.; Stuttgart 1944.

ULE, W., *Der Würmsee in Oberbayern;* Leipzig 1901.

Ders., *Niederschlag und Abfluß in Mitteleuropa;* in: Forsch. z. dt. Landes- und Volkskunde; 1903.

VARESCHI, V., *Blütenpollen im Gletschereis;* in: Z. f. Gletscherkd.; Leipzig 1937.

VIDAL, H., *Vergleichende Wasserhaushalts- und Klimabeobachtungen auf unkultivierten und kultivierten Hochmooren in Südbayern;* in: Mitt. f. Landkultur, Moor- u. Torfwirtsch.; München 1960.

VILESOW, E. N., *Temperature of ice in the lower parts of the Tuyuksu glaciers;* in: I. U. G. G., I. A. S. H., Comm. of Snow and Ice, Gen. Assembly of Helsinki 1961; Gentbrügge 1961.

VISSER, P. C., *Benennung von Gletschertypen;* in: Z. f. Gletscherkd.; Leipzig 1934.

WACHTER, H., *Würmsee und Ammersee, ein hydrographischer Vergleich;* in: Gewässer und Abwässer; Düsseldorf 1959.

WEDDERBURN, E., *Current Observations in Loch Garry;* in: Proc. Roy. Soc. Edinburgh; Edinburgh 1910.

WEERTMANN, J., *Catastrophic Glacier Advances.* IUGG, Inter. Assoc. Scient. Hydrol. Comm. of Snow and Ice, Coll. Obergurgl 1962; Gentbrügge 1964.

Ders., *The theory of glacier gliding;* in: Journ. Glaciol. 1964.

Ders., *An Examination of the Lliboutry Theory of Glacier gliding;* in: Journ. Glaciol. 1967.

WEISCHET, W., *Der tropisch-konvektive und der außertropisch-advektive Typ der vertikalen Niederschlagsverteilung;* in: Erdkunde 1965.

WILHELM, F., *Vorläufiger Bericht über die Temperatur und Sauerstoffaufnahmen im Schliersee 1956;* in: Gewässer und Abwässer; Düsseldorf 1958.

Ders., *Die glaziologischen Ergebnisse der Spitzbergenkundfahrt der Sektion Amberg des Deutschen Alpenvereins;* in: Mitt. Geogr. Ges. München; München 1961.

Ders., *Beobachtungen über Geschwindigkeits-änderungen und Bewegungstypen beim Eismas-sentransport arktischer Gletscher*. IUGG, Intern. Assoc. Scient. Hydrol., Comm. of Snow and Ice, Gen. Assembly of Berkeley 1963; Gentbrügge 1963.

Ders., *Junge Gletscherschwankungen auf der Barentsinsel in SO-Spitzbergen*. Vorträge des Fridtjof-Nansen-Gedächtnissymposiums über Spitzbergen. Hrsg. von J. BÜDEL und A. WIRTHMANN; Wiesbaden 1965.

WILHELMY, H., *Die Pods der südrussischen Steppe;* in: Pet. Mitt.; Gotha 1943.

Ders., *Methoden der Verdunstungsmessung und der Bestimmung des Trockengrenzwertes am Beispiel der Südukraine;* in: Pet. Mitt.; Gotha 1944.

Ders., *Umlaufseen und Dammuferseen tropischer Tieflandflüsse;* in: Z. f. Geom.; Berlin 1958.

WISHMEIER, W. H., und SMITH, D. D., *Rainfall Energy and its Relationship to Soils;* in: Trans. Americ. Geophys. Union; Washington 1958.

WÜST, G., *Verdunstung und Niederschlag auf der Erde;* in: Z. d. Ges. f. Erdkunde zu Berlin; Berlin 1922.

Ders., *Gesetzmäßige Wechselbeziehungen zwischen Ozean und Atmosphäre in der zonalen Verteilung von Oberflächensalzgehalt, Verdunstung und Niederschlag;* in: Arch. f. Meteorol., Geophys. und Bioklimatol. Ser. A, 7; Wien 1954.

WÜST, G., BROGMUS, W., und NOODT, E., *Die zonale Verteilung von Salzgehalt, Niederschlag, Verdunstung, Temperatur und Dichte an der Oberfläche der Ozeane;* in: Kieler Meeresforsch.; Kiel 1954.

WUNDT, W., *Das Bild des Wasserkreislaufes auf Grund früherer und neuerer Forschungen;* in:

Mitt. d. Reichsverb. d. dt. Wasserwirtschaft; Berlin 1938.

Ders., *Flußmäander als Gleichgewichtsform der Erosion;* in: Experientia, Bd. 5; 1949.

Ders., *Der Temperaturgang an mitteleuropäischen Flüssen;* in: Pet. Mitt. 1967.

YOSIDA, Z., *Physical properties of snow;* in: W. O. KINGERY, *Ice and snow;* Cambridge/Mass. 1963.

ZINGG, T., *Relation between weather situation, snow metamorphism and avalanches;* in: I. U. G. G., I. A. S. H., Comm. of Snow and Ice, Symposium Davos 1965; Gentbrügge 1966.

ZÖLSMANN, H., *Wasser für die Landschaft;* in: Wasser — bedrohtes Lebenselement; Zürich 1964.

ZÖTL, J., *Beitrag zu den Problemen der Karsthydrographie mit besonderer Berücksichtigung der Frage des Erosionsniveaus;* in: Mitt. Geogr. Ges. Wien; Wien 1958.

ZORELL, F., *Zur Frage des Trophiezustandes einiger oberbayerischer Seen;* in: Arch. f. Hydrobiol.; 1954.

Ders., *Der Einfluß des Walchenseekraftwerks auf den Temperaturhaushalt des Kochelsees;* in: Die Erde; Berlin 1955.

ZOTIKOV, I. A., *Bottom melting in the central zone of the ice shield on the Antarctic Continent;* in: Bull. IASH 8, 1; Gentbrügge 1963.

ZULAUF, R., *Zur Frage der in den verschiedenen Klimagebieten der Schweiz zu erwartenden Streusalzmengen pro Winter und Quadratmeter Nationalstraße;* in: Straße und Verkehr 1964.

Register

198

Walze 79
Wanderwirbel 79
Wandvergletscherung 147
Wasser, artesisches 46
Wasserdichte 11
Wasser, jeveniles 16, 43, 46, 67
Wasser, unterirdisches 9, 14, 39, 45, 48, 182
Wasser, vadoses 16, 61, 67
Wasseräquivalent 25, 140
Wasserbedarf 18, 24, 36, 43, 173, 182
Wasserbewegung 59, 77, 79, 123
Wasserbewegung, laminare 48
Wasserbilanz 37
Wasserdampf 9—11, 16, 18, 27, 37, 38, 41, 45, 61, 62
Wasserdampfdruck 135
Wasserdampfgehalt 17
Wasserdurchlässigkeit 112
Wasserfall 91, 132
Wasserführung 9, 36, 39, 41, 57, 59, 70—72, 74, 86, 87, 91, 93—96, 100—102, 181
Wasserführung, ruckhafte 70
Wasserführung, spezifische 48
Wasserführung, stoßweise 89
Wassergehalt 44, 51, 53, 54
Wasserhärte 132, 133
Wasserhaltevermögen 28, 40, 53
Wasserhaushalt 10, 15, 18, 19, 28—30, 33, 36, 50, 91, 95,

98, 99, 104, 121, 122, 127—129, 174, 177, 184
Wasserhaushaltsgleichung 30, 104, 128, 142, 164
Wasserhaushaltsuntersuchung 97
Wasserkapazität 42, 44, 45
Wassermengendauerlinie 92
Wasserscheide 74, 178
Wasserscheide, kontinentale 75
Wasserscheide, lokale 75
Wasserscheidenveränderung 75
Wasserschichtung, direkte 130
Wasserspiegel 64, 124
Wasserspiegelfläche, freie 72
Wasserstand 47, 64, 74, 77, 84, 87, 92, 93
Wasserstandsdauerlinie 93
Wasserstandsganglinie 93, 99, 129
Wasserstandsschwankung 23, 88, 89, 92, 93, 96, 128
Wasserstandsschwankung, periodische 99
Wasserstauer 40
Wasserstoffionenkonzentration 12
Wasserstoffisotopen 12
Wassertemperatur 59, 61, 65, 66, 81, 82, 117, 120, 130
Wassertiefe 106, 120, 124
Wasserversorgung 48, 63, 174, 183
Wasserwegigkeit 40, 50
Wasserwirtschaft 48, 174
Weiher 106

Weißblatt 159, 160, 164
Welle 123
Welle, stehende 124
Wellenberg 123, 124
Wellenbewegung 123
Wellenhöhe 123, 124
Wellenkamm 123
Wellenlänge 123, 124
Wellental 123
Wiesenbewässerung 180
Wildbach 70, 87
Wildschnee 135, 138
Windpressung 135
Winterbilanz 166
Winterregen 22
Wirbel 79
Wirbel, antizyklonaler 125
Wolke 10, 38
Wolkenbruch 17

Yama 56

Zackeneis 164
Zackenfirn 164
Zackenschnee 164
Zahl, Reynoldsche 77
Zehrgebiet 143, 147, 148, 154, 157, 158, 160, 167
Zone, tropholytische 126
Zufluß 49, 113, 114, 119, 121, 125, 128
Zufluß, oberirdischer 127
Zufluß, unterirdischer 49, 127

DAS GEOGRAPHISCHE SEMINAR

Herausgeber   Prof. Dr. EDWIN FELS

Prof. Dr. ERNST WEIGT

Prof. Dr. HERBERT WILHELMY

Bisher erschienen

WEIGT	*Die Geographie*
FOCHLER-HAUKE	*Verkehrsgeographie*
ILLIES	*Tiergeographie*
DIETRICH	*Ozeanographie*
SCHERHAG	*Klimatologie*
RICHTER	*Geologie*
PANZER	*Geomorphologie*
WILHELM	*Hydrologie und Glaziologie*
NIEMEIER	*Siedlungsgeographie*
JÄGER	*Historische Geographie*
HOFMEISTER	*Stadtgeographie*
JENSCH	*Kartographie*
GILDEMEISTER	*Landesplanung*

Weitere Titel zur Vervollständigung der Reihe sind in Vorbereitung, u. a.:

RUPPERT/	
SCHAFFER	*Sozialgeographie*
WEIGT	*Wirtschaftsgeographie*
NITZ	*Agrargeographie*

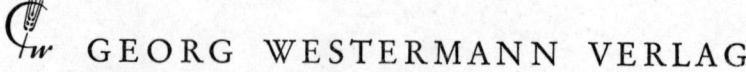 GEORG WESTERMANN VERLAG

DAS GEOGRAPHISCHE SEMINAR
PRAKTISCHE ARBEITSWEISEN

Herausgeber   Prof. Dr. EDWIN FELS
                         Prof. Dr. ERNST WEIGT
                         Prof. Dr. HERBERT WILHELMY

 GEORG WESTERMANN VERLAG